XUMUYE YANGZHI
SHIYONG JISHU SHOUCE

畜牧业养殖实用技术手册

艾宝明　主编

内蒙古出版集团

内蒙古人民出版社

图书在版编目(CIP)数据

畜牧业养殖实用技术手册/艾宝明主编；－呼和浩特：内蒙古人民出版社,2013.2(2015.5重印)

ISBN 978－7－204－12144－1

Ⅰ．①畜… Ⅱ．①艾… Ⅲ．①畜禽－饲养管理－养殖技术－ Ⅳ．①S815—62

中国版本图书馆 CIP 数据核字(2013)第 039494 号

畜牧业养殖实用技术手册

主　　编	艾宝明	
责任编辑	刘智聪	
封面设计	张　敏	
出版发行	内蒙古人民出版社	
地　　址	呼和浩特市中山东路 8 号波士名人国际 B 座 5 层	
印　　刷	内蒙古通辽教育印刷有限责任公司	
开　　本	710×1000　1/16	
印　　张	19.5	
字　　数	250 千	
版　　次	2013 年 3 月第 1 版	
印　　次	2015 年 5 月第 2 次印刷	
印　　数	1－4000 册	
书　　号	ISBN 978－7－204－12144－1/S・198	
定　　价	28.00 元	

如出现印装质量问题,请与我社联系。联系电话:(0471)3946120　3946173

本书编委会

主　　任：艾宝明　　奥林虎

副 主 任：钢特木尔　　杨树森

编　　委：王文义　　陈有为　　李虎山

　　　　　樊　强　　汪长寿　　乌德木

　　　　　敖　伦

编写人员名单

主　　编：艾宝明

副 主 编：王文义　　陈有为　　李虎山　　樊　强

　　　　　汪长寿

编写人员：王海平　　田　建　　范佳乐　　宝　山

　　　　　张瑞琴　　马　宏　　张惠玲　　刘永承

　　　　　史永强　　高巧玲　　刘美玲　　乌日娜

前　言

　　为了贯彻党和国家"三农"工作的各项方针政策,加强"科技兴农兴牧"战略的实施,加快建设以现代农业为核心的社会主义新农村新牧区建设步伐,引导农牧民走科学生产、规模经营之路,提高农牧民的科学素质和致富技能,促进农牧业产业化发展进程,推动农牧业稳定发展和农牧民增收,满足广大农牧民对科学养殖技术的强烈需求,由巴彦淖尔市科学技术协会牵头,市科协主席艾宝明同志担任主编,组织市直属单位相关专家、学者、科技人员编写了《农区畜牧业养殖技术》。

　　该书内容丰富,涵盖了农村牧区养殖的各个方面。共分六篇,涵盖了国内外、区内外畜牧业发展状况;养殖设施及设备;养殖技术;家畜疫病的防治;饲草饲料;动物产品质量安全等内容。在编写过程中本着科学性、先进性、通俗性、适用性、可操作性的原则,代表了河套地区发展规模化养殖的先进水平。

　　本书主要针对的是广大农牧民,是农牧民生产生活不可缺少的良师益友,特别是开展农牧民科技培训、培养新型农牧民非常好的教材,也可作为各级党政干部、农村牧区基层工作人员、广大科技人员的业务工具书。

　　本书不仅适用于巴彦淖尔市,也适用于内蒙古自治区中西部地区,甚至在我国北方地区也有很好的参考借鉴作用。希望成为农牧民朋友科学生产、增收致富的好帮手、好指南,成为各级党政干部、广大科技人员的好工具书。

本书在编写过程中得到巴彦淖尔市委、市政府的高度重视，以及市直各有关部门和相关企事业单位给予的关注和支持，提出了宝贵的意见。负责编写的科技人员付出了辛勤的劳动，也参考了有关专家学者编著的相关书籍。此书的出版发行，是各方面共同努力的结果，在此一并致谢。

　　由于编者水平有限，参编撰稿人员多，错误和疏漏之处在所难免，恳请读者见谅，并批评和指正。

编者

2012 年 9 月

第三篇　养殖分论

第五篇　家畜疫病的防治

第六篇　动物产品质量安全篇

第一篇

总论

第一篇　　总　论

第一章　国内外农区畜牧业发展概况

第一节　农区畜牧业的概念和含义

农区畜牧业是按畜牧业资源、牲畜构成及畜牧业经营方式等的地区差异划分的畜牧业类型之一。指利用农区中大量的农作物秸秆、陆生（或水生）饲料植物及丰富的农副产品等，采用舍饲、半舍饲经营方式，以饲养生猪、家禽和肉用类其他家畜为主的畜牧业。其特点是：①畜禽种类繁多，饲养量大。家畜以猪、绵羊、牛为主，次为马、驴、骡、山羊、家兔等，家禽以鸡、鹅、鸭居多。②饲料来源丰富而充足，畜牧业生产发展条件较优越。③以舍饲、半舍饲为主，经营较集约，管理水平较高。④畜牧业生产能力较强，商品率较高，生产发展潜力大。⑤畜牧业发展与种植业关系密切。中国农区畜牧业大致以秦岭、淮河一线为界，分为北方（温带）农区畜牧业和南方（亚热带、热带）农区畜牧业。前者与北方农区以旱作农业为主的特点相一致，牲畜以生猪、绵羊、黄牛、马、驴、骡等数量多、比重大为特色；禽类以鸡为主，鸭、鹅等水禽较少。畜牧业经营一般以舍饲、半舍饲为主，也存在小群的放牧畜群或放牧经营的方式。后者与南方以水田农业为主的特点相一致，牲畜以生猪、水牛、黄牛、山羊等为主；禽类除鸡外，鸭、鹅等水禽放养的数量和规模均较大；畜牧业经营以舍饲、半舍饲为主。

第二节　国内外发展现状

一、国外畜牧业发展的特点

1. 国家主要通过法律、法规来保护农牧业,并且有相应的机构负责实施。

2. 执行严格的生产管理制度。如,加拿大已经建立了较完备的农牧业生产管理制度。例如,在首都渥太华设有种子(包括种畜)生产者协会,各省都有分会,专门管理良种培育工作。凡是培育良种的农牧场都必须参加这个协会。同时,协会又与农业部所属的有关科研机构和农业大学保持着密切的联系。

3. 发挥协会在生产中的管理和协调作用。如加拿大政府在畜牧业产业政策、产品配额、市场价格、质量保证等方面实行宏观调控。具体业务管理通过由生产者共同联合组成的组织——协会来协调管理。

4. 强化管理,培养高技能农牧业生产经营人员,既是牧场主又是生产劳动者。他们多数受过农业学校教育或相应专业培训,业务管理能力很强,在饲草生产、家畜饲养管理、动物疫病防治等方面都具备很高的技能。

5. 重视农牧业科学研究,加强对农牧业科研的投入。如加拿大畜牧科研项目一般都由农业院校教授、学者主持(如 *ELOVA* 牧草研究中心、*CGL* 家畜改良中心均由贵尔夫农业大学教授主持)。研究项目首先从生产(农牧场)单位提出,由农场主(或协会)、联邦或省政府管理部门、农业院校三者通过网络信息共同研究确定课题项目,由农业部资助,最后由农业院校相应的研究中心具体招收研究生(或博士生)进行专题研究。

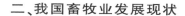

二、我国畜牧业发展现状

目前,畜牧业产值已占中国农业总产值的34%,畜牧业发展快的地区,畜牧业收入已占到农民收入的40%以上。中国畜牧业在保障城乡食品价格稳定、促进农民增收方面发挥了至关重要的作用,许多地方畜牧业已经成为农村经济的支柱产业,成为增加农民收入的主要来源,一大批畜牧业优秀品牌不断涌现,为促进现代畜牧业的发展做出了积极贡献。近年来,我国畜牧业生产继续呈现稳步、健康发展的态势,主要畜产品持续增长,生产结构进一步优化,畜牧业继续由数量型向质量效率型转变,畜牧业产值占农业生产总产值的比重已经超过30%,畜牧业已经成为我国农业和农村经济中最有活力的增长点和最主要的支柱产业。畜牧业产业收入已经成为农民家庭经营收入的重要来源。

据联合国粮农组织2009年公布的统计资料:我国生猪存栏5.23亿头,占世界存栏总数的50.9%,居世界第1位;绵羊2.19亿只,占世界存栏总数的18.72%,居世界第1位;山羊2.46亿只,占世界存栏总数的25.14%,居世界第1位;牛1.89亿头,占世界存栏总数的9.2%,居世界第3位。肉类总产量达10845万吨,禽蛋(不含鸡蛋)843.6万吨,鸡蛋3578.6万吨,奶类3785万吨,其中肉类产量占世界总产量的百分之三十,禽蛋产量占百分之八十,鸡蛋产量占百分之四十,奶类产量占百分之五。到目前为止,我国人均肉类占有量已经超过了世界的平均水平,禽蛋占有量达到发达国家平均水平,而奶类人均占有量仅为世界平均水平的1/13。从以上数据可以看出我国畜牧业的发展水平在改革开放的三十年间取得了飞速的发展。

三、我国农区畜牧业发展遇到的主要问题

1. 农村养殖户缺乏技术。

长期以来中国农村生产模式还是以传统的农业生产为主,小规模生产,自然经济仍占据一定的主导地位。在养殖业方面体现为以散养为主,处于家庭生产的副业地位。这种散养模式与科学化、

规模化、集约化生产的现代养殖业相比相距甚远。散户养殖生产设备、生产技术以及生产条件相对落后,尤其在思想意识方面不能适应现代化养殖业的需要。大部分散户养殖户仍旧把畜禽养殖当作家庭收入的一个补充形式,加之这些养殖户文化水平相对较低,接受现代化的专业养殖技能比较困难,这也成为在农村大规模发展养殖业的一大障碍。

2. 环境污染严重。

畜牧养殖所产生的大量粪尿如果处理不好,则直接造成对当地环境的污染和破坏。无论是大规模的现代化养殖场还是小规模的家庭散户养殖,对畜禽的粪尿处理还缺乏相应的环保措施和废物处理系统,粪便未经处理直接大批量的露天堆放或是直接排入河流,造成对家畜和环境的污染,同时这些大量放置的粪尿也造成了一些人畜疫病的发生。现有解决方法一般为水冲式和沼气利用。采用水冲式清粪则需要大量地处理污水,这些污水如能经过分离后排入农田的话可以达到利用效果,如直接或间接排入河道,对地表水的污染也很严重。另外,畜禽粪便发酵后产生大量的 CO_2、NH_3、H_2S、CH_4 等有害气体,如果直接排放到大气中,则会危害人类健康,加剧空气污染,引起地球温室效应。但收集利用加工成沼气可实现再利用。

3. 饲料资源短缺。

长期以来,我国畜牧业的发展主要依靠粮食生产。虽然我国粮食总产量有一定程度增长,但增幅不大。同时我国人口也在增长,加之畜牧养殖用地因各种原因逐年减少,畜牧业的发展实际上已经受到粮食产量的制约。畜牧业飞速发展导致饲料用粮大幅上升,目前我国的饲料用粮约占粮食的 1/3,存在着人畜争粮的问题,这种饲粮短缺的情况严重制约了畜牧业的可持续发展。

4. 畜产品药物残留高。

随着抗生素、化学合成药物和饲料添加剂等在畜牧业中的广泛应用,在实现降低动物死亡率,缩短动物饲养周期,促进动物产

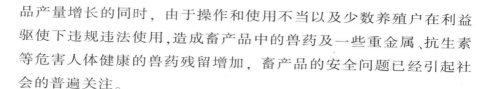

品产量增长的同时，由于操作和使用不当以及少数养殖户在利益驱使下违规违法使用，造成畜产品中的兽药及一些重金属、抗生素等危害人体健康的兽药残留增加，畜产品的安全问题已经引起社会的普遍关注。

5. 科学技术研究与推广不力。

我国传统的畜牧养殖技术已经跟不上现代化的畜牧养殖要求，虽然我国在畜牧养殖方面的科技研究工作一直很受重视，但是长期以来我们的科技研究成果转化率不高，一些地方政府对科研成果的转化工作没有足够的意识，许多"高产、优质、高效"的畜产品增产技术的利用只停留在口头上，没有与畜牧业资源一起被有效地利用。此外，我国从事畜牧业生产的人员素质普遍偏低，一定程度上导致畜牧业养殖技术推广困难，阻碍了畜牧业可持续发展的进程。

6. 畜产品质量安全监管仍面临着严峻形势，任务艰巨。

一些地方存在着畜牧业投入不足，畜牧业生产、畜产品加工和畜产品质量安全依然存在隐患，饲养环境和生产条件相对落后，重大动物疫病形势严峻。因此，在畜产品的安全面临着更大范围、更深层次挑战的情况下，大力加强畜产品品牌建设，增强企业社会责任，是应对畜牧业生产面临的挑战、维护消费者生命健康安全、促进畜牧业健康发展的有力举措。

四、我国农区畜牧业发展趋势

1. 提高农户对养殖业的认识。

科学技术是第一生产力。在各地大量散户养殖户占相当大比重的前提下，提高养殖户的养殖技术水平非常重要。一定要脚踏实地地学好、用好养殖技术知识。养殖实用技术的普及应从两个方面进行努力，一方面是政府主管部门要重视养殖技术的推广和普及工作，有计划地组织传授各种不同层面的养殖实用技术，举办各种培训和学习班。另一方面要转变养殖户的观念，只有转变养殖户传统的养殖观念，学习专业的养殖知识和技能，才能实现整个畜牧养殖业的科学化、规模化、集约化的产业结构转变。大规模的养殖企业需要科学规范的管理，我国农业企业普遍存在管理环节薄弱的弊病。畜牧养殖生产需要科学严谨规范的方法和态度，现代化的养殖企业首先要树立科学管理的观念，建立起一整套规范有效的科学管理、标准化生产经营和疫病防控管理体系，是推进现代畜牧业规模健康养殖的关键所在。通过建立现代企业管理机制，实现现代化的畜禽养殖。

2. 我国大力发展农区畜牧业的意义。

产业结构的调整与升级，是一条中国农业必然要走之路，这样才能全面发展。畜牧业（特别是产业化的畜牧业）就是种植业的产业升级，因为它减少了对大自然的直接依赖，更大程度上利用了人类资源（智力、技术、信息）。畜牧业（以及畜产品的加工和营销）比种植业需要更多的劳动投入，产业链条长得多，可以带动更多产业的发展。在发展肉类生产和畜产品加工业方面，我国已经显示出了一定的优势，是大有前途的产业。农业结构的合理化必将大大改善我国生产资源的配置，创造更多的增加值。只有使一部分农民彻底离开土地，另一部分农户的经营规模才能不断扩大，种植业才能发展。加工业重心的转移，不仅有利于农民收入的提高，还将促使城市工业升级。国际上的压力、国内的经济发展，都说明我国的农牧业非改革不可。在改革过程中，传统以农牧户为基础的生产架构必定面临转型或淘汰的威胁，这种现象，给有意参与农牧业的企业创造了新机会，利用企业家独到的眼光和判断力，勇于创新，以市场为主导，发挥高新技术优势，配以现代化的管理来发展农牧业产业化，使之在国内和国际市场占一席之地。

第二章　我区农区畜牧业发展现状

党的十五届三中全会的召开，标志着农业和农村经济进入了新的发展阶段。畜牧业在农业和农村经济发展中的地位更加突出，成为承农启工的中轴产业和农村经济结构调整的中心环节。当前，我区农区畜牧业已走上了快速发展的道路。

一、我区农区畜牧业发展的成就和经验

1. 规模化经营、专业化生产。以"十百千"工程为重点，大力推进农区畜牧业的规模化养殖、专业化生产，建成了一批各具特色的畜牧业商品生产基地。

2. 依靠科技进步，加快农副产品转化。加大科技推广力度，充实加强基层科技服务组织，把畜牧业实用增产技术组装配套，形成模式化饲养技术，大面积推广应用，提高畜牧业的科技含量和经济效益。

3. 多方筹资，增加投入。各级财政增加了用于农区畜牧业发展的投资，特别是扶贫开发、农业开发、规模化养殖基地建设等项目建设积极向农区畜牧业倾斜，社会各界对畜牧业的投资增多，各地制定了一系列有关的优惠政策，调动了群众的积极性，农民进一步成为农区畜牧业投入的主体。

二、我区农区畜牧业发展的制约因素

一是认识不到位。有些地区的干部和群众对发展农区畜牧业的重要意义认识不高，甚至仍然将畜牧业看成是一般的家庭副业；有些地区政府措施不得力，没有正确处理好种粮与养畜、户养和工厂化饲养的关系，致使畜牧业生产不稳定，发展步子较慢，成效不够明显。

二是生产经营方式落后。相当一部分地区舍饲养畜的观念还没有树立起来,畜牧业规模化专业化水平较低,畜牧业科技含量不高,突出表现在生猪出栏率低,牛羊育肥增值少。

三是适应市场能力差。在市场变化、价格波动的情况下,畜牧业显得适应能力低,抵御市场风险的手段贫乏。

四是饲草料加工企业发展滞后。目前全区秸秆转化利用仅占1/3左右,饲料工业体系不完善,配合饲料入户率低,养殖成本高,效益差。

五是投入严重不足。农牧民的投资主体地位发挥不够,资金来源渠道不多,群众发展生产的积极性还没有充分调动起来。

三、农区畜牧业区域布局

1. 粮食生产区:作为猪禽生产和牛羊育肥的主要区域,建立大规模瘦肉型猪商品基地、牛羊育肥商品基地和养鸡生产基地。

2. 城郊地区:作为奶牛和家禽生产的主要区域,建立奶牛生产基地、养鸡生产基地和育肥牛羊基地。

3. 半农半牧区旗县:可利用相对丰富的草场资源建立牛羊育肥基地和绒毛生产基地。

4. 荒漠化和水土流失严重地区:要抓住退耕还林还草的机遇,利用饲草料和农副产品大幅度增加的有利条件,因地制宜地推动农、林、牧结合,发展牛、羊育肥和猪、禽、兔生产。

四、存在的问题

1. 生产经营方式仍较落后。农户规模小、经营分散,户均土地经营规模小等问题难以发挥规模养殖效益,不利于现代化农区畜牧业的发展。因此,创新农业生产经营方式,大力推进农村改革,按照依法自愿有偿原则,健全土地承包经营权流转市场,发展多种形式的土地适度规模经营,不断满足农区畜牧业生产力发展的新要求。积极发展农牧民专业合作组织,支持农牧业产业化发展;健全农村市场和农业服务体系,不断提高农牧业组织化程度和集约化

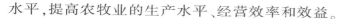

水平,提高农牧业的生产水平、经营效率和效益。

2. 农业基础条件相对薄弱。总体来看,我区农牧业基础设施条件仍然较为薄弱,而且由于各地区经济水平、发展条件等各不相同,农牧业发展呈现出多层次性和不平衡性,不同发展水平的地区,建设现代农业的进程不同,农牧业生产条件和基础设施水平各异,仍有待于进一步提高。

3. 农牧业产业化水平有待提高。农牧业产业化水平不高,产业链条短是制约农区畜牧业持续发展的又一因素。农畜产品加工整体水平较低,加工企业规模较小,加工技术落后,大部分只停留在初级加工上,无精细、精深加工能力。农业产业化经营水平不高,企业与农牧民利益连接机制不紧密,加工企业带动能力不强,农牧业生产产前、产中、产后社会化服务体系不健全。

第三章　巴彦淖尔市农区
畜牧业发展现状分析

在国家、自治区惠牧政策的带动下和畜牧业标准化规模养殖场(小区)建设项目的拉动下,各地把发展现代畜牧业作为首要任务,通过"强龙头、建基地、调结构、扩规模",实现了畜牧业生产重点突破,稳步推进,全市畜牧业经济运行良好。据统计2011年牧业年度全市牲畜存栏912万头(只),同比增加10万头(只),增幅1.1%。其中:大畜存栏24.1万头,同比增长0.22万头,增幅0.1%;羊存栏833.5万只,同比增加9.1万只,增幅1.1%;生猪存栏53.9万头,同比增加0.53万头,增幅0.1%。预计肉类产量23.1万吨,同比增长5.5%;禽蛋产量8200吨,同比增长3.8%;乳类产量45万吨,同比增长0.45%。

近几年在市场经济框架下，巴彦淖尔市的现代农牧业发展广泛运用现代工业成果和资本、科技等现代生产要素，农产品商品率、农业劳动生产率和农业劳动者的经营管理知识都得到大幅度提高，农业生产经营活动逐步向专业化、集约化、规模化发展。

一、巴彦淖尔市现代农牧业主要的特征表现为以下几点：

1. 产业功能日臻完善，产业结构体系由小农业向大农业转变。现代农牧业不仅仅是传统的种植业、养殖业，已经逐步向能源农业、精细农业发展，不仅包括第一产业领域（种植业、养殖业等），而且包括农产品加工、流通、文化产业、社会服务等多种产业集群，产业功能也由单一生产功能向集生产、经营、服务等多功能方向转变。

2. 生产方式由粗放型向集约型转变。龙头企业和优质农畜产品生产基地不断培育壮大，通过创新企业、基地与农牧民的利益联结机制，大力发展产业化经营。同时注重用先进技术改造农牧业，用先进经营形式发展农牧业，推进传统农牧业向现代农牧业转变。

3. 市场化程度日渐成熟。农业由部门分割、行业垄断的封闭低效产业向由市场配置资源的现代化高效产业转变，信息技术日渐增强，改善了农业的分散性、区域性、经验性以及可控程度低的行业弱势，逐渐融入现代信息化的潮流。市场机制在资源配置中起到了主导作用，市场体系也日益完善，农业从手段到生产成果普遍商品化。

4. 生态环境日益受到关注，农业经济与生态环境的协调发展越来越受到重视。现代农牧业以使用化学物质和大量消耗能源（主要是机械设备使用的石油）为开端，取得了巨大的成就，但也带来了资源浪费、环境污染、农产品含有对人体有害的药物残留等负面问题。这使得在发展农业时更加重视生态环境的保护与治理，重视土、肥、水、药和动力等生产资源投入的节约和使用的高效化。农业的可持续发展已经受到广泛的关注和重视，正成为农业发展的新理念和新趋势。

二、畜产品加工业发展现状

1. 养殖业

随着农业结构的调整,畜牧养殖发展重心已转移到农区。2011年我市继续把发展畜牧业作为农牧业结构调整、促进农牧民增收的突破口来抓,加大科技投入,狠抓了畜种改良、科学饲养和动物防疫三大工程,夯实和强化了全市畜牧业基础建设,有力地促进了全市畜牧业的健康、快速发展。肉类产业是巴彦淖尔市的六大产业之一,在畜牧业发展中占有重要地位。全市肉类生产加工以羊肉最具优势,因肉质鲜美、绿色无污染等特点近几年来一直畅销国内外市场。2008年全市肉类总产量20万吨,其中羊肉12.3万吨,猪肉5.7万吨,禽肉2吨。

(1)乳品

巴彦淖尔市乳产业起步较晚,但发展速度较快,全市奶牛数量从2000年的1.28万头,迅速发展到2008年的10.6万头,年均递增26.5%,特别是从2003年随着蒙牛、伊利两大乳品龙头企业的入驻,加之当地中小乳品企业快速发展,带动了全市奶牛业的强劲发展,奶源基地建设步伐明显加快。全市现有乳品加工企业共17家,奶站198家,具备日收储鲜奶570吨的能力。2008年全市鲜奶产量达到41.3万吨,奶牛业产值8.69亿元。

(2)绒毛

巴彦淖尔市是全国乃至世界上重要产绒区。近年经过提纯复壮和本品种选育,培育出了适宜当地条件的优良地方品种二狼山白绒山羊,所产绒以其纤维细长、拉力大、净绒率高、颜色正白等优点,成为全区唯一可以在国内外市场上叫得响的优质畜产品,也是巴彦淖尔市牧区的主体畜种。2008年牧业年度白绒山羊存栏205.4万只,年生产绒毛489.8吨。目前,全市共有绒毛加工企业53家,其中规模以上加工企业23家,通过ISO9000认证的企业有6家,羊绒制品形成6大系列300多个品种,年加工无毛绒7200吨,羊绒衫350万件,纺纱200吨。

2. 肉类加工

总体来看,巴彦淖尔市肉类加工主要以肉羊加工为主,规模较大的加工企业有草原鑫河、草原宏宝、索仑和小肥羊,加工企业主要以精细分割为主,但是,对羊骨、羊血、羊胎盘等器脏的综合开发利用处于空白,熟制品和速冻食品的开发等精深加工比例很低,附加值不高,产业链条短。目前,巴彦淖尔市规模较大的定点屠宰加工厂24个,年屠宰生猪43万头,产量2.78万吨。2008年全市出栏生猪50万头,大多以本地市场消费为主,包括农牧民自食部分。

(1)羊肉加工

肉羊产业在巴彦淖尔市农牧业经济结构由种植业主导型向养殖业主导型转变中占有举足轻重的地位。巴彦淖尔市现有小肥羊、草原鑫河、宏宝、得利斯、索仑等肉类加工企业20余家,羊肉加工能力达到24万吨、1200万只,2008年实际加工为12万吨、600万只。目前肉羊加工企业加工能力很强,产品供不应求,但总体原料不足,"企业吃不饱"已经成为部分龙头企业发展面临的突出问题。

(2)乳品加工

近几年,巴彦淖尔市乳品加工发展很快,乳品加工对奶牛养殖的带动作用日趋增强。全市现有乳品加工龙头企业共17家,设计年加工能力50万吨,2008年实际加工34万吨。巴彦淖尔市奶牛养殖通过近几年的发展形成一定规模,乳产品主要依靠蒙牛、伊利两家加工消化,其他加工企业规模较小,辐射、带动能力差。

(3)绒毛加工

巴彦淖尔市羊绒加工起步于上世纪80年代,目前有羊绒加工企业53家,其中规模以上企业23家,年销售收入亿元以上企业6家,全市已形成无毛绒设计加工能力9300吨,纺纱设计加工能力700吨的规模,为全国最大无毛绒生产加工基地。2008年巴彦淖尔市实际加工原绒7200吨,生产羊绒衫350万件,纺纱200吨,实现销售收入54.1亿元,销售收入占到农畜产品加工业的27%。

三、农区畜牧业发展存在的问题

1. 先进的饲养管理技术没有得到普遍应用，导致家畜生产周期长，产出水平低，市场竞争能力弱；经济杂交生产体系不健全，无序的杂交造成品种资源浪费，生产效益低下。

2. 专业化服务组织不健全，产业化链条不完善，加工带动能力弱。全市大部分畜产品加工企业尚处于起步阶段，经营规模小、产品加工单一、带动和服务能力弱。特别是在资源方面没有得到有效整合，生产标准不统一，初加工产品多，深加工、高附加值产品少；中低档产品多，名优产品少；传统产品多，新特产品少，缺乏"叫得响、过得硬"的品牌。

3. 龙头企业和养殖户联系松散，没有形成利益共同体，对肉羊产业带动力不强。加快培育和整合现有畜产品加工企业，着力打造一批起点高、规模大，带动力强的企业集团，逐步构筑特色鲜明、优势突出，大中小互补、产品销售配套的畜产品加工企业集群，并围绕优势地方品种(如巴美肉羊、二狼山白绒山羊)进一步提高种畜扩繁数量，巩固质量，大幅度地杂交利用，培育商品杂交生产基地，通过大型龙头企业的带动，进行深层次、高附加值的产品开发和市场开拓已是当务之急。

4. 科技创新资金不足，科技推广服务体系不够健全。农牧业技术推广体系中存在体制不顺、机制不活、队伍不稳、服务手段落后、基层设施差和保障不足等问题。具体表现在以下七个方面：一是农牧业技术推广服务网络不健全，削弱了基层技术服务功能；二是基础设施差，农技人员待遇低；三是农牧业推广资金投入不足，制约着推广力度；四是对现代农牧业高新技术接纳能力差，并且缺乏采用新技术的需求动力，影响了农业新技术成果推广转化质量；五是传统的农牧业科技推广在推广项目选择机制、技术上不能适应农业结构调整中的农户生产需求；六是农牧业技术推广队伍积极性不高，影响农业技术推广效率；七是农牧民居住地分散，组织化程度低，农业技术推广缺乏有效的渠道；八是科技投入偏低，科技人员知识更新不及时。

5．产业化水平有待提高。巴彦淖尔市农牧业生产仍以一家一户的小规模经营为主体，产品批量小，精品、名品少，生产成本高，竞争能力差，很难在市场中取得主动地位。由于市场竞争加剧，使这些曾经具有一定知名度的产品在区内外市场占有额呈退缩的趋势。

第四章 巴彦淖尔市农区
畜牧业发展战略措施

第一节 发展目标和任务

一、确定了六大主导产业

近年来，巴彦淖尔市委、市政府立足当地资源优势，坚持科学发展观，提出"继续加快推进一个转型、进一步明确三个定位、突出抓好六个战略重点"的发展思路，强力推进农牧业产业化工作，确定了乳、肉、绒、粮油、蔬菜（番茄）、饲草料六大主导产业和炒货、酿造、药材、林苇四大特色产业。围绕六大主导产业和四大特色产业，明确目标强化措施，扶龙头、建基地、搞服务，目前巴彦淖尔市基本形成了"龙头带基地，基地连农户"的农牧业产业化经营格局。农牧业产业化经营保持了速度加快、效益提高、贡献增大的良好发展势头，已成为全市经济发展的重要支柱产业。

二、突出五个战略重点

根据现代农牧业的发展要求，结合巴彦淖尔市农业发展的实际，认真审视巴彦淖尔资源禀赋、后发优势、发展空间和特殊市情，确立了发展现代农牧业的"12346"战略："坚持一个先行，搞好两个

布局,打牢三个基础,构筑四个载体,实施六大产业工程"。

坚持一个先行:就是科技先行。把现代农牧业可持续发展、"科技兴农"列为首位战略,构建与现代农牧业发展相适应的农业科技创新体系、农业科技推广体系,提高科技对农业增长的贡献率。

搞好两个布局:就是搞好种养基地和农产品加工基地布局,把巴彦淖尔市建设成为全区和全国的优质小麦、葵花和西甜瓜类、肉羊、生猪、乳品、小麦、油料等大宗农产品的生产、加工基地。

打牢三个基础:以国家加大农业基础设施建设投入力度为契机,大力实施农业设施、农业装备和农贸市场基础建设工程。

构筑四个载体:即以规模经营为载体,构筑规模经营;以社会化农业服务体系为载体,增强农业服务组织的服务能力,提高社会化服务水平;以"三高"农业为载体,大力发展生态农业、精确农业、设施农业、集约农业和标准农业,提高农产品产量、质量和效益;以生产、加工、销售一体化的龙头企业为载体,发挥龙头企业的带动、辐射作用,增强龙头企业的生存和发展能力,不断壮大农业产业。

建设六大产业工程体系:以服务农牧业产业为目标,以农业工程技术为主体,以集成创新为特色,紧紧围绕农田基础设施工程、农产品生产设施工程、农产品产地加工与贮藏设施工程、农产品交易物流设施工程、农产品生产环境保护设施工程、现代农牧业公共服务设施工程等领域,建设一批不同区域(不同资源禀赋和自然条件)、不同农产品生产水平的现代农牧业产业工程体系的技术体系、技术路线、技术方案、建设类型、建设模式、建设标准与规程规范的不同层次的建设项目,构建起支撑现代农牧业产业的工程体系。

三、具体目标

1. 农牧业发展目标

种植业:到 2015 年,农作物播种面积 1326.49 万亩,粮食作物总产量 378 万吨,油料作物总产量 53 万吨,实现产值 228 亿元,平均年递增 15.6%;到 2020 年,粮食作物总产量 417 万吨,油料作物总产量 59 万吨,实现产值 305 亿元,平均年递增 5.97%。

畜牧业:到 2015 年全市大小畜存栏 2328 万头(只),其中肉羊 1763 万只,生猪 65 万头,奶牛 50 万头,奶山羊 10 万只,家禽 300 万只,其他家畜 14 万头;出栏肉羊 1800 万只,生猪 100 万头,肉禽 1500 万只。生产肉类 47 万吨,奶类 208 万吨,实现产值 207 亿元,平均递增 20.3%。到 2020 年全市大小畜存栏 2592 万头(只),其中,肉羊存栏量达到 1959 万只,生猪存栏量达到 78 万头,奶牛存栏 50 万头,奶山羊存栏 50 万头,家禽存栏 340 万只,其他家畜存栏 15 万头;出栏肉羊 2000 万只,生猪 120 万头,家禽 1700 万只。生产肉类 54 万吨,奶类 278 万吨,实现产值 245.5 亿元,平均年递增 3.5%。

农业总产值:农业总产值继续以 15% 以上的年增长率增长,到 2015 年全市农业总产值达 480 亿元;农畜产品加工产值上升到 770 亿元,为目前农业产业化产值的 3.6 倍,实现农业生产及加工总产值 1200 亿元以上。

到 2020 年,农业总产值达 607 亿元,农畜产品加工产值上升到 930 亿元,为目前农业产业化产值的 4.3 倍,实现农业生产及加工总产值 1500 亿元以上。

2. 农牧民人均纯收入

通过基地建设、龙头企业带动,农牧民人均纯收入将有大幅度提高,预计到 2015 年农牧民人均纯收入将在现在的基础增加 3 倍,达到 23000 元,2020 年达到 30000 元以上。

3. 农畜产品加工与龙头企业

到 2015 年,农产品加工率得到进一步提升,由目前的 60% 上升到 85%,农产品加工转化增值率达到 50% 以上,给农民带来较大程度的增收。

通过对龙头企业的扶持,预计 2015 年全市形成 50 个年销售收入超 1 亿元、15 个超 5 亿元和 10 个超 10 亿元的加工型、贸易型龙头企业,参与农业产业化经营的农户占 70% 以上。

4. 肉类产业发展规划

(1)产业现状:丰富的饲草料资源为肉类产业发展创造了优越的条件。2008年全市牧业年度牲畜总头数为904.2万头(只),畜牧业产值达到56.7亿元,占大农业的比重达到37.5%,农牧民来自畜牧业的收入达到1500多元,占农牧民人均纯收入的25%以上。"巴美"肉羊是巴彦淖尔市培育的具有自主知识产权的专门化肉羊品种,也是我国第一个利用育成杂交方法培育的肉羊品种。

(2)主攻方向:肉羊、生猪、家禽发展以养殖小区为基础,分层次发展为方向。根据不同市场需求和不同社会、经济条件,建立不同层次的肉羊生产体系。在坚持提高占规划区养殖主体地位的养殖水平的同时,大力发展标准化规模饲养场,重点扶持发展 "标准化养殖场"、"家庭养殖场",通过育肥示范场、专业养殖场、家庭养殖场的建设,积极发展集约化规模经营。

肉羊作为主导产业,要重点加强良种推广,大力推广肉羊舍饲圈养和精饲料补饲增产配套技术,推广羔羊育肥技术,实现冬羔和早春羔秋季出栏,提高出栏率。推进生产标准化进程,建设高档肉羊生产基地,采取短期集中育肥,提高肉羊出栏率。引导肉羊生产向饲养规模化、产品优质化、质量安全化、管理统一化的方向发展。

(3)发展目标:通过现代农牧业发展规划的实施,畜产品产量稳定增长,到2015年,计划出栏肉羊、生猪、家禽3400万头(只);到2020年出栏牲畜达到3820万头(只)。

(4)基地布局:按照"加快发展农区畜牧业,稳定发展牧区畜牧业"的指导思想,调整优化畜牧业生产布局,以畜牧业区域化发展、规模化生产、集约化经营为主攻方向,重点发展城郊高效畜牧业、农区畜牧业,稳定发展牧区畜牧业。现代畜牧业空间布局按两个层次进行划分。

——按区域和立地条件

根据巴彦淖尔市地形地貌、土地利用结构和土地利用分区及畜牧业发展的立地条件,肉类发展构建两个重点产业带,即河套平原的农区肉羊、奶牛、生猪产业带,磴口县以西乌兰布和沙区的有机畜牧业产业带。

——按照畜种和已形成的优势区域

巴彦淖尔肉羊优势区域——主要分布在临河区、杭锦后旗、五原县、乌拉特前旗和乌拉特中旗。根据各旗县区肉羊发展的立地条件,按照优势畜种向优势区域集中的原则,将东部沿阴山前的前旗、中旗、五原县作为巴美肉羊生产带,将西部的临河、杭锦后旗、磴口、农垦作为肉羊杂交带。到2015年肉羊优势区域饲养量达到全市肉羊总量的90%以上。

生猪优势区域——主要分布在临河区、杭锦后旗、五原县、乌拉特前旗。到2015年优势区域生猪出栏量占全市生猪出栏总量的85%以上。

肉禽优势区域——肉鸡的布局主要在临河、五原、杭锦后旗、乌拉特前旗和磴口;水禽,重点分布在乌兰布和。

(5)重点建设任务:2009~2015年肉类产业围绕肉羊、生猪、家禽发展,重点建设良种工程、规模养殖示范工程和标准化养殖场(小区)建设工程。

四、区域性优势产业

1. 奶产业——奶牛产业

产业现状:巴彦淖尔奶牛养殖发展迅速,奶牛存栏从2001年的1.45万头增长到2008年的10.6万头,年均递增32.87%。奶牛饲养规模小,53%以上为农户散养,户均饲养5~10头农户约占26%,饲养数量在10头以上的规模养殖户约占到21%。全市有饲养200头以上的奶牛养殖小区69处,乳品加工龙头企业共17家,建成并投入运行奶站275处,具备日收储鲜奶570吨的能力。2008年巴彦淖尔市鲜奶产量达到41.3万吨,奶牛业产值8.7亿元,农牧民人均来自乳业的收入800多元。

主攻方向:按照推进奶产业现代化的要求,树立科学发展观,按照"巩固、调整、提质、增效、发展"的原则,以奶业增效奶农增收为目标,以万头奶牛大镇为重点,努力构筑良种繁育体系、标准化养殖技术、疫病综合防治、产业化规范运营四大体系,完善质量检验检测的体制,推进奶牛养殖向规模化、现代化转变,实施绿色奶源工程。

发展目标:到2015年,全市奶牛总数达到50万头,平均年递增24.7%,产奶量达到204万吨;2020年产奶量达到260万吨。

基地布局:在总体布局上全市奶牛产业带主要分布在杭锦后旗、磴口县、临河区、五原县和乌拉特前旗,重点区域为杭锦后旗、磴口县、临河区。在具体区域发展格局上,各旗县区要依托各地资源优势和立地条件,因地制宜科学规划布局:杭锦后旗主要依托加工企业的品牌优势整合当地奶业资源,以园区和规模化养殖场区建设为核心,逐步向周边地区辐射;磴口县依托加工企业的品牌优势,通过大企业,开辟建大基地、打造乌兰布和沙区有机奶源基地;其他旗县区坚持优势畜种向优势区域集中、规模化发展的原则,采取奶牛养殖示范园区、千头牧场与规模养殖小区相结合的多种发展形式,促进精品奶源带和专业养牛大镇的发展,形成规模化经营,集约化生产。

重点建设任务:2009~2015年奶牛业发展的重点任务是建设奶牛良种繁育基地(奶牛核心示范场)、奶牛示范园区和千头奶牛牧场等建设工程。

2. 奶产业——奶山羊产业

开发奶山羊产业是充分利用农作物秸秆资源,持续发展草食畜牧业,实施生态循环经济,提高人类生活质量,带动农牧民增收,发展现代农牧业产业的战略选择。

产业现状:奶山羊是近两年发展的产业,目前饲养规模还很小,主要以户养为主。新引进的龙头企业刚刚起步,建设规模奶山羊饲养项目,2015年建成投产。

产业发展前景:近年来,国家已将奶山羊养殖列入"十一五"规划和"2020年远景规划"之中,把奶山羊作为我国奶业发展的重要组成部分。随着经济快速发展和人民生活水平提高,人们对奶的多样性有了新的要求,羊奶因具有营养丰富和多种保健功能,成为中高层次消费优选对象,普遍认为羊奶是一种风味别致、营养丰富、功能独特、不含过敏源、易消化吸收的高级营养保健品。在沿海发达地区,羊奶产品是牛奶产品价值的4~5倍,成为奶品消费市场上的新宠。大量调研结果表明:把良种资源优势转变为产业优势和经济优势,奶山羊产业无疑将是一个崭新的、大有作为的产业。奶山羊具有投资少、周期短、见效快的特点,市场前景广,生产潜力大,养殖效益高,是农村发展经济、农业增效、农牧民增收的一项好的养殖项目,将为发展现代农牧业,构建和谐社会起到积极作用。

主攻方向:抓好四个环节,一是选择优质种羊,搞好良种提纯复壮;二是加强与内蒙古大学的科技合作,开展联户育种,达到资源的有效利用,加速扩繁;三是加强饲养管理,注重疫病控制,改善养羊设施和加工装备;四是扶持羊奶产业龙头企业,紧盯市场,开发具有市场前景的羊奶粉、液态奶、保健奶、功能奶等各种羊奶制品和山羊毛、皮的综合利用,拉动奶山羊产业的发展。

发展目标:到2015年奶山羊存栏达到10万只,建成1.5万只奶山羊繁育基地,8个奶山羊生态养殖基地;到2020年,奶山羊存栏达到50万只。

3. 绒山羊

产业现状:巴彦淖尔市牧草资源十分丰富,全市草场面积达到7477万亩,理论载畜量120万个羊单位,2008年末存栏205.4万只。根据巴彦淖尔市草场保护要求,近几年绒山羊的存栏量逐年缩减。

主攻方向:合理控制牧区载畜量,在逐年缩减绒山羊数量的基础上,通过良种选育、改良畜群、加强舍饲圈养基础设施建设等手段,提高绒山羊的个体产绒量和饲养能力,在保证量的同时有计划地扩展良种畜群数量。按照以草定畜、草畜平衡的原则,围绕退牧还草项目工程,进一步加大草原建设力度,逐步实现绒山羊生产由

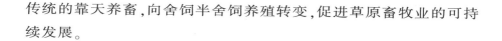

传统的靠天养畜,向舍饲半舍饲养殖转变,促进草原畜牧业的可持续发展。

第二节　发展主要政策措施

一、加强领导,落实任务

各地区要切实加强对农区畜牧业工作的领导,充实完善相应的领导机构,层层分片包干落实工作任务。要从本地区的实际出发,明确农区畜牧业的发展思路和发展目标,因地制宜地制定和出台一些支持农区畜牧业发展的优惠政策,激发和调动农牧民发展畜牧业的积极性。

二、建立健全稳定的投入保障机制

要坚持国家、地方、集体、个人一起上的方针,多渠道、多层次、多方位筹集农区畜牧业建设资金,始终把农民作为发展农区畜牧业的投入主体。各级新增牧业税的70%要用于事关农区畜牧业发展的饲料秸秆加工、市场体系建设以及社会化服务体系建设和适用增产技术推广。积极建构四级投资匹配体系,加大国家投入的引导力度,重点发展基地旗县,推广优良品种,发展饲草料加工。合作信用社要积极争取再贷款,把畜牧业作为重点投向之一,农业银行要在确保贷款"三性"的前提下,积极支持农区畜牧业发展。要积极推广农区畜牧业的对外开放,大力招商引资,广泛吸引社会各方面的投资,增加畜牧业投入。

三、走小规模、大群体的发展道路

发展规模经营,形成地域优势、专业优势,是近年农区畜牧业发展过程中总结出的重要经验。要进行区域性产业开发,抓区域性布局,专业化生产,兴一业、富一乡,抓一品、富一村。要充分重视龙头企业的带动作用,发展规模经营,推广公司加农户、市场加农户、服务体系加农户以及行业协会、专业组织联农户等产业化发展模式,加强各类专业性基地建设。要继续实施"十百千"工程,把种养结合专业户作为发展的基础,在专业户的基础上建设专业村,在专业村的基础上建设示范区,在示范区的基础上建设不同类型的基地旗县,以此带动区域化规模经营。

四、加快草地建设和农副产品资源转化的步伐

要处理好农牧林三者的关系,建立适应农区畜牧业发展的新的种植业结构。半农半牧区、退耕还牧地区要加大人工草地建设力度。山旱区要利用国家生态建设的投资,种树种草恢复植被,发展舍饲圈养。要加快"五荒地"有偿承包、拍卖和转让工作,引导、鼓励农民种树种草,改善生成环境,在建设和保护的基础上,合理开发和利用林草资源。

要大力发展饲草加工业。在大力发展养殖村、养殖户粗加工的基础上,有条件的地方,应因地制宜地发展一批饲草料加工企业,生产混配饲料及饲料添加剂。饲料加工企业可以采取代加工、以料换粮等形式,为广大养殖户提供高效配合饲料、混合饲料,提高配合饲料的入户率。同时要大力推广秸秆加工调制技术,力争使秸秆的利用率达到50%以上。

五、加强服务体系建设,搞好综合配套服务

要进一步加大科技推广力度,增加农区畜牧业的科技含量。一要结合牲畜"种子工程"建设,健全良种繁育体系。二要推广科学饲养技术、因地制宜,实现模式化饲养。三要积极推广和应用畜产品保鲜、加工、包装、贮运等先进技术,提高畜产品的附加值。四要加大农牧民科技培训力度,结合"绿色证书"工程,为农村牧区培养技术能手和初中级畜牧业科技人员。五要搞好试验示范工作,使那些见效快、投资少、简便易行的适用增产技术尽快配套组装,用于生产。科研单位要积极创造条件兴办规模化的示范基地。六要搞好科技、市场、信息、供销等社会化服务体系建设,使其服务领域逐步向产前、产中、产后延伸和扩展。

六、培育龙头企业,搞活市场流通,推动农区畜牧业产业化进程

要以开发"绿色食品"和优质名牌产品为重点,在壮大现有龙头企业的基础上,培育一大批中小型农畜产品加工、贮藏和运销企业,带动农户实现规模经营。同时,要加快农区畜牧业市场建设,搞活搞好畜产品流通,在引导农民进入市场、鼓励发展贩运队伍、培育中介组织的基础上,选择一些畜产品集散地,因势利导地兴建一批贯通城乡、辐射面广、吸引力强、吞吐能力大的活畜和畜产品交易市场。

七、实施北繁南育工程,推动农区、牧区畜牧业共同发展

农区旗县要主动地与牧区旗县结成易地育肥的"对子",支持和鼓励贩运队伍搞好牛羊购销,组织畜牧业服务实体加强合作,充当中介服务组织,实现牧区牛羊繁殖、农区育肥两个基地的紧密联系,互利互惠,共同发展,提高全区畜牧业整体效益。

八、采取优惠政策,鼓励发展农区畜牧业

各地要积极制定各种优惠政策,鼓励农民和科技人员投身到农区畜牧业中来。对 1996 年自治区党委、政府出台的关于发展农区畜牧业的各项优惠政策,各级政府和各有关部门要认真执行。对到农村领办企业和家庭牧场,帮助发展农区畜牧业的科技人员,原单位在其职称晋升、工资晋级和其他生活待遇方面给予优先考虑,并优先安排项目所需经费、场地等,为他们创造工作条件。各级政府要尽快建立农区畜牧业发展基金、畜产品风险基金,以保证农区畜牧业的稳定发展。

第二篇

养殖设施及设备

第二篇　养殖设施及设备

第一章　设施养殖的概念和类型

第一节　设施养殖的概念类型

设施养殖的概念类型

设施养殖是利用建筑设施和设备及环境调控技术为畜禽养殖创造比较适宜的生活环境,为畜禽的规模化、工厂化、集约化生产创造适宜的工艺模式和工程配套技术,是畜禽规模化、集约化、工厂化生产的关键支撑技术,它和畜禽遗传育种技术、饲料营养技术、兽医防疫技术等一起支撑现代畜牧业的发展,是现代畜禽养殖技术发展的重要标志。主要内容包括:养殖场规划与畜舍建筑标准化技术、畜禽规模化养殖废弃物处理与利用技术、畜禽养殖清洁生产与节能减排技术等。

设施养殖的主要类型及其优缺点。设施养殖主要有水产养殖和畜牧养殖两大类。

一是水产养殖按技术分类有围网养殖技术和网箱养殖技术。

二是在畜牧养殖方面,大型养殖场或养殖试验示范基地的养殖设施主要是开放(敞)式和有窗式。开放(敞)式养殖设备造价低,通风透气,可节约能源。有窗式养殖优点是可为畜、禽类创造良好的环境条件,但投资比较大。北方养殖主要以暖棚圈养为主,采取规模化暖棚圈养,实行秋冬季温棚开窗养殖、春夏季开放(敞)式养殖的方式。

第二节　国内外设施养殖发展状况

一、设施养殖业的发展及现状

设施养殖是畜牧工程技术的重要组成部分,自20世纪70年代末以来,中国的设施养殖业得到了迅速发展,各地相继建起了一大批大中型工厂化畜禽养殖场。近些年在面向畜牧生产技术产业化改造方面起了主导作用。设施养殖工程技术在实现畜牧业现代化的进程中,与畜牧养殖生产中的品种优化、饲料营养、疾病防治、环境管理等项技术一道,以其本身的技术进步,促使畜牧生产技术的现代化。当代工程技术导入了畜牧生产全过程,使养殖生物技术工程化,致使畜牧养殖业发生了质的变化。畜牧工程技术促进了畜牧科学技术的发展,使设施养殖业向规模化、工厂化的集约生产方向迈进,从而促进动物养殖业的科技进步,加速了动物养殖业的技、工、贸一体化的进程,为动物养殖技术产业化创造了有利条件。

1. 畜牧工艺学的主导地位在加强

任何产业系统均有本行业的生产工艺,动物养殖生产运行机制中,养殖生产工艺的确定是至关重要的。动物养殖工程工艺在其工程设计中起着承上启下的综合配套作用。要求在方案设计及其各项工程图纸、诸如功能分区、总图布置、房舍建筑、环境设施、设备选型等的工程技术均要做到技术到位,即工程技术符合动物养殖的生产技术要求。中国养殖产业化技术起步较晚,发展不平衡,养鸡较为成熟配套,并已形成中国特有的工程工艺及其配套技术设施。养猪的圈栏饲养和定位饲养,也初步形成了中国特色的工艺模式。

2. 畜禽舍建筑方面

从过去主要参考工业与民用建筑规范设计建筑的砖混结构畜舍,到研究开发并推广了简易节能开放型畜禽舍,在节约资金和能源方面效果十分明显,与封闭型舍相比,节约资金一半,用电仅为封闭型舍的 1/10~1/15。还有大棚式畜禽舍、拱板结构畜禽舍、复合聚苯板组装式畜禽舍、彩钢板组装式畜禽舍等多种建筑形式。

3. 畜禽舍加温技术的应用

近年来,北方塑料大棚式畜禽舍得到大面积推广,大中型养殖场已将正压管道送风技术引入到畜禽舍内,即使用暖风机和热风炉,将引进舍内的新空气经加热后再送到畜禽舍内。这可以把供热和通风相结合,从根本上改善寒冷季节畜禽舍内的环境。同时换热器和热风炉应用机动,投资较少,热效率高,耗煤少,劳动强度也大大降低。

4. 畜禽场粪污处理与利用技术方面的应用

国内一些集约化养殖场已与科研部门合作,按各地条件对多种畜禽粪污加工处理方法进行了初步研究。如:沼气厌氧发酵法、快速发酵法、高温高压真空干燥法、塑料大棚好氧发酵法、高温快速烘干法、热喷膨化法、微波干燥法等均已在生产中开始应用,并程度不同的见到一定效果。

二、设施养殖当前存在的问题

1. 畜禽养殖工程工艺技术没有得到有关部门的足够重视,未能开展系统研究。由于没有规范化的工程工艺技术,以致在养殖场建设和环境调控设施及饲养设备方面不配套。

2. 禽畜舍建筑设施产业化技术落后,至今仍以传统的砖混结构形式为主。由于缺少对畜禽舍建筑设施的标准化与规范化研究,未能形成与一定工程工艺配套的定型设计。尤其在畜禽舍建筑的新材料、新工艺和新技术应用方面与发达国家差距甚远。中国的畜禽舍建筑设施,虽然有个别厂家推出了一些装配式建筑产品,但基本没有考虑到畜禽舍本身的生物学特性和养殖工程工艺的要求,不能满足畜禽规模化生产的环境要求,工程技术尚不到位,有关设施也不配套,因而难以大面积推广应用。

3. 环境工程或饲养设备方面不配套

过去中国在这方面主要停留在一些单项技术的开发,但作为环境控制系统化技术和一体化控制方面还做不到,不仅设备投资高,运行控制难度大。对整体环境系统调控技术的研究也与发达国家存在较大差距。如冬夏季气候调节不利,使季节畜禽生产性能下降达10%~20%,严重影响到畜禽的健康和生产力。畜牧工程设计的主导专业是工艺设计,关键技术是环境工程技术,建筑设计和设备选型是上述两项工程技术的体现。畜牧工程设备涉及圈栏、笼具、料线、水线等饲养设备,还有通风、光照、上下水、保温、防寒等环境工程设备以及其他辅助性设施。所以这些设备必须形成系列,配备成套,这样才有利于匹配和调剂做到恰到好处,同时也便于用户选择和调换。

4. 设施养殖业社会生产体系尚未形成,设施养殖生产发展极不平衡

当前大量存在的农村个体生产,在畜禽的环境控制技术上几乎是空白,针对农村社区分散生产的环境问题的研究也很少。广大农村仍处于"后院养殖业"的状态,任圈场地,缺乏统一规划,畜禽舍过于集中,生产管理又过去分散,畜禽交错,人畜混杂。大城市郊区虽有分区规划,但多数养殖场自净能力很差,粪污处理能力不健全不完善,甚至无处理即行排放,导致污染,形成公害。这种以牺牲生态环境为代价的畜牧养殖业必须改进。

三、设施养殖的发展趋势

世界设施养殖技术的发展趋势是,从更多地利用动物行为和动物福利角度考虑畜舍的建筑空间和饲养设备;从环境系统角度,综合考虑系统通风、降温与加温等的环境控制技术,使这些技术得到发展与推广应用。结合当地自然条件,充分利用自然资源的综合环境调控技术及其配套设施设备的开发应用是世界各国都在追求

的目标。中国设施养殖产业化中各项技术的发展，必须根据国情，针对现状，认真研究，正确引导，稳定而持续发展中国设施养殖业，从而健康快速地推动设施养殖产业化经营的历史进程。

第二章　圈舍建设

第一节　羊舍建设

一、羊舍建设要求

1. 建筑面积要足，使羊可以自由活动。拥挤、潮湿、不通风的羊舍，有碍羊只的健康生长，同时在管理上也不方便。特别是在夏天潮湿季节，尤其要注意建筑时每只羊最低占有面积：种公羊 1.5~2m²、成年母羊 0.8~1.6m²、育成羊 0.6~0.8m²、怀孕或哺乳羊 2.3~2.5m²。

2. 建筑材料的选择以经济耐用为原则，可以就地取材，石块、砖头、土坯、木材等均可。

3. 羊舍的高度要根据羊舍类型和容纳羊群数量而定。羊只多需要较高的羊舍高度，使舍内空气新鲜，但不应过高，一般由地面至棚顶以 2.5m 左右为宜，潮湿地区可适当高些。

4. 合理设计门窗，羊进出舍门容易拥挤，如门太窄孕羊可能因受外力挤压而流产，所以门应适当宽一些，一般宽 3m、高 2m 为宜。要特别注意：门应朝外开。如饲养羊只少，体积也相应小的羊，舍门可建成 1.5~2m 比较合适，寒冷地区舍门外可加建套门。

5. 羊舍内应有足够的光线，以保持舍内卫生，要求窗面积占地面面积的 1/15，窗要向阳，距地面高 1.5m 以上，防止贼风直接袭击羊体。

6. 羊舍地面应高出舍外地面 20~30cm,铺成缓坡形,以利排水。羊舍地面以土、砖或石块铺垫,饲料间地面可用水泥或木板铺设。

7. 保持适宜的温度和通风, 一般羊舍冬季保持 0℃以上即可,羔羊舍温度不低于 8℃,产房温度在 10~18℃比较适宜。

二、羊舍类型

1. 按羊舍的用途分为:

(1)公羊舍和青年羊舍——封闭双坡式羊舍,饲槽有单列式和双列式。

在北方,冬季寒冷,羊舍南面可半敞开,北面封闭而开小窗户,运动场设在南面, 单列式小间适于饲养公羊, 大间适于饲养青年羊。

(2)成年母羊舍——双列式,成年母羊舍可建成双坡、双列式。

在北方,南面设大窗户,北面设小窗户,中间或两端可设单独的专用生产室。舍内水泥地面,有排水沟,舍外设带有凉棚和饲槽的运动场。舍内设有饲槽和栏杆。

(3)羔羊舍——保暖式。羔羊舍在北方关键在于保暖,若为平房,其房顶、墙壁应有隔热层,材料可用锯末、刨花、石棉、玻璃纤维、膨胀聚苯乙烯等。舍内为水泥地面,排水良好,屋顶和正面两侧墙壁下部设通风孔,房的两侧墙壁上部设通风扇。室内设饲槽和喂奶间,运动场以土地面为宜,中部建筑运动台或假山。

2. 按羊舍的建设形式分为:

(1)双坡或长方形羊舍,这是我国养羊业较为常见的一种羊舍形式,可根据不同的饲养方式、饲养品种及类别,设计内部结构、布局和运动场。羊舍前檐高度一般为 2.5m,后墙高度 1.8m,舍顶设通风口,门以羊能够通过不致拥挤为宜,怀孕母羊和产羔母羊经过的舍门一定要宽,一般为 2~2.5m,外开门或推拉门,其他羊的门可窄些。羊舍的窗户面积为占地面积的 1/15,并要向阳。羊舍的地面要高出舍外地面 20~30cm,羊舍最好用三合土夯实或用沙性土做地面。

(2)半坡式或后坡式前坡短塑料薄膜大棚式羊舍,适合于饲羊绒山羊，塑料大棚式羊舍后斜面为永久性棚舍，夏季使用防雨遮阴，冬季可以防寒保暖。夏季去掉薄膜成为敞棚式羊舍。设计一般为中梁高 2.5m，后墙内净高 1.8m，前墙高 1.2m，两侧前沿墙（山墙的敞露部分）上部垒成斜坡，坡度也就是大棚的角度以 41°~64.5° 为宜。在羊舍一侧的墙上开一个高 1.8m、宽 1.2m 的门，供饲养员出入，前墙留有供羊群出入的门。

三、羊舍与运动场的建设标准

1. 羊舍建设面积

种公羊绵羊 1.5~2.0m²/只，山羊 2.0~3.0m²/只，怀孕或哺乳母羊 2.0~2.5m²/只，育肥羊或淘汰羊可考虑在 0.8~1.0m²/只。

2. 运动场

羊舍紧靠出入口应设有运动场，运动场也应是地势高燥，排水也要良好。运动场的面积可视羊只的数量而定，但一定要大于羊舍，能够保证羊只的充分活动为原则。运动场建设面积：种公羊绵羊一般平均为 5~10m²/只，山羊 10~15m²/只，种母羊绵羊平均 3m²/只，山羊 5m²/只，产绒羊 2.5m²/只，育肥羊或淘汰羊 2m²/只。运动场周围要用墙或围栏围起来，周围栽上树，夏季要有遮阴、避雨的地方。运动场墙高：绵羊 1.3m，山羊 1.6m。

3. 饲槽

可以用水泥砌成上宽下窄的槽，上宽约 30cm，深 25cm 左右。水泥槽便于饮水，但冬季容易结冰，而且不容易清洗和消毒。用木板做成的饲槽可以移动，克服了水泥槽的缺点，长度可视羊只的多少而定，以搬动、清洗和消毒方便为原则。

第二节　牛舍建设

一、牛舍建设要求

牛舍建筑要根据当地的气温变化和牛场生产、用途等因素来确定。建牛舍因陋就简，就地取材，经济实用，还要符合兽医卫生要求，做到科学合理。有条件的，可建质量好的、经久耐用的牛舍。牛舍以坐北朝南或朝东南好。牛舍要有一定数量和大小的窗户，以保证太阳光线充足和空气流通。房顶有一定厚度，隔热保温性能好。舍内各种设施的安置应科学合理，以利于牛生长。

二、牛舍的基本结构

1. 地基与墙体

基深 80~100cm，砖墙厚 24cm，双坡式牛舍脊高 4.0~5.0m，前后檐高 3.0~3.5m。牛舍内墙的下部设墙围，防止水气渗入墙体，提高墙的坚固性、保温性。

2. 门窗

门高 2.1~2.2m，宽 2~2.5m。门一般设成双开门，也可设上下翻卷门。封闭式的窗应大一些，高 1.5m，宽 1.5m，窗台高距地面 1.2m 为宜。

3. 运动场

为加强奶牛运动，促进奶牛健康与高产，应配置足够面积的运动场：成年乳牛 25~30m²/头；青年牛 20~25m²/头；育成牛 15~20m²/头；犊牛 10m²/头。运动场按 50~100 头的规模用围栏分成小的区域。

4. 屋顶

最常用的是双坡式屋顶。这种形式的屋顶可适用于较大跨度的牛舍，可用于各种规模的各类牛群。这种屋顶既经济，保温性又好，而且容易施工修建。

5. 牛床和饲槽

牛场多为群饲通槽喂养。牛床一般要求是长 1.6~1.8m，宽 1.0~1.2m。牛床坡度为 1.5%，牛槽端位置高。饲槽设在牛床前面，以固定式水泥槽最适用，其上宽 0.6~0.8m，底宽 0.35~0.40m，呈弧形，槽内缘高 0.35m（靠牛床一侧），外缘高 0.6~0.8m（靠走道一侧）。为操作简便，节约劳力，应建高通道，低槽位的道槽合一式为好。即槽外缘和通道在一个水平面上。

6. 通道和粪尿沟

对头式饲养的双列牛舍,中间通道宽 1.4~1.8m。通道宽度应以送料车能通过为原则。若建道槽合一式,道宽 3m 为宜(含料槽宽)。粪尿沟宽应以常规铁锨正常推行宽度为易,宽 0.25~0.3m,深 0.15~0.3m,倾斜度 1:50~1:100。

三、牛舍类型

(一)牛舍按开放程度分为:

1. 全开放式牛舍:结构简单、施工方便、造价低廉,适合我国中部和北方等气候干燥的地区。但因外围护结构开放,不利于人工气候调控,在炎热南方和寒冷北方不适合。

2. 半开放式牛舍:适用区域广泛。三面有墙,向阳一面敞开,有顶棚,在敞开一侧设有围栏。南面的开敞部分在夏季、冬季可以遮拦,形成封闭状态。

3. 全封闭式牛舍:主要采用人工光照、通风、气候调控,造价较高,适合南方炎热和北方寒冷区域。

(二)牛舍按屋顶结构分为:钟楼式、半钟楼式、双坡式和单坡式等。

钟楼式牛舍通风良好,能较好地解决夏季闷热的问题,缺点是构造复杂、耗料增加、造价较高,窗扇的启闭和擦洗不太方便。半钟楼式牛舍构造简单,但开窗通风效果不如钟楼式牛舍理想,夏季牛舍一侧较热。单坡式一般跨度小,结构简单,造价低,光照和通风好,适合小规模牛场。双坡式一般跨度大,双列牛舍和多列牛舍常用该形式,其保温效果好,但投资较多。

(三)按奶牛在舍内的排列方式分为:单列式、双列式、三列式或四列式等。

1. 单列式牛舍

单列式牛舍只有一排牛床,前为饲料道,后为清粪道。适用于饲养 25 头奶牛以下的小型牛舍。缺点是每头牛的占地面积大;优点是牛舍的跨度较小,易于建造、通风良好。

2. 双列式牛舍

两排牛床并列布置,稍具规模的奶牛场大都是双列式牛舍。按照两列牛体相对位置又可分为对头式牛舍和对尾式牛舍。

3. 三列式或四列式牛舍

牛床平行按三列或四列排列。也有对头或对尾布置。这种布置适用于大型牛舍。牛只集约性大,便于机械化供饲、清粪和通风。其缺点是牛舍建筑跨度大、造价高。

第三节　猪舍建设

一、猪舍建设要求

由于北方冬季寒冷,气温偏低,猪舍建造的好与坏(尤其是保温)会直接影响到养猪的经济效益。建造猪舍时,要注意以下几点:

1. 忌选择场址不当

有的地方建猪舍,出于方便参观学习的想法,将猪场紧靠公路建造。这主要有两点不利,一是因公路白天黑夜人流、车流、物流太频繁,猪场易发生传染病;二是噪声太大,猪整天不得安宁,对猪生长不利。猪场场址的选择,宜离公路100m以外,应远离村庄和畜产品加工厂、来往行人要少、要在住房的下风方向,地势高燥、避风向阳、土质渗水性强、未被病原微生物污染且水源清洁,取水方便的地方。

2. 忌猪舍配置不佳

安排猪舍时要考虑猪群生产需要。公猪舍应建在猪场的上风区,既与母猪舍相邻,又要保持一定的距离。哺乳母猪舍、妊娠母猪舍、育成猪舍、后备猪舍要建在距离猪场大门口稍近一些的地方,以便于运输。

3. 忌猪舍密度过大

有些养猪户为了节省土地、减少投入,猪舍简陋、密集、不能科学合理地进行设计和布局,致使猪的饲养密度较大,易造成环境污染及猪群间相互感染。猪舍之间的距离至少 8m 以上,中间可种植果树、林木夏季遮阴。

4. 忌建筑模式单一

母猪舍、公猪舍、肥猪舍模式都有各自的具体要求,不能都建一个样。比如,母猪舍需设护仔间,而其他猪舍就不需要。公猪舍墙壁需坚固些,围墙需高些等。所以,养什么猪,就要建什么猪舍才行。

5. 忌建猪舍无窗户(或窗户太小)

有的猪场猪舍一个窗户也没有,有的虽有窗户,但窗户太小、太少,夏天不利舍内通风降温。一般情况下,能养 10 头育肥猪的猪舍,后墙需留 60~70cm 的窗户 4 个、两侧山墙留 50~70cm 窗户 2 个。

6. 忌粪便污水乱排

猪舍外无粪池,一是收集粪尿难,肥料易流失,肥力会降低;二是会影响猪舍清洁卫生。猪舍内污水沟应有足够的坡度,以利于污水顺利流出舍内;污水的流出顺序应遵循就近原则,不要让污水在场内绕圈。猪舍外必需建造沤粪池或沼气池;沤粪池(或沼气池)大小,可根据养猪的规模大小而定。

7. 忌缮瓦多缮草少

农村猪舍屋顶都是缮瓦多,缮草少。这样做一是瓦比草贵,加大了养猪成本;二是夏降温、冬防寒瓦不如草好。缮瓦夏热冬冷,缮草冬暖夏凉。

8. 忌饲槽规格不当

有的猪舍内的饲槽未按要求规格建造。如有的因饲槽太大,猪会进入槽内吃食,从而造成污染和浪费饲料,仔猪舍如果料槽过大,有的仔猪喜欢钻进料槽,易造成夹伤、夹死现象;育肥猪的饲槽过小,会使饲料外益,造成浪费,猪头过大的猪采食后头会被卡在槽内导致脖、耳受伤。猪舍内的饲槽一般要依墙而建,槽底应呈"U"形,饲槽大小应根据猪的种类和猪的数量多少而定。

9. 忌猪舍内无水槽

缺少清洁饮水会影响猪的生长发育,所以在猪舍内必须设置水槽或者自动饮水器。

10. 忌猪舍小围墙矮

猪舍太小不利于空气流通,有害气体易导致猪患病,且夏季猪舍温度高不利于降温。猪舍的运动场围墙若太矮小,一是不利于采用塑棚养猪,即因围墙太矮,猪一抬头,就会碰坏塑料薄膜;二是猪轻易越墙外逃,给管理带来麻烦。一般猪舍后墙高宜为 1.8m 左右,围墙高宜在 1.3m 左右。

二、猪舍的基本结构

一列完整的猪舍,主要由墙壁、屋顶、地面、门、窗、粪尿沟、隔栏等部分构成。

1. 墙壁

要求坚固、耐用,保温性好。比较理想的墙壁为砖砌墙,要求水泥勾缝,离地 0.8~1.0m 水泥抹面。

2. 屋顶

较理想的屋顶为水泥预制板平板式,并加 15~20cm 厚的土以利保温、防暑。

3. 地板

地板要求坚固、耐用,渗水良好。比较理想的地板是水泥勾缝平砖式。其次为夯实的三合土地板,三合土要混合均匀,湿度适中,切实夯实。

4. 粪尿沟

开放式猪舍要求设在前墙外面,全封闭、半封闭(冬天扣塑棚)猪舍可设在距南墙 40cm 处,并加盖漏缝地板。粪尿沟的宽度应根据舍内面积设计,至少有 30cm 宽。漏缝地板的缝隙宽度要求不得大于 1.5cm。

5. 门窗

开放式猪舍运动场前墙应设有门,高 0.8~1.0m,宽 0.6m,要求特别结实,尤其是种猪舍;半封闭猪舍则在与运动场的隔墙上开门,高 0.8m,宽 0.6m;全封闭猪舍仅在饲喂通道侧设门,门高 0.8~1.0m,宽 0.6m。通道的门高 1.8m,宽 1.0m。无论哪种猪舍都应设后窗。开放式、半封闭式猪舍的后窗长与高皆为 40cm,上框距墙顶 40cm;半封闭式中隔墙窗户及全封闭猪舍的前窗要尽量大,下框距地应为 1.1m;全封闭猪舍的后墙窗户可大可小,若条件允许,可装双层玻璃。

6. 猪栏

除通栏猪舍外,在一般密闭猪舍内均需建隔栏。隔栏材料基本上是两种,砖砌墙水泥抹面及钢栅栏。纵隔栏应为固定栅栏,横隔栏可为活动栅栏,以便进行舍内面积的调节。

三、猪舍类型

(一)按猪舍的屋顶形式分:

猪舍有单坡式、双坡式等。单坡式一般跨度小,结构简单,造价低,光照和通风好,适合小规模猪场。双坡式一般跨度大,双列猪舍和多列猪舍常用该形式,其保温效果好,但投资较多。

(二)按猪舍墙的结构和有无窗户分:

猪舍有开放式、半开放式和封闭式。开放式是三面有墙一面无墙,通风透光好,不保温,造价低。半开放式是三面有墙一面半截墙,保温稍优于开放式。封闭式是四面有墙,又可分为有窗和无窗两种。

(三)按猪舍猪栏的排列分:

猪舍有单列式、双列式和多列式。

1. 单列式

猪栏排成一列,猪舍内靠北墙有设与不设工作走廊之分。其通风采光良好,保温、防潮和空气清新,构造简单,一般猪场多采用此形式。

2. 双列式

在舍内将猪栏排成两列，中间设一工作通道，一般没有运动场。主要优点是管理方便，保温良好，便于实行机械化，猪舍建筑利用率高。缺点是采光差，易潮湿，没有单列式猪舍安静，建造比较复杂。一般常采用此种建筑饲养育肥猪。

3. 多列式

猪栏排列在三列以上，但以四列式较多。多列式猪舍猪栏集中，运输线短，养殖功效高，散热面积小，冬季保温好，但结构复杂，采光不足，阴暗潮湿容易传染疾病，建筑材料要求高，投资多。此种猪舍适于大群饲养育肥猪。

(四)按猪舍的用途分：

1. 公猪舍

公猪舍一般为单列半开放式，舍内温度要求 15~20℃，风速为0.2m/s，内设走廊，外有小运动场，以增加种公猪的运动量，一圈一头。

2. 空怀、妊娠母猪舍

空怀、妊娠母猪最常用的一种饲养方式是分组大栏群饲，一般每栏饲养空怀母猪 4~5 头、妊娠母猪 2~4 头。圈栏的结构有实体式、栅栏式、综合式三种，猪圈布置多为单走道双列式。猪圈面积一般为 7~9m²，地面坡降不要大于 1/45，地表不要太光滑，以防母猪跌倒。也有用单圈饲养，一圈一头。舍温要求 15~20℃，风速为0.2m/s。

3. 分娩哺育舍

舍内设有分娩栏，布置多为两列或三列式。舍内温度要求 15~20℃，风速为 0.2m/s。分娩栏位结构也因条件而异。

①地面分娩栏：采用单体栏，中间部分是母猪限位架，两侧是仔猪采食、饮水、取暖等活动的地方。母猪限位架的前方是前门，前门上设有食槽和饮水器，供母猪采食、饮水，限位架后部有后门，供

母猪进入及清粪操作。可在栏位后部设漏缝地板,以排除栏内的粪便和污物。

②网上分娩栏:主要由分娩栏、仔猪围栏、钢筋编织的漏缝地板网、保温箱、支腿等组成。

4. 仔猪保育舍

舍内温度要求 26~30℃,风速为 0.2m/s。可采用网上保育栏,1~2 窝一栏网上饲养,用自动落料食槽,自由采食。网上培育,减少了仔猪疾病的发生,有利于仔猪健康,提高了仔猪成活率。仔猪保育栏主要由钢筋编织的漏缝地板网、围栏、自动落食槽、连接卡等组成。

5. 生长、育肥舍和后备母猪

这三种猪舍均采用大栏地面群养方式,自由采食,其结构形式基本相同,只是在外形尺寸上因饲养头数和猪体大小的不同而有所变化。

四、北方塑料大棚猪舍构造

北方冬季气候寒冷,没有保温措施,自然气温下用敞圈养猪,猪长得很慢,饲料报酬很低,给养猪业造成很大的经济损失。塑料暖棚养猪解决了北方寒冷地区养猪生产的这一重大难题。塑料暖棚猪舍可以用原来的简易猪舍改造而成。总结各地经验,塑料暖棚猪舍建造要注意以下几点。

1. 建造尺寸

猪舍前高 1.7m,后高 1.5m,中高 2.5m,内宽 2m,跨高 3m。猪舍房架为人字架,其前坡短、后坡长,房梁总长为 3m,在房梁前的 0.7m 处竖立柱(即房子正中前),立柱上搭盖房梁,这样就形成都是 23°角的前坡短、后坡长的两面坡,这样冬季阳光可以直射到北墙上;而夏季太阳光入射角为 70°,阳光照不到猪床上,可达到冬暖夏凉。圈前留 1.2m 过道修围墙,围墙高 80cm,墙上每隔 1m 立 90cm 高的立柱,立柱上铺一根通长的横杆,为冬季扣塑料膜用,每圈冬季饲养 7 头肥猪。

2. 建筑要点

水泥地面打完压光后,再用旧竹扫帚拍一拍,形成麻面,这样猪在上面行走不打滑。猪舍的房顶要抹 3cm 厚的泥,然后再上瓦,这样冬季防风寒,夏季防日晒。猪舍的墙最好用空心砖,空心砖既防寒又保暖。

3. 冬季扣暖棚要领

一是扣暖棚时间应为 11 月初,拆除时间为 3 月下旬,可根据当地气温变化而定。二是扣暖棚时要用泥巴将塑料膜四周压严,并顺着前坡的木档将塑料膜固定住,以防大风刮破。三是暖棚的最高点,每个猪舍要留一个通风孔,以排出棚内有害气体,降低棚内湿度。

第三章　大中型养殖场(公司)的规划设计

第一节　规划设计的基本原则和依据及场址选择

一、养殖场设计原则及思路

(一)在进行养殖场工艺设计时,应坚持效益优先的原则。

在进行养殖场设计时,应坚持效益优先的原则,即追求经济效益、生态效益和社会效益的最大化。

(二)养殖场建设的资金必须落实而且建设项目需一次性完成。

养殖场生产过程中一项最重要的工作就是防疫工作,其有效性直接影响着养殖生产的健康发展。我国不少养殖场的设计和建设由于资金困难,经常采取边施工、边生产,或者用非生产建筑代替生产用房的做法,使畜禽疾病连年流行,防疫工作难以有效实施,降低了养殖生产经济效益。因此,养殖场设计和建筑工程如土

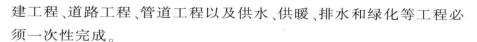

建工程、道路工程、管道工程以及供水、供暖、排水和绿化等工程必须一次性完成。

(三)坚持专业设计,最大限度杜绝非行业设计,以确保养殖场设计合理性。

由于在养殖场集中饲养了大量的家畜,这就决定了养殖场建筑物有一些独特的性质和功能。养殖场建筑物一般可分为生产性建筑和辅助性建筑。要求这些建筑物既具有一般房屋的功能,又有适应动物饲养的特点;由于场内动物饲养密度大,所以需要有兽医卫生及防疫设施和完善的防疫制度;由于有大量的畜粪尿产生,所以养殖场内必须具备完善的粪尿处理系统;养殖场还必须有完善的供料贮料系统和供水系统。这些特性,决定了养殖场的设计、施工只有在畜牧兽医专业技术人员参与下,才能使养殖场的生产工艺和建筑设计符合养殖生产的要求,才能保证养殖场设计的科学性。

(四)把创造养殖生产适宜环境作为设计的重要内容。

养殖场设计的目的在于为畜禽生长、发育、生产和健康创造适宜的环境条件。据有关研究,畜禽环境条件的生产效益占养殖生产总效益的 20%~40%,仅次于饲料效应,可见创造适宜的动物生产的环境十分重要。

(五)要尽可能采用科学的生产工艺。

实践证明采用先进的生产工艺,走集约化的道路,以工厂化的生产方式进行养殖生产,将会获得高产、优质、高效的产品。

(六)畜禽生产建筑物的形式和结构必须突出因地制宜的特点。

畜禽建筑不同于民用建筑,亦不同于工业建筑。畜舍既是动物的生活场所,又是养殖生产场所,舍内的空气环境诸如气温、气湿、有害气体、灰尘、微生物对畜禽影响很大。这增加了舍内环境调控的复杂性,使建筑形式和结构变得多样化。即使在同一地区,不同种畜禽,或同种畜禽的不同生理阶段,对环境的需求也不同,要求畜舍的结构、形式及环境控制措施也不同。只有针对具体地域环境和畜禽品种、年龄、性别、个体及动物行为的特点进行科学设计,才可保证畜禽生产高效低耗的进行。

(七)注意环境保护和节约投资。

在养殖场设计过程中,要讲究实效,突出实用性,避免贪大求洋、华而不实,所有设施、设备都要实用、美观。

二、养殖场场址选择

具有一定规模的养殖场,在建场之前,必须对场址进行必要的选择,因为场址的好与坏直接关系到投产后场区小气候的状况、养殖场的经营管理及环境保护状况。场址的选择主要应从地形地势、土壤、水源、交通、电力、物质供应及周围环境的配置关系等自然条件和社会条件进行综合考虑,确定养殖场的位置。养殖场场址选择因遵循"一高三好"的原则,即地势高、供水排水好、背风好、向阳好。

第二节 大中型养殖场的设计规范和标准

一、养殖场的性质和规模

不同性质的养殖场,如种畜场、繁殖场、商品场,它们的公母比例、畜群组成和周转方式不同,对饲养管理和环境条件的要求不同,所采取的畜牧、兽医技术措施也不同。因此,在工艺设计中必须明确规定养殖场性质,并阐明其特点和要求。

养殖场的性质必须根据社会和生产的需要来决定。原种场、祖代场必须纳入国家或地方的良种繁育计划,并符合有关规定和标准。确定养殖场性质,还须考虑当地技术力量、资金、饲料等条件,经调查论证后方可决定。

所谓的养殖场规模一般是指养殖场饲养家畜的数量,通常以存栏繁殖母畜头(只)数表示;或以年上市商品畜禽头(只)数表示,或以常年存栏畜禽总头(只)数表示。养殖场规模是进行养殖场设计的基本数据。养殖场规模的确定除必须考虑社会和市场需求、资金投入、饲料和能源供应、技术和管理水平、环境污染等各种因素，还应考虑养殖场劳动定额和房舍利用率。

二、主要工艺参数

养殖场工艺参数包括主要生产指标、耗料标准、畜群划分方式、各种畜群饲养日数、各阶段畜群死亡淘汰率以及劳动定额等。以猪场为例，猪场主要工艺参数见下表。

表 1 猪场主要工艺参数

指标	参数	指标	参数
妊娠期/d	114	肥育期末重(kg/头)	90~100
哺乳期/d	28~35	肥育期平均日增重(g/d、头)	640~700
断奶后至发情期天数/d	7~10	肥育期全期耗料量(kg/头)	200~250
情期受胎率/%	85	公母比例(本交)	1:25
确认妊娠所需时间/d	21	种猪利用年限/年	3~4
分娩率/%	85~95	种猪年更新率/%	25
母猪年产仔窝数/头	2.1~2.4	后备种猪选留率/%	75
经产母猪窝产仔数/头	11	空怀、妊娠母猪273天耗料量(kg/头)	800~850
经产母猪窝活产仔数/头	10	哺乳母猪92天耗料量(kg/头)	450~500
初生仔猪个体重(kg/头)	1.1~1.2	种公猪365天耗料量(kg/头)	1100
仔猪哺乳天数/d	28~35	后备公猪180~240天耗料量(kg/头)	210
仔猪哺乳期成活率/%	90	后备母猪180~240天耗料量(kg/头)	150
哺乳仔猪断奶重(kg/头)	8.0~9.0	母猪周配种次数	1.2~1.4
哺乳仔猪日增重(g/d、头)	180~190	转群节律计算天数	7
哺乳仔猪全期耗料量(kg/头)	5~7	妊娠母猪提前进产房天数	7
仔猪培育天数/d	35	各猪群转圈后空圈消毒天数	7
仔猪培育期成活率/%	95	母猪配种后原圈观察日数	21
仔猪培育期末重(kg/头)	20~25	每头成年母猪提供商品猪数(头/年)	16~18
仔猪培育期日增重(g/d、头)	400~460	生产人员平均养猪数(头/人、年)	450~500
仔猪培育期全期耗料量(kg/头)	17~20	在编人员提供商品猪数(头/人、年)	300~350
商品猪肥育天数/d	100~110	每平方米建筑提供商品猪数(头/年)	0.9~1.0
育肥期成活率/%	98		

三、畜群组成及周转

根据畜禽在生产中的不同作用，或根据畜群各生长发育阶段的特点和对饲养管理的不同要求，应将畜禽分成不同类群，分别使用不同的畜舍设备，采用不同的饲养管理措施。在工艺设计中，应说明各类畜群的饲养时间和占栏时间，后者包括饲养时间加消毒空舍时间，分别算出各类群畜禽的存栏数和各种畜禽舍的数量，并绘出畜群周转框图，即生产工艺流程图。

四、饲养管理方式

(一)饲养方式

饲养方式是指为便于饲养管理而采用的不同设备、设施（栏圈、笼具等），或每圈容纳的畜禽数量的多少或畜禽管理的不同形式。按饲养管理设备和设施不同，饲养方式可以分为笼养、网栅饲养、缝隙地板饲养、板条地面饲养或地面平养；按每圈畜禽数量多少饲养方式可以分为单体饲养和群养；按管理形式饲养方式可分为拴系饲养、散放饲养、无垫草饲养和厚垫草饲养。

饲养管理方式关系到畜舍内部设计及设备的选型配套，也关系到生产的机械化程度、劳动效率和生产水平。在设计养殖场时，要根据实际情况，论证确定拟建养殖场的饲养管理方式，在工艺设计中应加以详尽说明。

(二)饲喂方式

饲喂方式是指不同的投料方式或饲喂设备，可分为手工喂料和机械喂料，或分为定时限量饲喂和自由采食。饲料料型关系到饲喂方式和饲喂设备的设计，稀料、湿拌料宜采用普通饲槽进行定时限量饲喂，而干粉料、颗粒料则采用自动料箱进行自由采食。

(三)饮水方式

饮水方式可分为定时饮水和自由饮水，所用设备有水槽和各式饮水器，饮水槽饮水（长流水、定时给水、贮水）不卫生、管理麻烦，目前多采用于牛、羊、马生产，在猪和鸡生产中已被淘汰。

（四）清粪方式

清粪方式可以分为人工清粪、机械清粪、水冲清粪，对于采用板条地面或高床式笼养的鸡舍，可在一个饲养周期结束时一次性清粪。

五、卫生防疫制度

为了有效防止疫病的发生和传播，养殖场必须严格执行《中华人民共和国动物防疫法》，工艺设计应据此制定出严格的卫生防疫制度。养殖场设计还必须从场址选择、场地规划、建筑物布局、绿化、生产工艺、环境管理、粪污处理利用等方面全面加强卫生防疫，并在工艺设计中逐项加以说明。经常性的卫生防疫工作，要求具备相应的设施、设备和相应的管理制度，在工艺设计中必须对此提出明确要求。例如，养殖场应杜绝外面车辆进入生产区，因此，饲料库应设在生产区和管理区的交界处，场外车辆由靠管理区一侧的卸料口卸料，各畜舍用场内车辆在靠生产区一侧的领料口领料。而对于产品的外运，应靠围墙处设装车台，车辆停在围墙外装车。场大门须设车辆消毒池，供外面车辆入场时消毒。各栋畜舍入口处也应设消毒池，供人员、手推车出入消毒。人员出入生产区还应经过消毒更衣室，有条件的单位最好进行淋浴。此外，工艺设计应明确规定设备、用具要分栋专用，场区、畜舍及舍内设备要有定期消毒制度。对病畜隔离、尸体剖检和处理等也应做出严格规定，并对有关的消毒设备提出要求。

六、养殖场环境参数和建设标准

养殖场工艺设计应提供有关的各种参数和标准，作为工程设计的依据和投产后生产管理的参考。其中包括各种畜群要求的温度、湿度、光照、通风、有害气体允许浓度等环境参数；畜群大小及饲养密度、占栏面积、采食料槽及饮水槽宽度、通道宽度、非定型设备尺寸、饲料日消耗量、日耗水量、粪尿及污水排放量、垫草用量等参数；以及冬季和夏季对畜舍墙壁和屋顶内表面的温度要求等设计参数。

七、各种畜舍的样式、构造的选择和设备选型

确定畜舍的样式应根据不同畜禽的要求，并考虑当地气候特点、常用材料和建筑习惯，讲究实用效果。畜舍主要尺寸应根据畜群组成和周转计划，以及劳动定额，确定畜舍种类和畜舍数量，在根据饲养方式和场地地形，确定每栋畜舍的跨度和长度。畜舍主要尺寸和全场布局须同时考虑，并反复调整，方能确定畜舍尺寸和全场布局方案。

畜舍设备包括饲养设备(栏圈、笼具、网床、地板等)、饲喂设备、饮水设备、清粪设备、通风设备、供暖和降温设备、照明设备等。设备选型必须根据工艺设计确定的饲养管理方式(饲养、饲喂、饮水、清粪等)、畜禽对环境要求、舍内环境调控方式(通风、降温、供暖、照明灯方式)、设备厂家提供的有关技术参数和价格等进行选择，必要时应对设备进行实际考察。各种设备选型配套确定后，还应分别计算出全场的设备投资及电力和燃料等的消耗量。

八、附属建筑及设施

养殖场附属建筑一般可占总建筑面积的 10%~30%，其中包括行政办公用房、生活用房、技术业务用房、生产附属房间等。附属设施包括地秤、产品装车台、贮粪场、污水池、饮水净化消毒设施、消防设施、尸体处理设施及各种消毒设施等。在工艺设计中，应对附属建筑和设施提出具体要求。

第三节　大中型养殖场建设和施工

一、养殖场场区规划和建筑物布局

在养殖场场址选好之后，应在选定的场地上进行合理的分区规划和建筑物布局，即进行养殖场的总平面图设计，这是建立良好的养殖场环境和组合高效率畜牧生产的先决条件。

（一）养殖场的分区规划

具有一定规模的养殖场，通常将养殖场分为三个功能区，即管理区、生产区和病畜隔离区。在进行场地规划时，应充分考虑未来的发展，在规划时留有余地，对生产区的规划更应注意。各区的位置要从人畜卫生防疫和工作方便的角度考虑，根据场地地势和当地全年主风向，按图1所示的模式图顺序安排各区。养殖场每个功能区建筑物和设施功能直接的联系如图2。这样配置，可减少或防止养殖场生产的不良气味、噪声及粪尿污水因风向和地面径流对居民生活环境和管理区工作环境造成的污染，并减少疫病蔓延的机会。

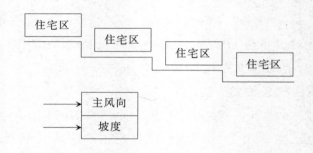

图1.养殖场各区依地势、风向配置示意图

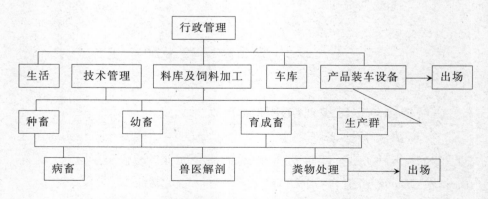

图2.养殖场建筑物和设施的功能联系

（二）运动场的设置

家畜每日定时到舍外运动,可促进机体的各种生理机能,增强体质,提高抗病力。运动对种用家畜尤为重要。舍外运动能改善种公畜的精液品质,提高母畜的受胎率,促进胎儿的正常发育,减少难产。因此,给家畜设置运动场是完全必要的。运动场应设在向阳背风的地方,一般是利用畜舍间距,也可在畜舍两侧分别设置。如受地形限制,也可设在场内比较开阔的地方,但不宜距畜舍太远。运动场要平坦,稍有坡度(1%~3%),以利于排水和保持干燥。其四周应设置围栏或墙,其高度为:牛 1.6m,羊 1.4m,猪 1.1m。各种公畜运动场的围栏高度可再增加 20~30cm。运动场的面积一般按每头家畜所占舍内平均面积的 3~5 倍计算。为了防止夏季烈日暴晒,应在运动场内设置遮阴棚或种植遮阴树木。运动场围栏外侧应设排水沟。

（三）场内道路的规划及供水管线的配置

1. 场内道路的规划

场内道路应尽可能短而直,以缩短运输线路;主干道路与场外运输线连接,其宽度应能保证顺利错车,约为 5.5~6.5m。支道路与畜舍、饲料库、产品库、贮粪场等连接,宽度一般为 2~3.5m;生产区的道路应区分为运送产品、饲料的净道和转群、运送粪污、病畜、死畜的污道。从卫生防疫角度考虑,要求净道和污道不能混用或交叉;路面要坚实,并做成中间高两边低的弧度,以利排水;道路两侧应设排水明沟,并应植树。

2. 供水管线的配置

集中式供水方式是利用供水管将清洁的水由统一的水源运往各个畜舍,在进行场区规划时,必须同时考虑供水管线的合理配置。供水管线力求路线短而直,尽量沿道路铺设在地下通向各舍。布置管线应避开露天堆场和拟建路段。其埋置深度与地区气候有关。

（四）建筑物布局

1. 建筑物的排列

养殖场建筑物通常设计东西成排、南北成列,尽量做到整齐、紧凑、美观。生产区内畜舍的布置,应根据场地形状、畜舍的数量和长度,酌情布置为单列、双列或多列。要尽量避免横向狭长或纵向狭长的布局,因为狭长形布局势必加大饲料、粪污运输距离,使管理和生产联系不便,也使各种管线距离加大,建场投资增加,而方形或近似方形的布局可避免这些缺点。因此,如场地条件允许,生产区应采取方形或近似方形布局。

2. 建筑物位置

确定每栋建筑物和每种设施的位置时,主要根据它们之间的功能联系和卫生防疫要求加以考虑。在安排其位置时,应将相互有关、联系密切的建筑物和设施就近设置。

3. 建筑物朝向

畜舍建筑物的朝向关系到舍内的采光和通风状况。畜舍宜采取南向,这样的朝向,冬季可增加射入舍内的直射阳光,有利于提高舍温;而夏季可减少舍内的直射阳光,以防止强烈的太阳辐射影响家畜。同时,这样的朝向也有利于减少冬季冷风渗入和增加夏季舍内通风量。

二、养殖场防疫和绿化设计

(一)养殖场的防疫措施

1. 场区四周应建较高的围墙或坚固的防疫沟

场区四周应建较高的围墙或坚固的防疫沟,以防止场外人员及其他动物进入场区。为了更有效地切断外界污染因素,必要时可往沟内放水。场界的这种防护设施必须严密,使外来人员、车辆只能从养殖场大门进入场区。

2. 生产区与管理区之间应用较小的围墙隔离

生产区与管理区之间应用较小的围墙隔离防止外来人员、车辆随意进入生产区。生产区与病畜隔离区之间也应设隔离屏障,如围墙、防疫沟、栅栏或者隔离林带。

3. 在养殖场大门、生产区入口处和各畜舍入口处,应设相应的消毒设施。

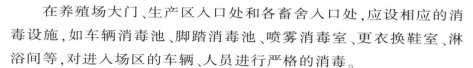

在养殖场大门、生产区入口处和各畜舍入口处,应设相应的消毒设施,如车辆消毒池、脚踏消毒池、喷雾消毒室、更衣换鞋室、淋浴间等,对进入场区的车辆、人员进行严格的消毒。

(二)养殖场的环境绿化

1. 场界林带的设置

在场界的四周应种植乔木和灌木混合林带,尤其在场界的北、西侧,应加宽这种混合林带,以起到防风阻沙的作用。

2. 场区隔离林带的设置

主要用以隔离场内各区及防火,结合绿化,应在各个功能区四周都种植这种隔离林带。

3. 场内道路两旁的绿化

道旁绿化一般种 1~2 行,常用树冠整齐的乔木或者亚乔木。

4. 运动场的遮阴林

在家畜运动场的南、西侧,应种植 1~2 行遮阴林。一般选择树干高大,枝叶开阔、生长势强、冬季落叶后枝条稀少的树种。

第四节　大中型养殖场经营管理

一、环境消毒

(一)养殖场环境消毒方法

1. 畜舍带畜消毒

在日常管理中,对畜舍应经常进行定期消毒。消毒的步骤通常为清除污物、清扫地面、彻底清洗器具和用品、喷洒消毒液,有时在此基础上还需以喷雾、熏蒸等方法加强消毒效果。可选用 2%~4% 的氢氧化钠、0.3%~1% 的菌毒敌、0.2%~0.5% 的过氧乙酸或 0.2% 的次氯酸钠、0.3% 的漂白粉溶液进行喷雾消毒。这种定期消毒一般要带畜进行。每隔两周或 20 天左右进行一次。

2. 畜舍空舍消毒

畜禽出栏后,应对畜舍进行彻底清扫,将可移动的设备、器具等搬出畜舍,在指定地点清洗、暴晒并用消毒液消毒。用水或用4%的碳酸钠溶液或清洁剂等刷洗墙壁、地面、笼具等,干燥后再进行喷洒消毒并闲置两周以上。在新一批畜禽进入畜舍前,可将所有洗净、消毒后的器具、设备及欲使用的垫草等移入舍内,以福尔马林(40%甲醛溶液)熏蒸消毒,方法是取一个容积大于福尔马林用量数倍至十倍且耐高温的容器,先将高锰酸钾置于容器中(为了加强催化效果,可加等量的水使之溶解),然后倒入福尔马林,人员迅速撤离并关闭畜舍门窗。福尔马林的用量一般为25~40ml,与高锰酸钾的比例以5:3~2:1为宜。该消毒法消毒时间一般为12~24h,然后开窗通风3~4天。如需要尽快消除甲醛的刺激气味,可用氨水加热蒸发使之生成无刺激性的六甲烯胺。此外,还可以用20%的乳酸溶液加热蒸发对畜舍进行熏蒸消毒。

3. 饲养设备及用具的消毒

应将可移动的设施、器具定期移出畜舍,清洁冲洗,置于太阳下暴晒。将食槽、饮水器等移出舍外暴晒,再用1%~2%的漂白粉、0.1%的高锰酸钾及洗必泰等消毒剂浸泡或刷洗。

4. 家畜粪便及垫草的消毒

在一般情况下,家畜粪便和垫草最好采用生物消毒法消毒。采用这种方法可以杀灭大多数病原体如口蹄疫、猪瘟、猪丹毒及各种寄生虫卵。但是对患炭疽、气肿疽等传染病的病畜粪便,应采取焚烧或经有效的消毒剂处理后深埋。

5. 畜舍地面、墙壁的消毒

对地面、墙围、舍内固定设备等,可采用喷洒法消毒。如对圈舍空间进行消毒,则可用喷雾法。喷洒要全面,药液要喷到物体的各个部位。喷洒地面时,喷洒药液 $2l/m^2$,喷墙壁、顶棚时,喷洒药液 $1l/m^2$。

6. 养殖场及生产区等出入口的消毒

在养殖场入口处供车辆通行的道路上应设置消毒池，池的长度一般要求大于车轮周长 1.5 倍。在供人员通行的通道上设置消毒槽，池(槽)内用草垫等物体作消毒垫。消毒垫以 20% 新鲜石灰乳、2%~4% 的氢氧化钠或 3%~5% 的来苏儿浸泡，对车辆、人员的足底进行消毒，值得注意的是应定期(如每 7 天)更换 1 次消毒液。

7. 工作服消毒

洗净后可用高压消毒或紫外线照射消毒。

8. 运动场消毒

清除地面污物，用 10%~20% 漂白粉液喷洒，或用火焰消毒，运动场围栏可用 5%~2% 的石灰乳涂刷。

二、灭鼠灭虫

(一)防治鼠害

1. 器械灭鼠

人们在长期与鼠害斗争的过程中，发明了许多灭鼠器械如鼠夹、鼠笼、粘鼠板等，目前还有较为先进的电子捕鼠器。器械捕鼠的共同优点是无毒害、对人畜安全，结构简单，使用方便，费用低而捕鼠效率高。器械灭鼠是养殖场常用的捕鼠方法，灭鼠器械种类繁多，主要有夹、关、压、卡、翻、扣、掩、粘、电等。

2. 化学药物灭鼠

化学药物灭鼠是使用化学灭鼠剂毒杀鼠类。化学灭鼠效率高、使用方便、成本低、见效快，缺点是能引起人、畜中毒，既有初次毒性，又有二次毒性;有些鼠对药剂有选择性、拒食性和耐药性。

灭鼠剂主要包括:

(1)速效灭鼠剂如磷化锌、毒鼠磷、氟乙酸钠、甘氟、灭鼠宁等。此类药物毒性强、作用快，食用一次即可毒杀鼠类。但鼠类易产生拒食性，对人畜不安全。药物甚至老鼠尸体被家畜误食后，会造成家畜中毒死亡。

(2)抗凝血类灭鼠剂如鼠敌钠盐、杀鼠灵等，此类药物为慢性或多剂量灭鼠剂,一般需要多次进食毒饵后蓄积中毒致死,对人畜安全。

(3)其他灭鼠剂。使用不育剂,使雌鼠或雄鼠不育。

3.中草药灭鼠

采用中草药灭鼠,可就地取材,成本低,使用方便,不污染环境,对人畜较安全。但含有效成分低,杂质多,适口性较差。

(1)山管兰。取其鲜根 1kg,加大米浸泡一夜,晾干,每盘约 2g,投放于室内。

(2)天南星。取其球茎及果晒干,研磨成细末,掺入 4 倍面粉,制成丸投放。再加少许糖和食油,效果更好。

(3)狼毒。取其根磨成粉,另取去皮胡萝卜,切成小块,每 30 块拌狼毒粉 2~3g,再加适量食油后投放。

(二)防治虫害

养殖场粪便和污水等废弃物极适于蚊、蝇等有害昆虫的滋生,如不妥善处理则可成为其繁殖滋生的良好场所。如蚊子中按蚊、库蚊的虫卵需要在水中孵化,伊蚊的幼虫和蛹必须在水中发育成长。蝇的幼虫及蛹则适宜于温暖、潮湿且富有有机物的粪堆中发育。家畜和饲料也易于招引蚊、蝇及其他害虫。这些昆虫叮咬骚扰家畜、污染饲料及环境,携带病原传播疾病。防治养殖场害虫,可采取以下措施:

1.环境灭虫

搞好养殖场环境卫生,保持环境清洁和干燥是环境防除害虫的重要措施。蚊虫需要在水中产卵、孵化和发育,蝇蛆也需要潮湿的环境及粪便废弃物中生长。因此,进行环境改造,清除滋生场所是简单易行的方法,抓好这一环节,辅以其他方法,能取得良好的防除效果。填平无用的污水池、土坑、水沟和洼地是永久性消灭蚊蝇滋生的好办法。保持排水系统畅通,对阴沟、沟渠等定期疏通,勿使污水存积。对贮水池等容器加盖,以防蚊蝇飞入产卵。对不能清除或加盖的防水贮水器,在蚊蝇滋生季节,应定期换水。永久性水体(如鱼塘、池塘等),蚊虫多滋生在水浅而有植被的边缘区域,修整边岸,加大坡度和填充浅岸,能有效地防止蚊虫滋生。经常清扫环境,不留卫生死角,及时清除家畜粪便、污水,避免在场内及周围积水,保持养殖场环境干燥、清洁。排污管道应采用暗沟,粪水池应尽可能加盖。采用腐熟堆肥和生产沼气等方法对粪便污水进行无害化处理,铲除蚊蝇滋生的环境条件。

2. 药物灭虫

化学防除虫害是指使用天然或合成的毒物,以不同的剂型,通过各种途径,毒杀或驱逐蚊蝇等害虫的过程。化学杀虫剂在使用上虽存在抗药性、污染环境等问题,但它们具有使用方便、见效快并可大量生产等优点,因而仍是当前防除蚊蝇的重要手段。定期用杀虫剂杀灭畜舍、畜体及周围环境的害虫,可以有效抑制害虫繁衍滋生。应优先选用低毒高效的杀虫剂,避免或尽量减少杀虫剂对家畜健康和生态环境的不良影响。

3. 生物防除

利用有害昆虫的天敌杀虫。例如可以结合养殖场污水处理,利用池塘养鱼,鱼类能吞食水中的幼虫,具有防治蚊子滋生的作用。另外,蛙类、蝙蝠、蜻蜓等均为蚊、蝇等有害昆虫的天敌。此外,细菌制剂—内菌素杀灭吸血虫的幼虫,效果良好。

4. 物理防除

可使用电灭蝇灯杀灭苍蝇蚊子等有害昆虫。这种灭蝇灯是利用昆虫的趋光性,发出荧光引诱苍蝇等昆虫落在围绕在灯管周围的高压电网,用电击杀灭蚊蝇。

三、尸体处理

家畜尸体主要是指非正常死亡的家畜尸体,即因病死亡或死亡原因不明的家畜的尸体。家畜尸体很可能携带病原,是疾病的传染源。为防止病原传播危害畜群安全,必须对养殖场家畜尸体进行无害化处理。

（一）处理尸体常用的方法

1. 土埋法

土埋法是将畜禽尸体直接埋入土壤中，在厌氧条件下微生物分解畜禽尸体，杀灭大部分病原。土埋法适用于处理非传染病死亡的畜禽尸体。采用土埋法处理动物尸体，应注意兽坟应远离畜舍、放牧地、居民点和水源；兽坟应地势高燥，防止水淹；畜禽尸体掩埋深度应不小于2m；在兽坟周围应洒上消毒药剂；在兽坟四周应设保护措施，防止野兽进入翻刨尸体。

2. 焚烧法

焚烧法是将动物尸体投入焚尸炉焚毁。用焚烧法处理尸体消毒最为彻底，但需要专门的设备，消耗能源。焚烧法一般适用于处理具有传染性疾病的动物尸体。

3. 生物热坑法

生物热坑应选择在地势高燥、远离居民区、水源、畜舍、工矿区的区域，生物热坑坑底和四周墙壁应有良好的防水性能。坑底和四周墙壁常以砖或用涂油木料制成，应设防水层。一般坑深7~10m，宽3m。坑上设两层密封锁盖。凡是一般性死亡的畜禽，随时抛入坑内，当尸体堆积至距坑口1.5m左右时，密闭坑口。坑内尸体在微生物的作用下分解，分解时温度可达65℃以上，通常密闭坑口后4~5个月，可全部分解尸体。用这种方法处理尸体不但可杀灭一般性病原微生物，而且不会对地下水及土壤产生污染，适合对养殖场一般性尸体进行处理。

4. 蒸煮法

蒸煮法是将动物尸体用锅或锅炉产生的蒸汽进行蒸煮，以杀灭病原。蒸煮法适用于处理非传染性疾病且具有一定利用价值的动物尸体。

（二）常见动物尸体的处理

1. 患传染病动物的尸体

当发生某种传染病时，病畜死亡或被扑杀后，应严格按照国家有关法律法规及技术规程对尸体进行无害化处理，以防止传染病的蔓延。如对因患口蹄疫、猪传染性水疱病、鸡瘟、鼻疽等传染病死亡的畜禽尸体应进行彻底消毒，然后深埋或焚烧。对患炭疽病的动物，为防止炭疽杆菌扩散，应避免剖解尸体，将尸体彻底焚毁。

2. 患非传染病动物的尸体

对于非传染病死亡的动物尸体、有利用价值的尸体，可采取蒸煮法处理；无利用价值的尸体，可选用生物热坑、土埋法和焚烧法处理。

四、预防疾病的卫生管理措施

(一)建立完善的防疫机构和制度

按照卫生防疫的要求，根据养殖场实际，制订完善的养殖场卫生防疫制度，建立健全包括家畜日常管理、环境清洁消毒、废弃物及病畜和死畜处理以及计划免疫等在内的各项规章制度。建立专职环境卫生监督管理与疾病防治队伍，确保严格执行养殖场各项卫生管理制度。

(二)做好各项卫生管理工作

1. 确保畜禽生产环境卫生状况良好

2. 防止人员和车辆流动传播疾病

3. 严防饲料霉变或掺入有毒有害物质

4. 做好畜禽防寒防暑工作。

(三)加强卫生防疫工作

1. 做好计划免疫工作

免疫是预防家畜传染病最为有效的途径。各养殖场应根据本地区畜禽疾病的发生情况、疫苗的供应条件、气候条件及其他有关因素和畜群抗体检测结果，制定本场畜群免疫接种程序，并按计划及时接种疫苗进行免疫，以减少传染病的发生。

2. 严格消毒

按照卫生管理制度，严格执行各种消毒措施。为了便于防疫和切断疾病传播途径，养殖场应尽量采用"全进全出"的生产工艺。

3. 隔离

对养殖场内出现的病畜，尤其是确诊为患传染性疾病或不能排除患传染性疾病可能的病畜应及时隔离，进行治疗或按兽医卫生要求及时妥善处理。由场外引入的畜禽，应首先隔离饲养，隔离期一般为 2~3 周，经检疫确定健康无病后方可进入畜舍。

4. 检疫

对于引进的畜禽，必须进行严格的检疫，只有确定无疾病和不携带病原后，才能进入养殖场；对于要出售的动物及动物性产品，也须进行严格检疫，杜绝疫病扩散。

第四章　养殖设备

设施养殖的机械化水平是制约设施养殖向大型化、集约化、自动化、高效化发展的重要因素。近年来，随着养羊、牛、猪机械与设备等的广泛应用，减轻了劳动强度，提高了劳动生产率，为实现传统养殖业向现代化养殖业的转变发挥了巨大的作用。

第一节　养羊机械与设备

一、运动场及其围栏

运动场应选择在背风向阳的地方，一般是利用羊舍的间距，也可以在羊舍两侧分别设置，但以羊舍南面设运动场为好，四周应设置围栏式围墙，高度 1.4~1.6m。运动场要平坦，稍有坡度，便于排水。

二、饲槽与草架

饲槽的种类很多，以水泥制成的饲槽最多。水泥饲槽一般做成通槽,上宽下窄,槽的后沿适当高于前沿。槽底为圆形,以便于清扫和洗刷。补草架可用木材、钢筋等制成为防止羊的前蹄攀登草架,制作草架的竖杆应高 1.5m 以上,竖杆与竖杆间的距离一般为 12~18cm。常见的补草架有简易补草架和木制活动补草架。

三、水槽和饮水器

为使羊只随时喝到清洁的饮水,羊舍或运动场内要设有水槽。水槽可用砖和水泥制成,也可以采用金属和塑料容器充当。

四、颈夹

在给奶山羊挤奶时需将羊只固定,常采用颈夹来固定羊只,以避免羊只随意跳动,影响其他羊只采食,颈夹一般设置在食槽上。

五、挤奶机

挤奶机械设备基本与牛的挤奶机械设备相同, 国内外应用机械挤奶的羊场也都是利用牛挤奶机械设备, 经适当的改造和更新零件而应用的。机器挤奶是利用真空抽吸作用将羊奶吸出的,挤奶机的工作部件是两个奶杯,奶杯由两个圆筒构成,外部为金属或透明塑料圆筒,内为橡胶筒。

六、剪羊毛机

用机器剪毛,操作比手工剪毛更简单,易于掌握,即使是不熟练的剪毛手来剪羊毛也不容易伤害羊只,并能完成剪毛任务。剪羊毛机一般为内藏电机式剪毛机,内藏电机式剪毛机由机体、剪割装置、传动机构、加压机构和电动机等 5 部分组成。

七、抓绒的工具

抓绒一般要准备两把钢梳,一把是密梳,它由直径 0.3cm 钢丝 12~14 根组成,梳齿间距为 0.5~1.0cm;另一把是稀梳,是由 7~8 根钢丝组成,梳齿间距为 2~2.5cm。梳齿的顶端要磨成钝圆形,以免抓伤羊皮肤。

第二节　养牛机械与设备

牛的舍养是将牛常年放在工厂化牛舍内饲养,多适用于奶牛,它的机械化要求较高,所使用的设备包括供料、饮水、喂饲、清粪及挤奶装置等。

一、牛床及栓系设备

1. 牛床

目前广泛使用的牛床是金属结构的隔栏牛床。牛床的大小与牛的品种、体型有关,为了使牛能够舒适地卧息,要有合适的空间,但又不能过大,过大时,牛活动时容易使粪便落到牛床上。

2. 栓系设备

栓系设备用来限制牛在床内的一定活动范围,使其前蹄不能踏入饲槽,后蹄不能踩入粪沟,不能横卧在牛床上,但栓系设备也不能妨碍牛的正常站立、躺卧、饮水和采食饲料。

3. 保定架

保定架是牛场不可缺少的设备,用于打针、灌药、编耳号及治疗时使用,通常用圆钢材料制成,架的主体高 60cm,前颈杈支柱高 200cm,主柱部分埋入地下约 40cm,架长 150cm,宽 60~70cm。

二、喂饲设备

牛的喂饲设备按饲养方式不同可分为固定式喂饲设备和移动式喂饲车。

1. 固定式喂饲设备

固定式喂饲设备一般用于舍养,它包括贮料塔、输料设备、饲喂机和饲槽,这种设备的优点在于不需要宽的饲料通道,可减少牛舍的建筑费用。

2. 移动式喂饲车

国外广泛采用移动式喂饲车。它的饲料箱内装有两个大直径搅龙和一根带搅拌叶板的轴,共同组成箱内搅拌机构,由拖拉机动力输出轴驱动。

三、饮水设备

养牛场牛舍内的饮水设备包括输送管路和自动饮水器。饮水系统的装配应满足昼夜时间内全部需水量。

四、奶牛挤奶设备

挤奶是奶牛场中最繁重的劳动环节，采用机械挤奶可提高劳动效率2倍以上，劳动强度大大减轻，同时可得到清洁卫生的牛奶,但使用机器挤奶必须符合奶牛的生理要求,不能影响产奶量。

五、牛舍清粪设备

1. 清粪车

清粪车有人力手推清粪车和机动清粪车两种。

2. 水冲清粪设备

大型养牛场一般采用水冲流送清粪。

第三节 养猪机械与设备

集约化养猪是一个复杂的、系统的生产过程。养猪生产包括配种、妊娠、分娩、育幼、生长和育肥等环节。养猪机械设备就是在养猪的整个生产过程中,根据猪的不同种类、不同饲养方式及不同的生产环节而提供的相应机械设备,主要包括:猪舍猪栏、饲喂设备、饮水设备、饲料加工设备、猪粪清除和处理设备以及消毒防疫设备、猪舍的环境控制设备等。选择与猪场饲养规模和工艺相适应的先进的经济的机械与设备是提高生产水平和经济效益的重要措施。

一、猪栏

1. 公猪栏、空怀母猪栏、配种栏

这几种猪栏一般都位于同一栋舍内,因此,面积一般都相等,栏高一般为1.2~1.4m,面积7~9m²。

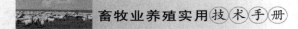

2. 妊娠栏

妊娠猪栏有两种：一种是单体栏；另一种是小群栏。单体栏由金属材料焊接而成，一般栏长 2m，栏宽 0.65m，栏高 1m。小群栏的结构可以是混凝土实体结构、栏栅式或综合式结构，不同的是妊娠栏栏高一般 1~1.2m，由于采用限制饲喂，因此，不设食槽而采用地面食喂。面积根据每栏饲养头数而定，一般为 7~15m²。

3. 分娩栏

分娩栏的尺寸与选用的母猪品种有关，长度一般为 2~2.2m，宽度为 1.7~2.0m；母猪限位栏的宽度一般为 0.6~0.65m，高 1.0m。仔猪活动围栏每侧的宽度一般为 0.6~0.7m，高 0.5m 左右，栏栅间距 5cm。

4. 仔猪培育栏

一般采用金属编织网漏粪地板或金属编织镀塑漏粪地板，后者的饲养效果一般好于前者。大、中型猪场多采用高床网上培育栏，它是由金属编织网漏粪地板、围栏和自动食槽组成，漏粪地板通过支架设在粪沟上或实体水泥地面上，相邻两栏共用一个自动食槽，每栏设一个自动饮水器。这种保育栏能保持床面干燥清洁，减少仔猪的发病率，是一种较理想的保育猪栏。仔猪保育栏的栏高一般为 0.6m，栏栅间距 5~8cm，面积因饲养头数不同而不同。小型猪场断奶仔猪也可采用地面饲养的方式，但寒冷季节应在仔猪卧息处铺干净软草或将卧息处设火炕。

5. 育成、育肥栏

育成育肥栏有多种形式，其地板多为混凝土结实地面或水泥漏缝地板条，也有采用 1/3 漏缝地板条，2/3 混凝土结实地面。混凝土结实地面一般有 3% 的坡度。育成育肥栏的栏高一般为 1~1.2m，采用栏栅式结构时，栏栅间距 8~10cm。

二、饲喂设备

1. 间际添料饲槽

条件较差的一般猪场采用间际添料饲槽。间际添料饲槽分为固定饲槽、移动饲槽。一般为水泥浇注固定饲槽。饲槽一般为长形，每头猪所占饲槽的长度应根据猪的种类、年龄而定。较为规范的养猪场都不采用移动饲槽。集约化、工厂化猪场，限位饲养的妊娠母猪或泌乳母猪，其固定饲槽为金属制品，固定在限位栏上。

2. 方形自动落料饲槽

一般条件的猪场不用这种饲槽，它常见于集约化、工厂化的猪场。方形落料饲槽有单开式和双开式两种。单开式的一面固定在与走廊的隔栏或隔墙上；双开式则安放在两栏的隔栏或隔墙上，自动落料饲槽一般为镀锌铁皮制成，并以钢筋加固，否则极易损坏。

3. 圆形自动落料饲槽

圆形自动落料饲槽用不锈钢制成，较为坚固耐用，底盘也可用铸铁或水泥浇注，适用于高密度、大群体生长育肥猪舍。

三、饮水设备

猪喜欢喝清洁的水。特别是流动的水，因此采用自动饮水器是比较理想的。猪用自动饮水器的种类很多，有鸭嘴式、杯式、乳头式等。

1. 鸭嘴式饮水器

鸭嘴式饮水器是目前国内外机械化和工厂化猪场中使用最多的一种饮水器，它主要由阀体、阀芯、密封圈、回位弹簧、塞和虑网组成。鸭嘴式饮水器的优点是：饮水器密封性好，不漏水，工作可靠，重量轻；猪饮水时鸭嘴体被含入口内，水能充分饮入，不浪费；水流出时压力下降，流速较低，符合猪饮水要求；卫生干净，可避免疫病传染。

2. 杯式饮水器

杯式饮水器常用的形式有弹簧阀门式和重力密封式两种。这种饮水器的主要优点是工作可靠、耐用，出水稳定，水量足，饮水不会溅洒，容易保持舍栏干燥。缺点是结构复杂，造价高，需定期清洗。

3. 乳头式饮水器

乳头式饮水器由钢球壳体阀杆组成。这种饮水器的优点是结

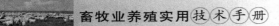
构简单,对泥沙和杂质有较强的通过能力,缺点是密封性差,并要减压。水压过高,水流过急,猪饮水不适,水耗增加,易弄湿猪栏。

四、猪舍清粪设备

1. 清粪车

清粪车有人力手推清粪车和机动清粪车两种。

2. 水冲清粪设备

养猪场漏缝地板猪舍采用水冲清粪的主要形式有水冲流送清粪,沉淀阀门式水冲清粪和自流式水冲清粪等。

3. 漏缝地板

漏缝地板有各种各样,使用的材料有水泥、木材、金属、玻璃钢、塑料、陶瓷等。它能使猪栏自净,使猪舍比较清洁干燥,有助于控制疾病和寄生虫的发生,改善卫生条件,省去褥草和节省清扫劳动。漏缝地板要求耐腐蚀、不变形、坚固耐用,易于清洗和保持干燥。

第 三 篇

养殖分论

第三篇　养殖分论

第一章　肉羊的养殖技术

第一节　肉羊的品种

一、德国美利奴羊

原产于德国,是世界上著名的肉毛兼用品种。德国美利奴羊特点是体格大,成熟早,胸宽而深,背腰平直,肌肉丰满, 后躯发育良好,公、母羊均无角。被毛白色,密而长,弯曲明显。成年公、母羊体重分别为 110~140kg 和 70~80kg。德国美利奴羊产肉性能好,羔羊生长发育快,在良好饲养条件下日增重可达 300~350g,130天屠宰时活重可达 38~45kg,胴体重为 18~22kg,屠宰率为 47%~49%。德国美利奴羊被毛品质也较好,成年公、母羊剪毛量分别为 7~10kg 和 4~5kg,公羊毛长为 8~10cm,母羊为 6~8cm,羊毛细度为 60~64 支,净毛率为 44%~50%。德国美利奴羊具有较高的繁殖力,成熟早,10 月龄就可第 1 次配种,产羔率 140%~220%,母羊泌乳性能好,利于羔羊生长发育。该品种在气候干燥、降水量少的地区有良好的适应能力且耐粗饲,适于舍饲、围栏放牧和群牧等不同饲养管理条件。

二、道赛特羊

无角道赛特羊原产于大洋洲的澳大利亚和新西兰。该品种羊具有早熟,生长发育快,全年发情和耐热及适应干燥气候等特点。公、母羊均无角,体质结实,头短而宽,颈粗短,体躯长,胸宽深,背腰平直,体躯呈圆桶形,四肢粗短,后躯发育良好,全身被毛白色。成年公羊体重 100~125kg,母羊 75~90kg。毛长 7.5~10cm,细度 50~56 支,剪毛量 25~3.5kg。胴体品质和产肉性能好,4 月龄羔羊胴体 20~24kg,屠宰率 50% 以上。产羔率为 130%~180%。我国新疆和内蒙古自治区曾从澳大利亚引入该品种,经过初步改良观察,遗传力强,是发展肉用羔羊的父系品种之一。

三、巴美肉羊

巴美肉羊为内蒙古自治区巴彦淖尔市地方培育的肉毛兼用肉羊品种。其特点是体格较大,体质结实,结构匀称,胸宽而深,背腰平直,四肢结实,后肢健壮,肌肉丰满,肉用体型明显。成年公羊平均体重 101.2kg;成年母羊平均体重 60.5kg,育成公羊平均体重 71.2kg;育成母羊平均体重 50.8kg;公羔平均初生重 4.7kg,母羔平均初生重 4.32kg。毛细度 60~64

支。产羔率150%~200％。具有适合舍饲圈养、耐粗饲、抗逆性强、适应性好、羔羊育肥增重快、性成熟早等特点,是北方发展肉羊业的首选品种。

四、杜泊羊

杜泊羊分为白头和黑头两种。杜泊羊体躯呈独特的筒形,无角,头上有短、暗、黑或白色的毛,体躯有短而稀的浅色毛(主要在前半部),腹部有明显的干死毛。杜泊羊适应性极强,采食性广、不挑食,能够很好地利用低品质牧草,在干旱或半热带地区生长健壮,抗病力强;适应的降水量为100~760mm。能够自动脱毛是杜泊羊的又一特性。杜泊羊不受季节限制,可常年繁殖,母羊产羔率在150%以上,母性好、产奶量高,能很好地哺乳多胎后代。杜泊羊具有早期放牧能力,生长速度快,3.5~4月龄羔羊,体重约达36kg,胴体重16kg左右,肉中脂肪分布均匀,为高品质胴体。虽然杜泊羊个体中等,但体躯丰满,体重较大。成年公羊和母羊的体重分别在120kg和85kg左右。

五、小尾寒羊

小尾寒羊是我国乃至世界著名的肉裘兼用型绵羊品种,具有早熟、多胎、多羔、生长快、体格大、产肉多、裘皮好、遗传性稳定和适应性强等优点。4月龄即可育肥出栏,年出栏率400%以上;6月龄即可配种受胎,年产2胎,胎产2~6只,有时高达8只;平均产羔率每胎达266%以上,每年达500%以上;体重6月龄可达50kg,周岁时可达100kg,成年羊

可达 130~190kg。该品种是我国发展肉羊生产或引进肉羊品种杂交培育肉羊新品种的优良母本素材。

六、萨福克羊

萨福克是体型最大的肉用羊品种，体躯强壮、高大，背腰平直，头及四肢为黑色且无毛。萨福克具有适应性强、生长速度快、产肉多等特点，适于作羊肉生产的终端父

本。萨福克成年公羊体重可达 114~136kg、母羊 60~90kg，毛纤维细度 30~35μm，毛纤维长度 7.5~10cm，产毛量 2.5~3.0kg，产羔率140%。用其作终端父本与长毛种半细毛羊杂交，4~5 月龄杂交羔羊体重可达 35~40kg，胴体重 18~20kg。

七、特克塞尔羊

产地是荷兰。特克塞尔羊头大小适中，颈中等长、粗，体格大，胸圆，背腰平直、宽，肌肉丰满，后躯发育良好。公羊体重 110~130kg，母羊70~90kg。剪毛量 5~6kg，毛长 10~15cm，毛细50~60 支。特克塞尔羊早熟，羔羊生长快，4~5 个月龄体重可达 40~50kg。屠宰率 55%~60%。产羔率

150%~160%，对寒冷气候有良好的适应性。

第二节　绵羊饲养管理

一、种公羊的饲养

种公羊应与其他羊分圈饲养,常年保持健壮的体况、旺盛的性欲和配种能力。射精量高,精液品质良好,膘情好但不肥胖,以七、八成为宜。种公羊一定要雄性特征明显,雄壮有活力,因此,给种羊应有良好的营养水平。实践证明,对种公羊蛋白质供应充足,它的性机能旺盛,射精量多,精子密度大,受胎率高。根据种公羊的体重、膘情、配种期采精次数、饲料条件、灵活掌握日粮的配合,饲料要求多样化。

1. 非配种期的饲养

非配种期种公羊的饲养,主要目的是维持膘情。保证不掉膘为宜。在其自然采食饱腹的基础上,补喂精料 0.3kg/天,并给予充足饮水。

2. 配种期的饲养

在配种季节,由于种公羊活动射精量的加大,其体能消耗也骤然增加,所以饲料的要求也相对提高,在原饲养基础上加大精料的补给量 0.6kg/天,并每天补添胡萝卜碎块 0.5kg、牛奶 0.5~1kg 或鸡蛋 2~4 枚。

饲喂方法与日常管理:

1. 饲喂程序是先水后料,先粗后精,先干后湿。

2. 秸秆等粗料要铡碎,籽实类料要破碎,喂前除去各种异物。

3. 块根料要洗净切碎,鸡蛋要连壳弄碎后拌入精料内。

4. 严禁饲喂发霉变质饲料。

5. 保持圈内清洁卫生,常年放置盐砖。

6. 全年舍饲的种公羊每天应给予适当的驱赶运动,按摩睾丸。

7. 多只公羊同圈时应注意公羊间打斗。

8. 做好疾病防治与疫病预防。

二、育肥羊的饲养管理

育肥羊以羔羊为主,加强营养的合理搭配,缩短饲养周期(150天出栏),严禁饲喂含激素类等有害于人体健康的添加剂。患病羊只痊愈后 15 天方可出售,病死羊严禁出卖。比较简便的羔羊育肥方法,就是羔羊出生后全舍饲。即在羔羊出生 10 天左右即进行开饲,训练其吃草料,开始可酌量,一般两周龄日补料量在 50g 左右,三周增到 75g,到二月龄时可增至 300g 左右,四、五个月时可增到500g。体重达到 40kg 以上屠宰上市。在整个育肥期粗饲料以玉米、粉碎玉米秸、番茄皮、葵盘粉等为主。两月龄前要供给充足蛋白质饲料。外购羔羊育肥进入育肥场后首先隔离、消毒,在逐渐适应环境的过程中进行疫苗注射(痘苗、三联苗)。

日粮搭配:

1. 体重 20kg 以下, 日增重 200~250g 情况下, 日喂精料0.2~0.4kg,青干草 0.15~0.3kg,青饲料(甜菜渣、番茄皮、青贮玉米)0.5~1.0kg,骨粉 18~20g。

2. 体重 30kg 以上,日增重 300~340g 的情况下:日喂精料0.5~0.6kg,青干草 0.4~0.5kg,青饲料(甜菜渣、番茄皮、青贮玉米)1.2~1.4kg。

饲喂方法及日常管理:

1. 初生至 1 月龄羔羊主要以吃母乳为主,保证吃足初乳。7~10天训练喂青草,自由饮水,15~20 天后开始喂精料。

2. 在 2.5 月龄左右早期断奶。

3. 平时要做到三查(查食欲、查精料、查粪便),圈舍做好防寒、保暖、通风。

三、繁殖母羊的饲养管理

母羊的营养水平对配种受胎率、胎儿的发育、幼羔的生长及成活率影响很大,所以母羊的饲养水平常年不能放松。特别是怀孕期和哺乳期更要加强饲养,合理补饲。管理上要做到"六净"(料净、水净、圈净、槽净、草净、羊净),饲料种类力求多样化。

1. 空怀母羊的饲养

空怀母羊的饲养也很重要,是为以后一切生产活动打好基础的关键时期。膘情差的应抓紧补饲抓膘,膘情好的保持不掉膘。粗饲料自由采食并饱腹的基础上日补精料 0.2kg。

2. 怀孕母羊及哺乳母羊的饲养

饲喂方法基本同空怀母羊,只是加大精料的补给量至 0.3~0.6kg,主要是怀孕后期的补饲。

繁殖母羊的日常管理:

1. 圈舍的建设

根据羊对温度、光照的要求,结合北方冬、春严寒多风的特点,应采用半棚式塑料暖棚。

2. 早期断乳及时抓膘

羔羊长到 2.5 月龄左右应及时断乳,哺乳期过长,母羊会掉膘并影响发情配种。断乳后视母羊的膘情情况分群饲养。膘情差的多给精料,反之少些。总之力争能繁母羊到配种季节时膘情能达到 8~9 成,实现两年三胎。

3. 繁殖母羊的管理

北方地区一般到七月份初,母羊开始陆续发情,舍饲圈养的母羊,在羔羊断奶后就开始发情,这时要及时配种。

配种一个月后不发情的母羊视为已怀孕,应按怀孕母羊的饲养标准分群饲喂。羊的妊娠期为 150 天,前 3 个月为妊娠前期,后 2 个月为妊娠后期。妊娠前期胎儿发育较慢,母羊对饲料的要求不高,这时可酌情补饲精料 0.2kg/日。妊娠后期胎儿的生长迅速,增重约占初生体重 80%。这一阶段需要全价的营养,所以一定要按怀孕母羊的饲料标准饲喂,在给予充足粗饲料的情况下补精料0.3~0.5kg。全舍饲的可定时定量的给予驱赶运动,出入圈门时动作要缓慢防止拥挤。尽量避免受惊吓、炸群。畜主要常观察羊群,发现情况及时处理。

4. 母羊的分娩及助产

羊的妊娠期为五个月,从配种的那天算起,五个月后的这一天为预产期,应在前一周左右观察畜群。准备一间防寒保暖的羊舍作为接羔、保羔室,打扫干净,用福尔马林或来苏儿水消毒备用。初产母羊应观察,产羔时一定要有人在。将要分娩的母畜提前送入产房,取其自然卧下分娩姿势。胎膜长时间不破,可以剪破,手伸进去检查。如母畜分娩吃力,可人为牵引,帮助分娩。胎水流出太早,产道干燥,可在产道内涂油,然后牵引。胎儿产出后,让母羊舔干胎儿身上的黏液,增加恋仔性,让母子互相识别,并有利于胎衣排出。多观察母畜一会儿,防止子宫脱出。若幼羔体弱,可助其吃上初乳,直到能自食为止。

四、羔羊的饲养管理

羔羊生下以后,一定要让母羊舔干羔羊身上的黏液,用温水或消毒水擦拭母羊乳房及乳房周围的污垢,挤出乳塞,再诱导羔羊吃奶。羔羊出生后要吃好初乳。母羊产后 3~5 天内分泌的乳汁称为初乳,其干物质含量多,营养价值高,所含蛋白质、维生素、无机盐尤为丰富,不仅易为羔羊消化吸收,而且含有免疫球蛋白,可提高羔羊的抗病力。羔羊吃好初乳,对早期的健壮和生长发育有重要作用。羔羊 15~20 日龄时开始训练吃青干草,可在羊圈内吊挂草把,任羔羊采食;混合精料放在食槽内,随意采食。母羊产后 3 天以内就在产房小圈内喂养,尽可能喂给较好的青草或青干草,少给精饲料。有的母羊不愿哺乳,应加强护理,抓住母羊诱导羔羊吃奶。有的母羊无奶或因多羔而奶水不足,对这种缺奶羔羊可找奶水多的母羊代哺,可将母羊的胎水或羊尿涂抹在羔羊的后半身上,使母羊误认为是自己的羔羊,而允许吃奶;10 天以后,母子白天分开饲养,定期哺乳。

第二章 绒山羊的养殖技术

第一节 绒山羊的品种

一、内蒙古白绒山羊

内蒙古白绒山羊是由蒙古山羊经过长期选育而形成的绒肉兼用型地方良种,可分为阿尔巴斯、二狼山和阿拉善白绒山羊三个类型。内蒙古白绒山羊产于鄂尔多斯市鄂托克旗、鄂托克前旗、杭锦旗、准格尔旗、

达拉特旗;巴彦淖尔市乌拉特中、后、前旗、磴口县;阿盟阿左、右旗和额济纳旗等。1988 年 4 月,经自治区人民政府验收命名为"内蒙古白绒山羊"新品种。是绒肉兼用型品种,其主要特点是羊绒细、纤维长、光泽好、强度大、白度高、绒毛手感柔软;综合品质优良,在国际上居领先地位。成年公羊平均产绒量 483.18g,绒厚度 5.11cm,母羊产绒量 369.95g,绒厚度 4.66cm,抓绒后体重公羊 37.5kg,母羊 27.21kg,净绒率 62.8%,羊绒细度 14.73μm,屠宰率 46.2%,产羔率 103~110%。

二、辽宁绒山羊

辽宁绒山羊以其产绒多、绒纤维长、含绒率高、细度好而著称。其遗传性稳定、杂交改良低产山羊效果显著。辽宁绒山羊主产区位于辽东半岛的盖县、岫岩、凤城、宽甸、庄河、瓦房店及辽阳 7 县。公

母羊均有角,有须;公羊角发达,向两侧弯曲伸展,母羊角向后上方捻曲伸出;额顶有绺毛,体躯结构匀称,体质结实;颈肩结合良好,背腰平直,后躯发达,四肢端正;被毛为全白色,外层为粗毛,具丝光,内层为绒

毛。成年公羊平均体重为 51.5kg,母羊为 44.8kg;周岁公羊为 28kg,母羊为 26kg。成年公羊平均体高为63.6cm,体长为 75.7cm;母羊体高为 60.8cm,体长为 73.7cm。5 个月龄达性成熟,一般 1.5 岁时初次配种。秋末冬初为发情旺季,发情周期平均 17 天左右,持续期为 1~2 天,妊娠期为145~155 天。

第二节　绒山羊饲养管理

一、绒山羊种公羊的饲养管理

(一)配种期的饲养管理

配种期公羊最易消耗营养和体力。此时,种公羊的日粮营养要全价,特别是蛋白质不仅数量要充足,而且质量要高,日粮适口性好,以保证种公羊性机能旺盛,射精量多,精子密度大,母羊受胎率高。精料量每日约 0.7~0.8kg,鸡蛋 2 枚,骨粉 10g,食盐 15g。配种期种公羊不爱吃草,除应到优质天然牧地、人工牧地放牧外,应补喂些青割苜蓿、葵花盘粉等。

(二)非配种期的饲养管理

这一时期较长,近 10 个月时间。这一时期直接关系到种公羊全年的膘情、配种期配种能力以及精液品质。因此,不能忽视,一定要坚持以优质粗饲料为主、补饲精料为辅的原则。

二、妊娠母羊的饲养管理

绒山羊配种时间一般在 10~11 月,产羔在 2~3 月份。母羊妊娠后的前 2 个月为妊娠前期,第 3 个月为妊娠中期,最后 2 个月为妊娠后期。

妊娠前期胎儿发育较慢, 牧区放牧的同时进行适当补饲优质粗饲料就可以。随着天气渐渐寒冷,水凉草枯,胎儿生长速度逐渐加快,同时进入长绒季节,每天要补饲优质干草 1.5~2.0kg,同时补饲 0.2kg 精料。

妊娠后期,母羊除维持其自身营养外,还需供给胎儿所需的营养物质。羔羊初生重的 90%是在妊娠后期生长发育的。妊娠后期精料补量每天为 0.3~0.4kg, 优质干草 2.5kg, 有条件可补喂胡萝卜 0.3~0.5kg。妊娠期母羊不能吃腐败、发霉或冰冻的饲料,也不能给过多易在胃中引起发酵的青贮料,不许打羊、驱赶羊,出入羊舍切忌拥挤,羊舍不应潮湿,不应有贼风。

三、哺乳期母羊的饲养管理

母羊产羔后即开始哺育羔羊。哺乳前期羔羊的生长发育主要依靠母乳,如果母乳充足,羔羊生长发育就快,抵抗疾病的能力也强,成活率高。此时,一定要供给母羊丰富而又完善的营养,特别是对蛋白质和无机盐的需求量较高。单羔母羊每天补精料 0.3~0.4kg,双羔母羊补精料 0.4~0.6kg。随着羔羊开始采食饲草料,母羊的营养标准可逐步降低,同时给羔羊补饲精料。

四、羔羊的饲养管理

羔羊出生后要吃好初乳。母羊产后 3~5 天内分泌的乳汁称为初乳,不仅易为羔羊消化吸收,而且含有免疫球蛋白,可提高羔羊的抗病力。羔羊吃好初乳,对早期的健壮和生长发育有重要作用。羔羊日龄 15~20 天时开始训练吃青干草,可在羊圈内吊挂草把,任羔羊采食,混合精料炒后粉碎,放在食槽内,随意采食。20 日龄的羔羊每日可喂 20~30g 精料;1 月龄的羔羊每天可补喂精饲料 50~75g;1~2 月龄的羔羊, 每天补喂精料 75~150g;3~4 月龄的羔羊,每天喂精料 150~200g,青贮 100~150g,青干草自由采食,自由饮水,精料的种类要多样化,最好能饲喂羔羊全价混合料。

五、一般管理

(1)抓绒时间及毛绒的保管

绒山羊每年春季,要进行抓绒和剪毛,具体抓绒时期应当根据当地气候条件而定。肉眼可见的抓绒标志是,当发现绒山羊的头部、耳根及眼圈周围的绒毛开始脱落时,就是开始抓绒的时期(一般在 4 月下旬 5 月初抓绒),抓绒开始先用稀梳顺毛的方向由颈、肩、胸、背、腰及股各部由上而下将粘在羊身上的碎草及粪块轻轻梳掉,然后用密梳逆毛而梳,用力要均匀,不可用力过猛,以免抓破皮肤。剪毛后,还要注意防止羊的感冒。

(2)要在保护皮毛上下功夫

对被毛质量、数量影响较大的一种疾病就是疥癣病,此病阻碍毛的正常生长,致使被毛脱落,因此,要控制此病的发生,除在圈舍的环境上加强以外,还要求在每年剪完粗毛后,抓伤、剪伤已痊愈开始全群性药浴,第 1 次药浴后,间隔 8~14 天,可再重复药浴 1 次,效果更好。定期消毒与驱虫。

(3)配种年龄与利用年限

在良好的饲养管理条件下,一般母羊初配年龄在 11 月龄以上,妊娠天数平均在 150 天左右,产羔 20~40 天后,即可再次发情配种,发情周期 16~20 天之间。公羊宜在 12 月龄以后参加配种,绒山羊最好的繁殖年龄是在 3~5 年之间,6 岁以后繁殖力逐年下降。

(4)饮水与舔盐

根据季节特点,每天饮水次数也不一样,供给足量清洁的水自由饮用,可将食盐舔块悬挂于铁丝上任羊自由舔食。

(5)定期定量补硒

为防止白肌病的发生,对缺硒地区,要制定切实可行的补硒计划,特别对妊娠羊、哺乳羊及羔羊尤为重要。

第三章　奶山羊的养殖技术

第一节　奶山羊的品种

一、莎能奶山羊

原产于气候凉爽、干燥的瑞士伯龙县莎能山谷,是世界著名的奶用羊品种之一。它遗传性能稳定、体型高大、泌乳性能好,乳汁质量高,繁殖能力强,适应性广,抗病力强,三十年代引进我国。莎能奶山羊全身白毛,皮肤粉红色,体格高大,结构匀称,

结实紧凑。具有头长、颈长、体长、腿长的特点。额宽,鼻直,耳薄长,眼大凸出,眼球微黄,多数无角,有的有肉垂。母羊胸部丰满,背腰平直,腹大而不下垂;后躯发达,乳房基部宽广,形状方圆,质地柔软。公羊颈部粗壮,前胸开阔,体质结实,外形雄伟,尻部发育好,四肢端正,部分羊肩、背及股部生有长毛,羊只体质强健,适应性强,瘤胃发达,消化能力强,能充分利用各种青绿饲料,农作物秸秆。嘴唇灵活,门齿发达,能够啃食矮草,喜欢吃细枝嫩叶;活泼好动,善于攀登,喜干燥,爱清洁,合群性强,适于舍饲或放牧。莎能奶山羊性成熟时间在 2~4 月龄,9 月龄就可配种。利用年限可达 10 年以上。繁殖率高,产羔率在 180%~200%左右。泌乳期 8~10 个月,以 3~4 胎泌乳量最高。平均年产奶 800~900kg, 个体最高产奶量达 1071kg。

二、关中奶山羊

关中奶山羊为我国奶山羊中著名优良品种。其体质结实,结构匀称,遗传性能稳定。头长额宽,鼻直嘴齐,眼大耳长。母羊颈长,胸宽背平,腰长尻宽,乳房庞大,形状方圆;公羊颈部粗壮,前胸开阔,腰部紧凑,外形雄伟,四肢端正,蹄质坚硬,全身毛短色白。皮肤粉红,耳、唇、鼻及乳房皮肤上偶有大小不等的黑斑,部分羊有角和肉垂。成年公羊体高80cm以上,体重65kg以上;母羊体高不低于70cm,体重不少于45kg。体形近似莎能奶山羊,具有"头长、颈长、体长、腿长"的特征,群众俗称"四长羊"。公母羊均在4~5月龄性成熟,一般5~6月龄配种,发情旺季9~11月,以10月份最甚,发情周期21天。母羊怀孕期150天,平均产羔率178%。初生公羔重2.8kg以上;母羔2.5kg以上。种羊利用年限5~7年。关中奶山羊以产奶为主,产奶性能稳定,产奶量高,奶质优良,营养价值较高。一般泌乳期为7~9个月,年产奶450~600kg,单位活重产奶量比牛高5倍。鲜奶中含乳脂3.6%、蛋白质3.5%、乳糖4.3%、总干物质11.6%。与牛奶相比,羊奶含干物质、脂肪、热能、V_C、尼克酸均高于牛奶,不仅营养丰富,而且脂肪球小,酪蛋白结构与人奶相似,酸值低,比牛奶易为人体吸收。是婴幼儿、老人、病人的营养佳品,是特殊工种、兵种的保健食品。

第二节　奶山羊饲养管理

一、奶山羊的饲养

(一)羔羊的培育

对初生羔羊,可根据具体情况,实行人工哺育和随母哺育。人工哺育初乳,宜于出生后 20~30 分钟开始。1 天内的初乳喂量,至少应为其体重的 1/5。体重 3kg 的羔羊,第一天喂乳 0.6~0.7kg,到出生后第六日龄逐渐增至 0.8~1kg。日喂初乳不宜少于 4 次,此时日增重可达 200~220g。出生 7 天后开始补喂羔羊饲料,少量多次饲喂。优质干草自由采食,夏季给予青草。

出生后 80~120 天断奶,此阶段应以草、料为主,奶已退居次要地位。如干草的品质好,并有混合全价精料作补充,则提前到 90 天断奶,不会影响其生长发育。

羔羊哺育期培育方案　（单位:kg,g)

日龄	日增重	期末体重	哺乳次数	哺给全乳量			嫩干草		混合精料		青草或块茎类	
				一次	昼夜	全期	昼夜	全期	昼夜	全期	昼夜	全期
1~7		4.5	自由	哺乳								
8~10	150	5.0	4	220	880	2.64						
11~20	150	6.5	4	300	1200	12.0						
21~30	150	8.0	4	350	1400	14.0	60	0.6				
31~40	150	9.5	4	400	1600	15.0	80	0.8	50	0.5	80	0.8
41~50	150	11.0	4	350	1400	14.0	100	1.0	80	0.8	100	1.0
51~60	150	12.5	4	350	1400	14.0	120	1.2	120	1.2	120	1.2
61~70	150	14.0	3	300	900	9.0	140	1.4	150	1.5	140	1.4
71~80	150	15.5	3	300	900	9.0	160	1.6	180	1.8	160	1.6
81~90	150	17.0	3	300	900	9.0	180	1.8	210	2.1	180	1.8
91~100	150	18.5	2	300	600	6.0	200	2.0	240	2.4	200	2.0
101~110	150	20.0	2	200	400	4.0	220	2.2	270	2.7	220	2.2
111~120	150	21.5	1	200	400	2.0	240	2.4	300	3.0	240	2.4
合计		21.5				111.64		15.0		16.0		14.4

1. 一昼夜的最高哺乳量,母羔不应超过体重的 20%,公羔不应超过体重的 25%。

2. 在体重达到 8kg 以前,哺乳量随着体重的增加渐增。体重在 8~13kg 以后,哺乳量不变。在此期应尽量促其采食草、料。体重达 13kg 以后,哺乳量渐减,草、料渐增。体重达 18~24kg 时,可以断奶。整个哺乳期平均日增重,母羔不应低于 150g,公羔不应低于 200g。如日增重太高,平均每天在 250g 以上,喂得过肥,会损害奶羊的体质,对以后产奶不利。

3. 哺乳期间,如有优质的豆科牧草和比较好的精料,只要能按期完成增重指标,也可以酌情减少哺乳量,缩短哺乳期。

(二)育成羊的培育

断奶之后的育成羊,全身各系统和各种组织都继续在旺盛的生长发育。体重、躯体的宽度、深度与长度都在迅速增长。此时,如日粮配合不当,营养赶不上要求,便会显著影响生长发育,形成体重小、四肢高、胸窄、躯干细的体型,并能严重地影响到体质、采食量和将来的泌乳能力。

出生后 4~6 个月间,仍须注意精料的喂量,每日约喂混合精料 300g,其中可消化粗蛋白质的含量不可低于 15%~16%。如日粮中营养不足,应增加干草和青草或青贮饲料。青饲料质量高,喂量大,可以少给精料,甚至不给精料。实践经验证明,这样喂出的奶羊,腹大而深,采食量大,消化力强,体质壮,泌乳量高。

在育成羊培育阶段,严忌体态臃肿,肌肉肥厚,体格短粗。但仍要求增重快,体格大。饱满的胸腔是充足的营养和充分的运动锻炼结合起来育成的。

(三)干奶期母羊的饲养

在一个泌乳期内,奶山羊的产奶量约为其体重的 15~16 倍,而高产奶牛一般为 10~12 倍,因而奶山羊在泌乳高峰期的掉膘程度,要比奶牛严重得多,干乳期如不能将母羊体重增加 20%~30%,不仅所生羔羊的初生重小,而且还会影响下个泌乳期的产奶量和乳脂率。在实际饲养中,应按日产奶 1.0~1.5kg 的饲养标准喂给。

这个时期的日粮,应以优质干草(豆科牧草占有一定比例)和青贮饲料为主,适当搭配精饲料和多汁饲料。饲喂的青贮料,切忌酸

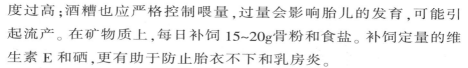

度过高;酒糟也应严格控制喂量,过量会影响胎儿的发育,可能引起流产。在矿物质上,每日补饲 15~20g 骨粉和食盐。补饲定量的维生素 E 和硒,更有助于防止胎衣不下和乳房炎。

舍饲圈养的羊往往由于缺乏运动,影响食欲,腹下和乳房底部易出现水肿,分娩时收缩无力,易造成难产或胎衣不下。为此,要尽量创造运动和日光浴的条件,采取栓系放牧或定时驱赶运动。此外,要严格执行各项保胎措施,以防流产或早产。

(四)产奶期母羊的饲养

产奶初期,母羊消化较弱,不宜过早采取催乳措施,以免引起食滞或慢性胃肠疾患。产后 1~3 天以内,每天应给 3~4 次温水,并加少量麸皮和食盐。以后逐渐增加精料和多汁饲料,1 周后恢复到正常的喂量。

产后 20 天产奶量逐渐上升,一般的奶羊约在产后 30~45 天达到高峰,高产奶羊约在 40~70 天出现。在泌乳量上升阶段,体内储蓄的各种养分不断付出,体重也不断减轻。

在此时期,饲养条件对于泌乳机能最为敏感,应该尽量利用最优越的饲料条件,配给最好的日粮。为了满足日粮中干物质的需要量,除仍须喂给相当于体重 1%~1.5% 的优质干草外,应该尽量多喂给青草、青贮饲料和部分块根块茎类饲料。若营养不够,再用混合精料补充,并须额外添加高于标准的产奶饲料,以刺激泌乳机能尽量发挥。同时要注意日粮的适口性,从各方面促进其消化力,如进行适当运动,增加采食次数,改善饲喂方法等。只要在此时期生理上不受挫折,饲养方法得当,产奶量正常顺利地增加上去,便可极大地提高泌乳量。

产奶盛期的高产奶羊,所给日粮的数量达 5kg 以上,要使其安全吃完大量的饲料,必须注意日粮的体积、适口性、消化性,应根据每种饲料的特性,慎重配合日粮。若日粮中青、粗饲料品质低劣,精料比重太大,产奶所需的各种营养物质亦难得平衡,同样难以发挥其最大泌乳力。

在产奶量上升停止以后,就应将超标准的促奶饲料减去。但应尽量避免饲料和饲养方法的突然变化,以争取有一个较长的稳产时期,到受胎后泌乳量继续下降时,则应根据个体营养情况,逐渐减少精料的喂量,以免造成羊体过肥和浪费饲料。

对高产奶山羊,如单纯喂以青、粗饲料,由于体积大又难消化,泌乳所需各种营养物质难以完全满足,往往不能充分发挥其泌乳潜力。相反,过分强调优质饲养,精料比重过大,或过多利用蛋白质饲料,则不但经济上不合算,还会使羊产生消化障碍,产奶量降低,损失机体,缩短利用年限。

饲养方式以舍饲和放牧结合为最好。单纯舍饲,不但要提高生产成本,而且运动和阳光照射不足,给羊体保健带来不利。

二、奶山羊的管理

(一)干奶

1. 干奶的方法

干奶分为自然干奶法和人工干奶法两种。产奶量低、营养差的母羊,在泌乳 7 个月左右配种,怀孕 1~2 个月以后奶量迅速下降,并自动停止产奶,即自然干奶。产奶量高、营养条件好的母羊,较难自然干奶,这样就要人为地采取一些措施,即人工干奶。人工干奶法分为逐渐干奶法和快速干奶法两种。逐渐干奶法是:逐渐减少挤奶次数,打乱挤奶时间,停止乳房按摩,适当降低精料,控制多汁饲料,限制饮水,加强运动,使羊在 7~14 天之内逐渐干奶。生产当中一般多采用快速干奶法,快速干奶法是利用乳房内压增大,抑制乳汁分泌的生理现象来干奶的。其方法是:在预定干奶的那天,认真按摩乳房,将乳挤净,然后擦干乳房,用 2% 的碘液浸泡乳头,再给乳头孔注入青霉素或金霉素软膏,并用火棉胶予以封闭,之后就停止挤奶,7 天之内乳房积乳逐渐被吸收,乳房收缩,干奶结束。

2. 干奶的天数

正常情况下,干奶一般从怀孕第 90 天开始,即干奶 60 天左右。干奶天数究竟多少天合适,要根据母羊的营养状况、产奶量的高低、体质的强弱、年龄大小来决定,一般在 45~75 天。

3. 干奶时的注意事项

干奶初期,要注意圈舍、垫草和环境卫生,以减少乳房的感染。平时要注意刷羊,因为此时最容易感染虱病和皮肤病。怀孕后期要注意保胎,严禁拳打脚踢和惊吓羊只,出入圈舍谨防拥挤,严防滑倒和角斗。要坚持运动,但不能剧烈。对腹部过大或乳房过大而行走困难的羊,可暂时停止驱赶运动,任其自由运动。一般情况下不能停止运动,因为运动对防止难产有着十分重要的作用。

(二)挤奶

挤奶是奶山羊泌乳期的一项日常性管理工作,技术要求高,劳动强度大。挤奶技术的好坏,不仅影响产奶量,而且会因操作不当而造成羊乳房疾病。应按下列程序操作:

1. 挤奶羊的保定

将羊牵上挤奶台(已习惯挤奶的母羊,会自动走上挤奶台),然后再用颈枷或绳子固定。在挤奶台前方的食槽内撒上一些混合精料,使其安静采食,方便挤奶。机器挤奶时,要形成固定的顺序和位置。

2. 擦洗和按摩乳房

挤奶羊保定以后,用清洁毛巾在温水中浸湿,擦洗乳房二三遍,再用干毛巾擦干。并以柔和动作左右对揉几次,再由上而下按摩,促使羊的乳房变得充盈而有弹性。每次挤奶时,分别于擦洗乳房时、挤奶前、挤出部分乳汁后按摩乳房三四次,有利于将奶挤干净。

3. 正确挤奶

挤奶可采用手工挤奶、机器挤奶,手工挤奶以拳握法较好。每天挤奶 2 次。每次挤奶前,最初几把奶不要。挤奶结束后,要及时称重并作好记录。

4. 过滤和消毒

手工挤奶后的羊奶称重后经 4 层纱布过滤,之后装入盛奶瓶,及时送往收奶站或经冷却处理后短期保存。

5. 清扫

挤奶完毕后,须将挤奶时的地面、挤奶台、挤奶机、饲槽、清洁用具、毛巾、奶桶等清洗、打扫干净。毛巾等可煮沸消毒后晾干,以备下次挤奶使用。

6. 挤奶注意事项

①母羊产羔后,把乳房周围的长毛剪掉。

②挤奶员要经常修剪指甲,避免伤害乳房。

③挤奶员要固定,对山羊不打不恐吓。

④挤奶前后观察奶羊,奶头干裂、有伤口、乳房发炎应及时处理、治理。

⑤奶必须挤净,防乳房疾病。

⑥经常保持同一时间挤奶,相隔时间应尽可能相等。

第四章 奶牛及肉牛的养殖技术

第一节 奶牛饲养

一、奶牛品种

1. 荷斯坦奶牛。原产地荷兰,因其风土驯化能力强,已遍布全球。

①外貌特征:毛色为黑白花。白花多分布牛体的下部,黑白斑界限明显。体格高大,结构匀称,头清秀狭长,眼大突出,颈瘦长,颈侧多皱纹,垂皮不发达。前躯较浅、较窄,肋骨弯曲,肋间隙宽大。背线平直,腰角宽广,尻长而平,尾细长。四肢强壮,开张良好。乳房大,向前后延伸良好,乳静脉粗大弯曲,乳头长而大。被毛细致,皮

薄,弹性好。体型大,成年公牛体重达 1000kg 以上, 成年母牛体重 500~600kg。犊牛初生重一般在 45~55kg。

②生产性能:一般母牛年均产奶量 (305 天) 为 6500~7500kg,乳脂率 3.6~3.7。就整体看,北方的荷斯坦奶牛体格高大,偏于乳用,也有少部分是偏于兼用型。南方的荷斯坦体格较小,多偏于乳用型。

2. 西门特尔牛。为乳肉兼用品种。

①原产地及分布:西门塔尔牛原产于瑞士西部的阿尔卑斯山区,主要产地为西门塔尔平原和萨能平原。在法、德、奥等国边邻地区也有分布。现已分布到很多国家,成为世界上分布最广,数量最多的乳、肉、役兼用品种之一。

②外貌特征:该牛毛色为黄白花或淡红白花,头、胸、腹下、四肢及尾帚多为白色,皮肤为粉红色,头较长,面宽;角较细而向外上方弯曲,尖端稍向上。颈长中等;体躯长,呈圆筒状,肌肉丰满;前躯较后躯发育好,胸深,尻宽平,四肢结实,大腿肌肉发达;乳房发育好,成年公牛体重平均为 800~1200kg,母牛 650~800kg。

③生产性能:西门塔尔牛乳、肉用性能均较好,平均产奶量为 4070kg,乳脂率 3.9%。该牛生长速度较快,均日增重可达 1.0kg 以上,胴体肉多,脂肪少而分布均匀, 公牛育肥后屠

宰率可达 65% 左右。成年母牛难产率低,适应性强,耐粗放管理。该牛是兼具奶牛和肉牛特点的典型品种。

二、怎样选购奶牛

1. 不到疫区购牛,避免引入传染性疾病。

2. 根据奶牛的生理阶段,优先选购育成牛、青年牛和犊牛,尽可能不选购成牛年。

3. 尽可能购买一个牛场的牛,避免零散购买。

4. 建议聘请相关技术人员进行购牛质量把关。

三、饲草料配制及一般饲喂原则

(一)日粮配合原则

1. 适口性和多样性:适口性好,牛就能较多地采食;组成的饲草料种类多样化较种类单一的营养全面。

2. 选择易消化、易发酵的饲料组织日粮,提高日粮的可消化性。特别是高产牛需要营养多、采食量大更应注意。

3. 日粮容积和浓度:牛的采食量为每 100kg 体重需 2~3kg 干物质。日粮容积大,采食量少,因瘤胃充满后就有饱感,不再进食。当精料增加至占日粮的 50%~60% 时,限制采食量就不是容积,而转为饲粮的浓度(即饲粮的能量)。过多依赖精料,既不能提高生产,也违背经济原则。

(二)精、粗料搭配要适当

产奶牛精料与产奶比为 1:2.5~3。精料采食量不宜超过体重的 2%~2.5%;青粗料一般采食量约为体重的 1.5%~3.5%;青贮为 2.2%;精料和粗料要适当搭配,一般泌乳中期比例在 50:50 左右,但是分娩前期乳牛,应在 40:60 为好,泌乳盛期为 60:40,泌乳后期为 30:70,干乳期可在 25:75。

(三)饲草的多样性

奶牛是草食家畜,饲草料组成要符合牛的消化生理特点。在奶牛的饲养上不能过分强调精料,必须解决好优质青粗料,应以粗饲料为主,搭配少量精饲料。同时,饲草更应多样化,饲草料搭配不当,营养不平衡,影响了奶产量,也影响了奶品质。

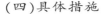

（四）具体措施

（1）在运动场设置水槽和食槽，保证奶牛在运动过程中自由饮水和采食粗饲料。

（2）将优质新鲜牧草和秸秆按比例饲喂，一般一头奶牛日喂30~35kg新鲜青贮玉米秸和2.5~3.0kg干秸秆。

（3）奶牛日均产奶10、15、20、25和30kg时，全价精料日喂量依次为4、7、9、11和13kg。

（4）补饲鲜啤酒糟或其他多汁饲料。啤酒糟含高水分、高蛋白和大量的酵母，可提高饲料利用效率，降低饲料成本。

（5）在整个饲养过程中做好奶牛的保健工作，如：刷拭牛体、修蹄、洗尾、按摩乳房，防暑防寒等。

（6）保持牛生活环境清洁、干燥、卫生，地面平整；夏季无污泥，冬季无冻粪块。

（7）有条件的给牛设置沙床。

四、犊牛和育成牛的培育

（一）犊牛的培育

犊牛是指是从出生到6月龄以内的牛，这个阶段的牛如果饲养管理不善，会使牛的成活率降低，生长发育不良，成长后繁殖受胎困难，生产性能低下。

1. 哺初乳：刚产后母牛分泌的初乳中含有大量蛋白质、脂肪、维生素和矿物质，这些营养成分对增强犊牛的体质、提高抗病力等具有十分重要的作用。应在出生后1~2小时喂给初乳，第一次喂量为1~1.5kg，以后逐渐增加，初乳温度为37~38℃。一般初乳喂到5~7天后，可改喂常乳或混合乳。

2. 补饲：为满足犊牛营养需要，应及早补喂饲料。当犊牛初生后一周，即可喂给优良干草、精饲料等，并让其自由采食。精饲料应以犊牛精补料为宜，也可适当添加麸皮。2周后添加胡萝卜、青干草。这样，可促使瘤胃早日发育，及早反刍。

3. 饮水：哺乳最初阶段应以温水，而以后逐渐过渡到凉水，饮水要清洁、卫生,不要限制饮水。

4. 断乳:当犊牛习惯采食一定量的精饲料(每天 0.5kg 以上)和粗饲料后,即可断乳,一般哺乳期为 60 天左右。体弱的犊牛可适当延长哺乳期。断乳后所给精饲料应以优质犊牛饲料为主,数量应逐渐增加,优质粗饲料任其自由采食。

5. 护理:犊牛每次哺乳完毕后,用清洁布擦去嘴边的乳渍,以防犊牛相互添吮吞下毛而在胃内形成毛球。注意犊牛不得舔吮脐部、睾丸、乳头等部位,以免造成这些部位发炎而影响健康。犊牛在 3 月龄时用去角器去角。

(二)青年母牛的饲养管理要点

在乳牛生产中,一般青年牛划分为发育牛(7~16 月龄)和育成牛(17~30 月龄)。在此阶段内产犊后的母牛即为成年母牛。

1. 饲喂原则:应以青、粗饲料为主,精饲料为辅。牛的体膘保持适中,一般 7~7.5 成膘,防止过肥或过瘦。

2. 定期测量体尺和称重:其目的是及时了解牛的生长发育情况,纠正饲养不当。

3. 做好繁殖记录:生长发育良好的牛可在 16 月龄左右配种,但体重要达到 370kg 以上。如体重较轻,可推迟配种时间。

4. 分群饲养:对已怀孕的育成牛,与其他青年牛分群饲养,由于孕牛本身和胎儿生长发育的需要,精饲料喂给量逐渐提高到每天 4~4.5kg,青贮饲料和优质粗饲料则由其自由采食。

五、泌乳牛的饲养

泌乳期分为泌乳早期、泌乳中期、泌乳后期三个阶段。泌乳早期一般是产犊后至泌乳 3 个月;泌乳中期是从泌乳 3 个月至 7 个月;泌乳后期为泌乳的最后 3 个月。

(一)泌乳牛早期饲养

1. 饲养管理

(1)供给清洁而充足的饮水,特别注意不要让奶牛饮用污染后的水和冰冻水。

（2）喂给优质、易消化的青粗饲料,如苜蓿干草、羊草、青贮等。

（3）精粗料的喂量,一般根据奶牛的健康状、产奶量、食欲而定。最好控制日粮的精粗比在 50:50,最高不超过 60:40,以免精料过大引起奶牛的多种代谢疾病(如酮病、酸中毒)。

（4）适口性好,奶牛采食量大,此期一般要保持奶牛日粮的稳定,避免突然换料,优质的粗饲料可提高粗饲料采食量,同时可促进精补料的采食。控制饲料水分含量,精补料尽量使用干拌料。夏天尽量不直接喂青割饲料,青割饲料水分含量高,影响干物质进食量。

2. 适时配种

奶牛一般在产后 40~70 天配种比较适宜,最迟应不超过 90 天。

（二）泌乳牛中期饲养

1. 饲养管理

（1）饲料调制:粗料适当加大喂量,精粗比干物质控制在 40:60。

（2）管理上做到三个稳定,即稳定环境、稳定饲料、稳定饲喂程序等。

（3）注意环境变化,做好防暑,防寒及疫病防治,必须有运动场所。

2. 泌乳牛中期应注的几个问题

（1）奶牛饲料干物质采食量不低于体重的 4%。

（2）要提高干物质采食量,高质量饲草是理想的粗饲料来源,最低占日粮干物质的 40%~45%,以维持高峰期产奶量。

（三）泌乳牛后期饲养

1. 特点及目标

产奶量进一步下降,每月下降 7%~8%,泌乳达到 305 天后需要干奶。

2. 饲养管理

（1）饲料调制:增加粗料给量,精粗比干物为 30:70,根据产奶进一步减少补料给量,奶料比一般在 3.5:1 左右。

（2）保持奶牛适当增重，维持奶牛适当体况。

六、干奶期奶牛饲养

干奶母牛是指在妊娠最后两个月停止泌乳的母牛。此期很多养牛户认为干奶母牛不产奶，因而不重视。其实，母牛干奶期饲养管理是否成功，直接关系到胎儿正常发育和分娩及产后母牛的健康和生产性能的发挥，应予以高度的重视。

（一）干奶

干奶过程一般持续 4~7 天；干乳牛一般与泌乳牛分群饲养，并饲喂营养平衡日粮；在干乳后 10 天左右开始按摩乳房，每天一次，产前 10 天停止按摩；保证有至少 7~9 周的干奶期；加强皮肤刷拭，保持皮肤清洁，保证奶牛有足量的运动机会，一般每天不少于 2~4 个小时，但产前要停止运动。

干奶法：多用于中低产牛。其方法为：从干奶的第一天起，适当减少精料，停喂青贮等多水性饲料，控制饮水，加强运动，减少挤奶次数，由 2 次/日改为 1 次/日，逐渐变为隔日 1 次，一般经过 5~7 天。

（二）产犊

在产前 1 周，与其他牛分开并隔离饲养，不要拴系，勤观察；犊牛产出后马上用干净毛巾对小牛嘴和鼻进行清洁；用 5% 的碘酊消毒乳头和脐带，断脐要适中；小牛饲喂初乳并被母牛舔干，就将其转移至单独的培育棚舍；母牛产后饮水 23~68 升温水或麸皮糖盐水（36~38℃）。

（三）高产干奶期奶牛饲养注意事项

1. 干奶天数要注意

干奶时间依据母牛预产期和干奶期长短而定。奶牛干奶期一般为 2 个月（60~70 天），早期配种母牛、体质瘦弱的母牛、老龄母牛、高产母牛、以往难以停奶的母牛及饲养条件不太好的母牛，干奶期可以适当长一些，为 60~75 天，而膘情较好、产奶量较低的牛可缩短到 45~50 天。但母牛干奶期最短不能少于 42 天，否则将影响下胎产奶量和奶牛健康。

2. 饲料营养要注意

在距离停奶 1 周时,开始调整母牛饲喂方案,同时改自由饮水为定时定量饮水。在距离停奶 3 天,根据奶牛产奶量再次调整饲喂方案。此时如果母牛产奶量仍很高,要减去全部精料,如果产奶量已不是很高,但日产奶仍在 10kg 以上,可适当减去部分精料,当日产奶低于 10kg 时,可不再调整精料喂量,但要对母牛适当限制饮水量。

3. 牛群管理要注意

在停喂多汁料的同时,挤奶次数可由原来的日挤 3 次改为日挤 2 次,逐渐可改为日挤奶 1 次。同时每天可适当增加母牛运动时间,以增加消耗和锻炼体质。另外还可配合改变挤奶时间,改变挤奶地点,改变饲喂次数,减少乳房按摩等措施,对母牛产生不良刺激,破坏在正常挤奶过程中形成的泌乳反射,但要注意乳房变化。

4. 封闭乳头要注意

在到达干奶之日时,将乳房擦洗干净,认真按摩,彻底挤净乳房中的奶,然后用 1% 的碘溶液浸泡乳头,再往每个乳头内分别注入干奶油剂或其他干奶针。注完药后再用 1% 碘溶液浸泡乳头。

5. 乳头清洁要注意

干奶过程中,奶牛乳房充胀,甚至出现轻微发炎和肿胀,此时容易感染疾病,应特别注意保持乳房清洁卫生。保持牛舍清洁干燥,勤换垫草,防止母牛躺卧在泥污和粪尿上。

6. 不良反应要注意

干奶过程中,大多数母牛都无不良反应,但也有少数母牛出现发烧、烦躁不安、食欲下降等应激反应,要及时发现,及时处理,防止继发其他疫病。

7. 疾病炎症要注意

在干奶过程中,一旦出现乳房严重肿胀、乳房表面发红发亮、奶牛发烧、乳房发热等症状,如果再坚持不挤奶,就会将乳房胀坏。

出现这种情况,要暂停干奶,将乳房中的乳汁挤出来,对乳房进行消炎治疗和按摩,待炎症消失后,再行干奶。

8. 环境卫生要注意

与大群产奶牛分养,禁止按摩、碰撞、触摸乳房,保持良好的饲养环境,保持牛舍空气新鲜,夏季防暑,冬季防寒,禁喂霜冻霉变饲料,防止母牛出现疾病,造成干奶失败或母牛流产。

七、围产期奶牛的饲养管理

围产期一般指奶牛产前 14 天至产后 14 天,其中产前 2 周为围产前期,产后 2 周为围产后期。在这个阶段,奶牛经历了巨大的生理与代谢变化,如分娩、泌乳、日粮结构改变、环境改变等等,这些都在很大程度上影响着奶牛的健康状况。因此,围产期饲养管理的成功与否决定着奶牛整个泌乳期生产性能的发挥和牧场的经济效益。

(一)饲养

(1)精粗比由分娩前的 25:75 逐步过渡到 30:70 至 40:60,使母牛提前适应,并且适当提高营养浓度。

(2)产前 15 天应喂围产期料,产前 23 天增加精料中麸皮含量,防止便秘。

(3)产后 2 天内以优质干草为主,第三天开始,食欲恢复后逐步增加精料给量。

(4)挤奶:第一天 1/3, 第二天 2/3,之后逐步挤干净,防止产后瘫痪。

(5)分娩后喂温麸皮盐水钙汤 10~20kg(麸皮 500g、食盐 50g、碳酸钙 50g),以利于母牛恢复体力和胎衣排除。

(二)管理

(1)消毒:此期母牛最易患产科病,必须加强环境及奶牛的消毒工作。产前对产房用 2%的火碱水消毒后,铺上清洁干燥垫草。对于母牛产前产后用消毒液清洗母牛外阴及后躯。

(2)母牛的分娩护理:保证合适的分娩环境,一般母牛 1~4 小

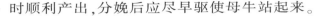

时顺利产出,分娩后应尽早驱使母牛站起来。

(三)围产期奶牛的注意事项

1. 围产前期奶牛饲养方式为奶牛逐渐由以粗料为主的饲喂模式向高精料日粮模式过渡;激发免疫系统,减少疾病;减少产后代谢疾病。

(1)提高围产前期日粮蛋白质含量可以提高乳蛋白产量和百分比,降低酮病、胎衣不下的发生率等等。

(2)每天可饲喂 2~3kg 优质禾本科干草,以促进瘤胃及其微生物区系功能发挥,防止真胃移位。

(3)防止饲料突变及使用任何霉变和抗营养因子的饲料。

2. 围产后期奶牛饲养管理要点:调控并观察奶牛,尽早恢复体质,减少代谢病的发生,确保在转入高产期时奶牛处于良好的健康状态。

饲喂质量最好的粗料,可每天饲喂 2~4kg 优质长干草(最好是苜蓿),确保瘤胃充盈状态和健康功能。

及早发现可能患有乳腺炎或其他传染性疾病或代谢病的奶牛;保持牛舍清洁、干燥,保证充足、清洁饮水。

3. 围产期使用添加剂丙酸钙:提高血糖和血钙水平,用来预防胎衣不下、真胃移位、酮病与产乳热。一般于分娩前后一周添加,添加量为 120~225g。

第二节　肉牛饲养

一、肉牛的品种

1. 海福特牛

①原产地及分布。海福特牛原产于英格兰西部的海福特郡。是世界上最古老的中小型早熟肉牛品种,现分布于世界上许多国家。该品种牛适应性好,在干旱高原牧场冬季严寒(-48℃~-50℃)的条

件下,或夏季酷暑(38℃~40℃)条
件下,都可以放牧饲养和正常生
活繁殖,表现出良好的适应性和
生产性能。

②外貌特征。具有典型的肉
用牛体型,分为有角和无角两
种。颈粗短,体躯肌肉丰满,呈圆
筒状,背腰宽平,臀部宽厚,肌肉发达,四肢短粗,侧望体躯呈矩形。
全身被毛除头、颈垂、腹下、四肢下部以及尾尖为白色外,其余均为
红色,皮肤为橙黄色,角为蜡黄色或白色。

③生产性能。海福特牛体重:成年母牛平均520~620kg,公牛900~
1100kg;犊牛初生重28~34kg。该牛7~18月龄的平均日增重为0.8~
1.3kg;良好饲养条件下,7~12月龄平均日增重可达1.4kg以上。

2. 利木赞牛

①原产地及分布。利木赞牛原产于法国中部的利木赞高原,并
因此得名。在法国,其主要分布在中部和南部的广大地区,数量仅
次于夏洛来牛,育成后于20世纪70年代初,输入欧美各国,现在
世界上许多国家都有该牛分布,属于专门化的大型肉牛品种。

②外貌特征。利木赞牛毛色为红色或黄色,口、鼻、眼圈周围、
四肢内侧及尾帚毛色较浅,角为白色,蹄为红褐色。头较短小,额
宽,胸部宽深,体躯较长,后躯肌肉丰满,四肢粗短。平均成年体重:
公牛1100kg、母牛600kg。

③生产性能。利木赞牛产肉性
能高,胴体质量好,眼肌面积大,前
后肢肌肉丰满,出肉率高。在集约
饲养条件下,犊牛断奶后生长很
快,10月龄体重即达408kg,周岁
时体重可达480kg左右,哺乳期平
均日增重为0.86~1.0kg;因该牛在

幼龄期,8月龄小牛就可生产出具有大理石纹的牛肉。因此,是法国等一些欧洲国家生产牛肉的主要品种。

3. 夏洛来牛

①原产地及分布。夏洛来牛原产于法国中西部到东南部的夏洛来省和涅夫勒地区,是举世闻名的大型肉牛品种。

②外貌特征。该牛最显著的特点是被毛为白色或乳白色,皮肤常有色斑;全身肌肉特别发达;骨骼结实,四肢强壮。夏洛来牛头小而宽,角圆而较长,并向前方伸展,角质蜡黄、颈粗短,胸宽深,肋骨方圆,背宽肉厚,体躯呈圆筒状,肌肉丰满,后臀肌肉很发达,并向后和侧面突出。成年体重,公牛平均为 1100~1200kg,母牛700~800kg。

③生产性能。生长速度快,瘦肉产量高。在良好的饲养条件下,6月龄公犊可达 250kg,母犊 210kg。日增重可达 1400g。屠宰率一般为 60%~70%,胴体瘦肉率为 80%~85%。夏洛来母牛泌乳量较高,

一个泌乳期可产奶 2000kg,乳脂率为 4.0%~4.7%,但该牛纯种繁殖时难产率较高(13.7%)。

4. 安格斯牛

①原产地及分布。安格斯牛属于古老的小型肉牛品种。原产于英国的阿伯丁、安格斯和金卡丁等郡,并因地得名。该牛适应性强,耐寒抗病。缺点是母牛稍具神经质。

②外貌特征。安格斯牛以被毛黑色和无角为其重要特征,故也称其为无角黑牛。该牛体躯低、结实、头小而方,额宽,体躯宽深,呈圆筒形,四肢短而直,前后档较宽,全身肌肉丰满,具有现代肉牛的典型体型。安格斯牛成年公牛平均体重 700~900kg,母牛500~600kg,犊牛平均初生重 25~32kg,成年体高公母牛分别为 130.8cm

和 118.9cm。

③生产性能。安格斯牛具有良好的肉用性能,被认为是世界上专门化肉牛品种中的典型品种之一。表现早熟,胴体品质高,出肉多。屠宰率一般为 60%~65%,哺乳期日增重 900~1000g。育肥期日增重(1.5 岁以内)平均 0.7~0.9kg。肌肉大理石纹很好。

二、肉牛育肥

肉牛育肥有舍饲育肥和放牧加补饲育肥,本部分主要叙述舍饲育肥。

(一)育肥牛的选择

各种牛都可用来育肥。目前用来育肥的牛主要是肉用型牛和奶牛所产的公牛犊。选用的育肥牛要生长发育正常、健康无病。一般选择 6 月龄以上的犊牛进行育肥。尽量不选择未断奶的犊牛。

(二)育肥前的准备

一是要做好牛舍的准备,使牛有一个舒适的生活环境。新建牛舍要选择地势较高排水较好的地方,建成单列半开式牛舍或建半棚式塑棚式牛舍。每头牛占床宽 1.2~1.4m,牛舍要冬暖夏凉。二是准备育肥用的青贮窖、贮草棚及机具、草料等。

(三)预饲期饲养(一般为 12 月龄以上的育成牛)

预饲期一般为 7~10 天,主要是诱导牛采食育肥饲料,适应育肥场所和管理措施。牛进育肥场 1~2 天主要是饮水,少喂饲草,第 3~4 天喂粗饲料自由采食,进行驱虫,第 5~6 天开始喂精料,预饲期结束时一般精料可喂到 1~2kg。同时要注意观察牛的饮食、排泄、精神健康状况,发现异常及时调整处理。

(四)育肥期饲养

育肥期一般为 80~110 天,体重达 450kg(或以市场销售需求而定)出栏。要按牛的体重、增重要求,合理配料,饲料要定时、定量、日喂三次,先给精料或将粗精料混合饲喂。上下午喂料后一小时饮水各一次,冬季最好饮温水。根据牛的发育情况及选定的日粮配方,每半月调整一次日粮。育肥牛可采取拴系饲养。牛舍要保持清洁、安静,不随意变动床位。

第五章 猪的养殖技术

第一节 国内外优良猪的品种

一、长白猪

①产地与分布:原名为兰德瑞斯猪(*LANDRACE*),产于丹麦。目前世界上养猪较发达的国家均有饲养。我国从 1964 年开始,先后从瑞典、荷兰、丹麦、美国、日本、英国引入,因体形特别长,毛色全白,故称"长白猪"。

②育成经过:丹麦在 1887 年开始兰德瑞斯猪的培育工作,从英国引进大约克夏与当地土种白猪进行杂交改良,把脂肪型猪改为瘦肉型猪,选育成为当时世界上最优秀的瘦肉型种猪。

③特征和特点:全身被毛白色,耳大、长,向前倾,覆盖面部。嘴直而较长,头肩轻,胸部窄,体躯较长,背线平直稍呈弓形,腿臀部肌肉发达。

二、大白猪

①产地与分布:大约克夏猪(*LARGE YORKSHIRE*)原产于英国,是世界分布最广的瘦肉型猪代表品种。我国引入多年,由于其

体型大,被毛全白,亦称为大白猪,在各地均有饲养,可作为第一母本或父本利用。

②特征和特点:大约克夏猪具有生长速度快、饲料利用率高、胴体瘦肉率高、肉色好、产仔多、适应性强的优良特点。其体型高大,皮肤可有隐斑;头颈较长,面宽微凹,耳向前直立;体躯长,背腰平直或微弓,腹线平,胸宽深,后躯宽长丰满;有效乳头6对以上。成年公猪体重250~300kg,成年母猪体重230~250kg。后备公猪6月龄体重可达90~100kg,母猪可达85~95kg。生长育肥猪,体重25~90kg阶段,日增重750~850g,饲料利用率2.7~3.0,达90kg体重日龄155~170天。体重90kg屠宰,屠宰率71%~73%,腿臀比例30.5%~32%,背膘厚2.05~2.5cm,眼肌面积平均32~35cm²,瘦肉率64%~65%,肉质优良。初产母猪产仔数9.5~10.5头,产活仔数8.5头以上,初生窝重10.5kg以上,35日龄育成数7.2头以上,窝重57.6kg以上,育成率88%以上;经产母猪产仔数11~12.5头,产活仔数10.3头以上,窝重13kg以上,35日龄育成数9.0头以上,窝重83.7kg以上,育成率92%以上。

③杂交配合性能:大约克夏猪通常利用的杂交方式是杜×长×大或杜×大×长,即用长白公(母)猪与大约克夏母(公)猪交配生产,杂一代母猪再用杜洛克公猪(终端父本)杂交生产商品猪。这是

目前世界上比较好的配合。我国用大约克夏猪作父本与本地猪进行二元杂交或三元杂交,效果也很好。可在我国绝大部分地区饲养,较适宜集约化养猪场、规模猪场。

三、杜洛克猪

①产地与分布:杜洛克猪(DUROC)产于美国东北部。育成后被引进世界各地繁殖饲养,分布较广。

②育成经过:杜洛克猪是 19 世纪 60 年代在美国东北部由美国纽约红毛杜洛克猪、新泽西州的泽西红毛猪以及康乃狄格州的红毛巴克夏猪育成的。原来是脂肪型猪,后来为适应市场需求,改良为瘦肉型猪。这个猪种于 1880 年建立了品种标准。原称为杜克泽西,现简称为杜洛克。

③特征和特性:杜洛克猪全身被毛为棕红色,变异范围是由金黄色到深红砖色,皮肤上可能出现黑色斑点。头较小,耳中等大小,耳根稍立,中部下垂,略向前倾,嘴略短,颜面稍凹,体型中等,体高而身腰较长,体躯深广,肌肉丰满平滑。胸宽而深,背呈弓形,后躯肌肉特别发达,四肢和骨骼粗壮结实,蹄黑色,大腿丰满。自英国进口的杜洛克猪,有个别出现卷毛。

四、汉普夏猪

①产地与分布：汉普夏猪(HAMPSHIRE)原产于美国肯塔基州布奥尼地区,是美国第二位普及的猪种,广泛分布于世界各地。早在 1936 年已引入中国,并与江北猪(淮猪)进行杂交试验。

②育成经过:早在 1825~1830 年,英国苏格兰地方的汉普夏饲养一种白肩种,后来输入美国,与薄皮猪杂交,选育而成,由于其皮薄,故曾被称为薄皮猪,到 1904 年才统一命名为汉普夏猪。汉普夏猪原属脂肪型,后来根据消费者的要求进行改良,约经 60 多年时间,变成皮下脂肪薄、胴体伸长、瘦肉多的肉用型品种。

③特征和特性:汉普夏猪毛黑色,前肢白色,后肢黑色。最大特点是在肩部和颈部接合处有一条白色带围绕,包括肩胛部、前胸部

和前肢,呈一白带环,在白色与黑色边缘,由黑皮白毛形成一灰色带,故又称银带猪。头中等大小,耳中等大小而直立,嘴较长而直,体躯较长,背腰呈弓形,后躯臀部肌肉发达,性情活泼。

五、梅山猪

①产地和分布:梅山猪是太湖猪中的一个类群。主要分布在江苏省的太仓、昆山以及上海嘉定等地。

②特征和特性:其体形小、皮薄、早熟、繁殖力高、泌乳力强、使用年限长和肉质鲜美而著称于世界。小梅山猪外貌清秀,头较小,额面皱纹浅而少,耳中

等大小、薄而下垂,皮薄毛稀,背腰平直,四肢结实有力,四肢蹄部白色,乳头排列均匀,乳头数多为16~18枚。维持营养需要少,梅山猪繁殖力高,产仔多,利用年限长,统计资料表明:8~12胎的小梅山母猪窝产仔数仍在15头以上。一般采用圈养形式,圈内垫土或垫草,精料以大麦、米糠、麦麸为主,青料以萝卜、南瓜、青草和水生饲料为主,这些饲料磷多钙少,不利于骨骼发育,而有利于生殖器官的发育。

六、民猪

①产地和分布:原产于东北和华北部分地区。

②特征和特性:头中等大,面直长,耳大下垂。体躯扁平,背腰窄狭,臀部倾斜。四肢粗壮。全身被毛黑色,毛密而长,猪鬃较多,冬季密生绒毛。乳头7~8对。民猪的产区和分布区气候寒冷,舍圈保温条件极差,管理粗放,经过长期的自然选择和人工选择,增强了民猪的抗寒能力。冬季,体躯密生绒毛,起防寒保温作用。东北三省利用民猪分别与约克夏、巴克夏、苏白、克米洛夫和长白

猪杂交,培育成哈白猪、新金猪、东北花猪和三江白猪。这些新品种猪大都保留了民猪抗寒性强、繁殖力高和肉质好的特点。

第二节　种猪的选择

1. 肉猪育肥场、农户育肥场从种猪场选择二元或三元母猪与纯种公猪杂交生产商品仔猪进行育肥或直接选择杂交猪育肥。

2. 种猪场根据生产需要选择不同品种的猪进行纯种繁育和杂交生产。

第三节　猪的饲养管理

一、育成猪的饲养管理

(一)育成猪入舍前的准备工作

仔猪入舍前及时进行彻底清理（拆除一切没必要存在的物品）、冲洗、消毒,做好接断奶猪的准备。

(二)仔猪转入育成舍后的工作

1. 合理组群:从仔猪转入开始根据其品种、公母、体质等进行合理组群,并注意观察,以减少仔猪争斗现象的发生,对于个别病弱猪只要进行单独饲养特殊护理。

2. 卫生定位:从仔猪转入之日起就应加强卫生定位工作(一般在仔猪转入 1~3 天内完成),使得每一栏都形成采饮区、休息区及排粪区的三区定位,从而为保持舍内环境及猪群管理创造条件。

3. 环境的控制:注意通风与保温,育成舍的室温一般控制在22~28℃,湿度控制在 60%~65%。

4. 饲料适度:目的是为了减少因饲料过度而造成的仔猪应激,对于病弱猪只可适当延长饲喂乳猪料或饲料过度的时间,而对于转群体重较大、强壮的仔猪则相反。进入育成舍的第一周内,对仔猪要进行控料限制饲喂,只吃到七八成饱,使仔猪有饥有饱,这样既可增强消化能力,又能保持旺盛的食欲。对育成仔猪要求提供优质的全价饲料。

5. 合理饲喂:根据猪群的实际情况,在饲料中酌情添加促生长剂或抗菌药物,进行药物预防工作。

6. 疫苗接种:根据免疫程序及时准确地做好各项免疫工作。

二、种公猪的饲养管理

(一)种公猪的选留

1. 体型外貌具有该品种应有的特征;

2. 本身及其祖先、同胞无遗传缺陷;

3. 母亲产仔多,泌乳力强,母性好,护仔性强;

4. 生长发育良好,健康无病。要求头颈粗壮,胸部开阔、宽深,体格健壮、四肢有力,具有雄性捍威;

5. 睾丸发育正常良好,两侧睾丸大小一致、左右对称,无阴囊疝,性欲旺盛,精液量多质好,有良好的配种能力。

(二)饲养

采用一贯加强法,日喂 2 次,精料日喂量 2.3~2.5kg(日粮配方应满足需要),每天不要喂得过饱,以八九成饱为度。湿拌生喂,适当增加青饲料,使之保持种用体况。

(三)管理

1. 单圈饲养,经常保持清洁干燥,光线充足,环境安静;

2. 圈舍内温度不能高于 30℃;

3. 每周消毒 1 次。

4. 每天用铁制猪刮定时梳刮 2 次 (在每次驱赶运动前进行),保持猪体清洁。

5. 每天上下午各驱赶运动一次,每次约 1 小时,行程约 2km。其方法为"先慢、后快、再慢"。

(四)分阶段饲养管理

1. 适应生长阶段

要点:选种后至 130kg 体重为适应生长阶段。用高质量的饲料限制饲喂,8 月龄体重达 130kg。饲喂在通风良好、邻近成年公猪和母猪的圈舍。

（1）饲养：每天限制饲喂 2~3kg 的育成料、后备母猪料或哺乳料,日增重为 600g,8~10 周后,即 8 月龄时体重达 130kg。

（2）圈舍：圈养（不用限位栏）、通风良好、温暖干燥,邻近母猪栏,以确保其正常的性发育。

2. 调教阶段

要点：体重 130~145kg 为调教阶段。用高质量饲料限制饲喂,9 月龄体重达 145kg。在 1 个月的调教阶段,使用发情明显的后备母猪或青年母猪来调教,用另一头公猪来重复配种。

（1）饲养：每天限制饲喂 2.5~3.5kg 优质饲料,日增重 600g,9 月龄体重达 145kg。

（2）每周最多配种次数：1~2 次,每周利用发情明显、静立反射强烈的后备母猪或青年母猪来试配 1~2 次。

（3）圈舍：受训公猪应圈养（不用限位栏）,使其有机会观察成年公猪配种。

3. 早期配种阶段

要点：9~12 月龄为早期配种阶段。继续控制公猪的生长和体重,配种次数：2~4 次/周,利用发情明显的年青母猪。记录配种情况。评估繁殖配种性能,为淘汰与否提供依据。

饲养管理

（1）饲养：根据体况,每天限制饲喂 2.5~3.5kg 的妊娠母猪料,以控制公猪的体重和背膘厚。

（2）每周最多配种次数：3~4 次/周。

（3）圈舍：单独圈养（不用限位栏）在配种区域,配种栏应有足够的面积和干燥的地面。

（4）成熟阶段

要点：12 月龄到 36 月龄淘汰时为成熟阶段。继续控制生长和体重,每周均衡配种 6 次,作好配种记录。

（五）配种

选在饲喂前后 2 小时进行。饲喂后 1 小时内不能配种,配种的种公猪不要追赶或冷水冲洗,以免影响配种能力。

三、种母猪的饲养管理

（一）后备母猪的饲养管理

1. 后备母猪的选留

（1）体型外貌具有该品种应有的特征,生长发育良好,健康无病。

（2）本身及其祖先、同胞无遗传缺陷。

（3）母亲产仔多,泌乳力强,母性好,护仔性强。

（4）乳腺发达,乳头不少于 6 对（纯种）,发育正常,排列整齐,分布均匀,粗细长短适中,无瞎乳头、内陷乳头、翻转乳头与副乳头。

（5）外生殖器发育正常,大小适中,位置端正,桃状下垂。

2. 后备母猪的饲养管理

（1）分群:根据圈舍大小、猪只日龄、体况强弱进行合理分群。体况一致和日龄大小相近的猪只关在一起,同时保证密度适宜。

（2）清洁卫生:保持圈内无粪便、干燥。

（3）消毒:每周用消毒药对猪舍彻底消毒一次,包括地面、墙壁,消毒时按每 3m² 用 1 升消毒药。

（4）光照:尽可能用日光;光照时间为 16 小时/天,不足部分可通过人工光照获得。

（5）控制体重与日喂量:定期称重,与标准体重比较,以适当调整日粮营养水平及日喂量,确保猪只发育正常。

体重标准在下列标准的±5%浮动为正常。

周龄	10	11	13	15	17	19	21	23	25	27	29	31	33	35
体重(kg)	25	30	35	40	45	50	55	60	65	70	75	80	90	100

（6）适当运动,增强体质。

（7）有利于刺激母猪发情的饲养管理。如混群、与公猪接触等。

（8）条件许可下每天饲喂青饲料。

（9）定期驱虫：全部饲喂全价料每季度驱虫一次，如果饲喂青饲料，每 1 至 2 月驱虫一次。

（10）按时接种疫苗。

（11）作好母猪发情记录等。

3. 后备母猪的初配适龄

年龄必须 7~8 月龄以上、体重 100~120kg、至少两个情期才能进行第一次配种。

（二）发情母猪的配种

1. 发情症状

发情猪烦躁不安、咬栏、哼噜、尖叫、食欲减少、外阴充血肿胀而发红，阴道有黏液流出；爬跨其他母猪或接受其他母猪爬跨。公猪在场时，静立反射明显，爬跨其他母猪或被爬跨时站立不动，发出特有的呼噜声，愿接近饲养员，能接受交配，平均持续时间：后备母猪1~2 天，经产母猪 2~3 天。

2. 最佳配种时间及其方法

（1）母猪最适宜的配种时间是在发情开始第二天（经产母猪）或第三天（后备母猪）；

（2）要求每天上午 8 时、下午 2 时分别观察发情症状，当母猪外阴红肿稍退并出现少量皱纹，用手压背母猪站立不动时，进行第一次配种，8~12 小时后进行第二次配种（后备母猪还要再过 8~12 小时进行第三次配种）。

3. 查返情

（1）查返情时最好用公猪，公猪在母猪栏前走，并与母猪鼻对鼻的接触。群养时可把公猪赶到母猪栏内。

（2）查返情时，饲养员要注意查看正常的返情症状，即压背、竖耳、鸣叫、阴户肿胀、红肿。栏养时发情的母猪会在其他母猪躺下时独自站着。

（3）可用拇指测阴户温度，翻查阴户是很有用的，对公猪感兴趣的母猪,应赶到靠近公猪栏的地方观察。

(4)返情前,有些母猪会流出像脓一样的、绿色的或黄色的恶露。这说明子宫或阴道有炎症,因此应注射抗生素并给予特殊照顾。对这类母猪的配种只能采用人工授精。

(5)返情母猪的保留和重配决定必须考虑许多因素。

4. 流产母猪的配种

除产道细菌性感染引起的流产需要治愈后配种外,其他非传染病因素引起的流产均可在流产后第一次发情时配种;如果怀疑公猪精液质量不佳引起的流产应更换其他公猪配种;习惯性流产则应在流产前一定时间给予保胎处理。

5. 配种后管理

(1)配种后最好单独饲养;配种后,母猪应尽可能保持安静和舒适;

(2)配种后的 2~3 天内适当限制母猪采食量;

(3)配种后 7~30 天的母猪不应被赶动或混群。

(三)妊娠母猪的饲养管理

母猪妊娠期平均为 114 天(107~121 天)。饲养管理要点为:

1. 减少猪只之间的争斗,群体大小要合理,不能随意合群或分群。

2. 精心饲养,保持母猪体况。

3. 严禁粗暴对待母猪,如鞭打、追赶、惊吓等。

4. 配后 30 天内和产前 30 天应避免强烈运动或驱赶。

5. 圈舍保持安静、清洁,地面平整防滑。

6. 每周消毒一次。

7. 圈舍温度适宜,最适温度为 20℃左右。

8. 搞好防疫注射和驱虫。有寄生虫病史的猪场,在母猪妊娠一个月后,每月喷洒体外驱虫药 1~2 次;母猪产前 4 周、2 周分别进行体内驱虫。

9. 禁止在母猪妊娠期间注射猪瘟弱毒活疫苗。

10. 禁止使用易引起母猪流产的药物。

11. 妊娠母猪的饲料品质要保证优良,青饲料必须新鲜。严禁饲喂霉烂变质、冰冻和带有毒性的饲料。

12. 避免突然更换饲料。

13. 保证充足的、清洁卫生的饮水。

14. 母猪栏前悬挂配种记录,以便观察及根据妊娠天数调整喂料量。

15. 适时进行妊娠检查。配种后 25 天、42 天时进行妊娠检查。

16. 按免疫程序进行免疫接种。

管理重点是保胎,主要是防止母猪流产、增加产仔数和初生重,为分娩和泌乳作好生理上的准备。

17. 引起胚胎死亡的主要原因有:营养不良。如严重缺乏蛋白质、维生素(A、E、B)、矿物质(Ca、P、Fe、Se、I),日粮能量过高等;患子宫疾病;患高烧病;饲料中毒或农药中毒;高度近亲繁殖,使生活力低下;配种不适时。过早过晚配种造成,有效的预防方法是重复配种和混合精液输精;高温影响。特别是受配第一周,短期内温度升高在 $39\sim42\,^\circ\mathrm{C}$。

18. 妊娠母猪流产的主要原因有:营养不良、母猪过肥或过瘦、高度近亲繁殖、突然改变饲料、饲喂霉变有毒饲料、冬春喂冰冻饲料、长期睡在阴冷潮湿圈舍、机械性刺激、患传染病、患高烧病、各种中毒。

(四)分娩护理与接产技术

1. 预产期的推算方法。(怀孕期为 114 天)配种月加 3,配种日加20。

2. 母猪转入产房前后的准备工作。

(1)产房清洗消毒。母猪转入产房前要对产房进行冲洗消毒,干燥后再转入临产母猪,同时要检修保温设备和产床设施。

(2)妊娠母猪临产前一周用热水清洗猪体,再淋 0.1%高锰酸钾液消毒体表。初产母猪提前 7 天进入产房,减少分娩应激。

(3)再次根据配种时间计算分娩日期看分娩日期是否正确。

(4)每天检查临产母猪是否有分娩征兆,如乳汁溢出,最后一对乳头出乳后,打开仔猪加热灯或保温箱。

(5)母猪产仔多在凌晨2~6时。

(6)怀孕110天起应减料,或者添麸皮水。

3. 母猪临产征兆。

衔草做窝、站立不安、外阴红肿、乳房肿胀、频频排尿、流出乳汁等。

4. 分娩护理与接产技术。

临产前的准备工作:

(1)药品器材准备:消毒药、润滑剂、抗生素、催产素、铁剂等。

(2)用0.1%高锰酸钾水清洗母猪乳房、乳头、阴部。

(3)消毒接产用具。

(4)仔细检查保温箱及灯泡。保温箱内垫好保温材料,保证箱内干燥、温度适宜在35℃左右。

接产和仔猪处理程序:

(1)用干毛巾擦净黏液。擦净口、鼻和全身黏液;

(2)断脐。断脐长度约为一拳头宽,断端用4~5%碘酒消毒;

(3)仔猪产后置于保温箱并及时吃上初乳。

(4)假死仔猪的急救。其方法是人工呼吸。

(5)难产时的救助。当母猪发生难产时必须进行人工助产。

(6)打耳号、断犬齿、断尾。断齿时最好内服抗生素防感染。

(7)帮助弱仔哺乳、固定乳头;

(8)及时处理产圈。产仔结束时要及时处理污物和胎衣。

(9)母猪产后常规注射抗生素三天防止产后感染。

延期分娩的处理:

延期分娩指妊娠时间超出114天。在气温较低的季节,延长1~2天分娩对胎儿影响不大,但如果在气温较高的季节如6~8月份,就可能导致胎儿死亡。

5. 对产仔母猪和仔猪的观察。

(1)产后 3 天内每天应观察几次,以后每天也要观察并注意以下症状:坚硬乳房、便秘、不正常的阴道恶露(产后 3~4 天的恶露是正常的)、气喘、缺乏清洁、不舒服、以腹部躺卧、凶狠、高热、饥饿或咬仔猪、仔猪肤色苍白、拉稀、其他感染、机械损伤。

(2)针对以上问题应做出相应处理。

(3)分娩 6~8 小时后应鼓励母猪站起,并饮用充足的饮水,以便迅速恢复体型。并检查母猪是否便秘,饮水不足和便秘会导致乳房炎和阴道炎。

(4)产后 3~4 天要检查母猪的乳房,有发炎和坚硬现象的应按乳房炎治疗。

(5)母猪食欲不振、烦躁不安加上直肠温度在 40℃以上,可能预示有早期的子宫炎、乳房炎和阴道炎。

(五)泌乳母猪的饲养管理

1. 泌乳母猪的饲养:

(1)母猪产仔结束后可赶起来饮水,分娩后的投料量以从少量逐渐增加的办法,让母猪每次能吃完所投饲料。分娩后的第一天上、下午各喂 0.5kg,从第二天开始每天增加 0.25~0.5kg,到产后的第七天喂量达到 2.5kg。要注意在母猪每次都吃完投料的情况下才能逐渐增加。从产后的第八天开始每天增加喂量 0.5~1kg,到产后的第14 天喂量增加到 6~8kg,并维持这个喂量到断奶前一周。但由于每头母猪的膘情及其带仔数不同,应区别对待每头母猪的维持喂料量。

(2)母猪断奶前 1 周应逐步减料,每天减少 0.5~1kg,至断奶时喂料量 2.5~2kg。母猪断奶的当天不喂料以防止乳房过分膨胀造成乳房炎。

2. 泌乳母猪的管理:

保持良好的环境。要求圈舍清洁安静,光照通风条件良好;防寒防署;保证饮水充足、饲料新鲜;预防产道疾病。仔细观察外阴分泌物的性质和乳房是否有红肿现象,如果存在就应及时治疗;观察母猪的采食、粪便、精神状态,关注母猪的健康。

3. 断奶:

现在一般采取仔猪 28 日龄赶母留仔一次性断奶法。母猪断奶后到配种前喂哺乳料,喂量一般在 2~2.5kg 左右,可根据母猪的体况、膘情酌情增减。

四、哺乳仔猪的饲养管理

1. 哺初乳。仔猪出生后,尽快让仔猪吃到初乳。

2. 注意保温防压。适宜的温度是仔猪健康成长最重要的因素之一,第一天保温箱内温度应为 35℃。

3. 补铁:一般在 3 日龄内注射补铁,常用的品种有右旋糖苷铁注射液、铁钴针,150~200mg/头仔猪。

4. 诱食:7 日龄开始调教仔猪吃料。

5. 采用必要的药物保健措施。

6. 按照免疫程序进行疫苗接种。

7. 仔猪数超过母猪乳头数时,采取寄养或并养。其原则是:两母猪的产仔时间不超过 3 天;被给养的仔猪必须哺到原窝母猪的初乳;被给养的仔猪是原窝中较大的仔猪;被给养的仔猪比寄养到的仔猪窝中的最大仔猪稍大或大小相当。

8. 非种用仔猪的去势。不作种用的小公猪一般在 10~15 日龄去势。

五、仔猪保育期的饲养管理

保育舍的工作重点是断奶仔猪的护理、免疫注射、驱虫、清洁消毒等。

1. 仔猪断奶的当天少喂料。对刚断奶的仔猪要精心护理,避免受凉,注意保温,一般要求室内温度在 26℃。

2. 刚断奶的仔猪采用少量勤添,保持饲料新鲜。

3. 饲料过渡。刚断奶的仔猪继续饲喂转栏前所用的饲料一周,然后用 5~7 天时间逐步变换过渡换料。

4. 在断奶仔猪进入保育舍之前,认真检查保温设备和饮水器。

舍温 26℃时方可进猪。随着仔猪的长大舍温可按每周 1~2℃的幅度调低,直至 22℃。精心观察仔猪的行为,如果仔猪打堆表明舍内温度过低。

5. 合理分栏:每栏猪只保持一致的日龄和适当的密度,每一个猪舍留一至二个栏位供弱仔单独使用。

6. 疫苗的接种、定期驱虫和必要的药物保健措施。

7. 做好清洁消毒工作。要求每周消毒 1~2 次, 常用的消毒药有:碘制剂、氯制剂等。

8. 预防仔猪水肿病感染等。仔猪水肿病的预防在饲喂上要做到少量勤添,每次喂七八成饱,发现仔猪精神不好时要及时治疗。

9. 注重空气质量, 特别是冬季保温时要注意保温与空气质量的矛盾。

六、育成肥育猪的饲养管理

1. 分群:根据圈栏大小、仔猪性别、大小、体况强弱分栏饲养。

2. 调教:使其吃料、饮水、排便、睡觉四点定位。

3. 做好相应记录、疫苗的接种、定期驱虫和必要的药物保健措施。

4. 做好清洁、消毒工作。

5. 做好防寒、防暑工作。

第六章　　特种养殖

肉驴的养殖技术

一、肉驴的经济价值

肉驴的经济价值有肉用价值和药用价值。

1. 肉用价值:驴肉细嫩味美,蛋白质含量高、脂肪低,属典型的高蛋白、低脂肪的保健食品。在民间有"天上的龙肉,地上的驴肉"的美称。

2. 药用价值:驴肉具有补血、益气、疗痔治虫等。驴皮经煎煮浓缩成固体胶称阿胶。阿胶具有补血滋阴、止血等功效。其所称驴鞭及驴乳也有药用价值。

二、肉驴的品种

1. 关中驴

主要产于陕西关中平原渭河流域各县。体型外貌:体格高大,体型略呈长方形。体高在 1.30m 以上, 体重 250~290kg。蹄小而坚实,抗病力强。头颈高扬,眼大而有神,前胸宽广,尻短斜。90%以上为黑毛,少数为栗毛和青毛,眼圈、鼻、嘴及下腹多呈白色或灰白色,故有"粉鼻、亮眼、白肚皮"的说法,这是关中驴的重要特征。生产性能:在正常在饲养情况下,幼驴生长发育很快。1.5 岁能达到成年驴体高的 93.4%。3 岁时公母驴均可配种。公驴 4~12 岁配种能力最强,母驴终生产 5~8 胎。

2. 德州驴

主要产于山东德州、惠民以及河北省南部平原地区,其中德州和渤海沿岸各县为中心产区,故又名"渤海驴"。体型外貌:体格高大,体型方正;头颈高扬,眼大,背腰平直,尻稍斜,蹄圆而质坚。毛色分三粉(鼻周围粉白、眼周围粉白、腹下粉白)的黑色和乌头(全身毛为黑色)的两种。其体高一般可达 128~130cm。生产性能:12~15 月龄性成熟,2.5 岁开始配种。母驴终生产 10 只左右。屠宰率可达 53%。

3. 广灵驴

主产于山西广灵县。可分为大、中、小三个类型。大型驴可作肉用驴,中型可作役肉兼用,小型驴作役用。该品种作为种用毛色要求以黑化眉为上色,青化眉、黑马头和桐色为中色。体型外貌:体格高大,耐寒性强。驴头较大、鼻梁直、眼大、耳立、颈粗壮,背部宽广平直,前胸宽广,尻宽而短,尾粗长,被毛粗密。被毛黑色,但眼圈、嘴头、前胸、前胸口和两耳内侧为粉白色,俗称:"五白一黑",又称黑化眉。不仅全身黑白毛混生,并有五白特征,称为"黑化眉",这两种毛色的均属上等。生产性能:大多在2~9月发情,3~5月为发情旺季。终生可产驹10胎,屠宰率平均为45.15%。

4. 华北驴

体型外貌:各地因产区不同,各有特点,但共同点为:体高在110cm以下(较广灵驴、佳米驴大),体躯短小,腹部稍大,被毛粗刚。头大而长,额宽突,背腰平,胸窄浅,蹄小而圆。有青、灰、黑等多种毛色。其平均体尺也各不相同,滚沙驴107cm,体重140~190kg;太行驴102.4cm;内蒙古库伦驴110cm;沂蒙、苏北、淮北的驴108cm。生产性能:体重在140~170kg,屠宰率平均为52%。

三、肉驴的育肥

(一)育肥驴的分类

1. **按性能划分**:可分为普通肉驴育肥、高档肉驴育肥。

2. **按年龄划分**:可分为幼驴育肥、青年驴育肥、成年驴育肥、老年驴育肥。

3. **按料别划分**:可分为精料型育肥、粗精料结合型育肥。

(二)肉驴育肥的目的

科学地应用饲草料和管理技术,以较少的饲料,较低的成本在较短的时间内获得最高的产肉量和营养价值高的优质驴肉。各个年龄阶段或不同体重的驴都可用来育肥。要使驴尽快育肥,给驴的营养物质必须高于正常生长发育需要,所以育肥又叫过量饲养。

(三)肉驴科学饲养原则

饲养肉驴首先要根据驴的年龄、性别、体况、体重等进行分槽饲养。要固定槽位,拴短缰绳,每天按早、中、晚、夜4次喂料(役肉兼用型),夏天天长,白天可多喂一次,冬天白天可少喂1次。粗料要铡短切细,做到"7cm铡三刀";精料要有选择地粉碎、压扁、浸泡、发酵、炒焙等方式加工,以提高其适口性和采食量,促进采食量。要喂全价配合饲料,喂时要少喂勤添,夜间给予补饲。要保证供足清洁饮水和适量的食盐。每天要按时刷试驴体肌肤。

(四)幼驴的肥育

1. 肥育方法

(1)一般育肥:要求杂种和非杂种小驴驹6月龄断奶转入育肥期后,枯草期6个月除放牧外,日均补精料1kg,用时补喂干草6kg。进入第二年青年期,前4个月全放牧不补饲,最后两个月日补精料1.5kg,粗量不限量。全育肥期12个月,共用精料270kg,体重可达150kg以上。

(2)加强肥育法:要求杂种驴驹10月龄即出栏,体重120kg以上。初生一周自由采食饲料,15日开始训练吃精料,或用玉米、大麦、燕麦等磨成面,熬成稀粥加上少许糖诱其采食,开始每天投喂10~20g,逐渐增加,一个月后补喂10~20g,两月后喂100g,以后逐日续增。9月龄日喂精料3.5kg。全育肥期共用精料500g。

(3)普遍应用法:第一种方法是将黄豆和大米各500g加水磨烂,放入米糠250g和适量食盐拌匀,驴驹吃草后再喂,连喂7~10天。第二种方法是每头驴每天用白糖100g或红糖150g溶于温水中,让驴自饮,10~20天即可复膘。第三种方法是将棉籽炒至黄色或放在锅里煮熟至膨胀裂开,可除去棉酚毒,且香味扑鼻。每头驴每天喂1kg,连喂15天。第四种方法是取交贞子100~150g研末,拌饲料一次喂驴,连喂2周。第五种方法是猪油250g,鲜韭菜1kg,食盐10g,炒熟喂驴,每天一次,连服7天。

2. 幼驴肥育要点

(1)购进的驴先驱虫,不去势,按性别、体重分槽饲养。

(2)初生驴吃6天初乳,7天后哺母乳,15日龄训练吃玉米、小麦、小米各等份混匀熬成的稀粥,加少许糖,诱其开食,日喂10~20g。

(3)22日龄后喂混合精料80~100g,其配方为:大豆粕加棉仁饼 50%、玉米面 29%、麦麸 20%、食盐 1%，1 月龄每头驴日喂 100~200g，2 月龄日喂 500~1000g，9 月龄后日喂 3.5kg，全期育肥共耗精料 500kg。如将棉籽炒至黄色或放在锅里煮熟至膨胀裂开，每头驴每天喂 1kg，效果更佳。

（4）粗饲料自由采食，选用谷草、大豆秸、花生秧、红薯藤、带穗青贮玉米、优质牧草，要铡短。

（5）分早、中、晚、夜 4 次喂料，农谚"马不得夜草不肥"，驴也一样，要强调拌夜草喂。农谚"草膘料力水精神"，说的是多吃草才能长膘。

（6）饲喂时讲究少喂勤添，四角拌到，饮足清水，适量补盐。

（7）每天刷试驴体，清除粪尿，清扫食槽。

（8）每 20~25 头驴为一群，自由活动，自由采食饲料，自由饮水，自由采食盐。

（五）成年驴的肥育

1. 恢复阶段

新从外地购来的成年驴，选用一些易消化的青干草和麸皮，要少喂勤添，喂七成饱即可。第 1 天光饮水；第 2 天饮水加喂青草或干草；第 3 天饮水，自由采食青草或干草，加喂麦麸 0.5kg；第 4~6 天饮水，自由采食青草或干草，喂麦麸 0.5kg，加喂玉米 1kg。经过几天观察，驴采食正常后，进入引喂期。这时混合粗饲料主要是棉籽皮，混合精饲料主要是棉仁饼 5 成、玉米面 3 成、麸皮 2 成。从外地购进的驴一般不爱吃或根本不吃棉籽皮和棉仁饼，所以要采用引喂的办法。开始在精料中加入少量棉仁饼和棉籽皮，以后逐渐增加，经一周后，即可全喂棉仁饼和棉籽皮，以后逐渐增加。约两个月让驴吃到八成饱为宜。每天喂 2 次，上午 8 点和下午 5 点各喂 1 次，饮水 2 次，中午 12 点和下午 8 点各 1 次。

2. 增重阶段

经 6 天过渡期后，即可进入育肥期。驴驹必须有架子，如没有架子催肥也不起作用。成年驴经过一个月的恢复，消化机能增强

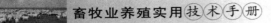

了,喂量要增加,每头每天喂棉仁饼 5kg、棉籽皮 10kg。饲喂的方法是:驴一上槽先喂干棉籽皮 10kg、棉仁饼 20kg,粉筛取其 5kg,喂时不宜过湿,湿了驴不爱吃。经过一个月,棉籽皮逐渐减少,棉仁饼逐渐增加,不再喂干棉壳了。棉壳和棉饼混喂,能吃多少给多少,如喂青绿多汁饲料更好,这样喂 30~40 天即可出栏。此外,还要满足饮水,刷试皮肤,保持清洁,以利育肥。

第四篇

饲草 饲料

第一章　家畜营养需求

第一节　家畜营养需求

一、家畜生长发育对营养的需求

营养是机体消化吸收食物并利用食物中的有效成分来维持生命活动、修补体组织、生长和生产的全部过程。食物中的有效成分能够被机体用以维持生命或生产产品的一切化学物质，即通常所称的营养物质或营养素、养分。

由此可知，有机体的营养过程就是营养物质在机体内的代谢过程。

家畜的营养需求与饲料配制，就需要了解家畜生长发育的营养需求，了解家畜生长发育的营养需求是科学养畜的依据，对于合理利用饲料、降低饲养成本具有重要意义。同时，了解家畜生长发育的营养需求，还可以有效的指导家畜的饲养管理实践，为家畜饲养提供科学、合理的饲料储备，从而提高家畜饲养的经济效益。家畜的营养需求主要包括：干物质、蛋白质、能量、矿物质及维生素等。

1.1 干物质的需求　干物质是指各种干的固形饲料养分需要量的总称。一般用干物质采食量 DMI 来表示，干物质采食量是一个综合性的营养指标。日粮中干物质过高，家畜吃不下去，干物质不足，养分浓度低。所以,在配制日粮时,要正确协调干物质采食量与营养浓度的关系,严格控制干物质采食量。干物质的进食量,它是配合日粮的一个重要指标,尤其对于产奶牛更是如此,对于高产奶牛如果干物质进食量不能满足,会导致体重下降,继而引起产奶量降低。肉羊干物质采食量一般为体重的 3%~5%。

1.2 能量的需求　能量是家畜的基础营养之一,能量水平是影响家畜生产力的重要因素。家畜对能量的需要,实则是对占饲料0.9%以上的有机物质的总需要。只要能量得到满足,各种营养物质如蛋白质、矿物质、维生素等才能充分发挥其营养作用。否则,即使这些营养物质在日粮中的含量能满足需要,仍会导致家畜体重下降、生产性能下降、健康恶化。能量饲料主要包括谷实类、糠麸类、脱水块根、块茎及其加工副产品、动植物油脂以及乳清粉等。

1.3 蛋白质的需求　蛋白质在细胞和生物体的生命活动过程中,起着十分重要的作用。它是构成体组织、形成生物活性物质、修补体组织、供能、产蛋产奶不可或缺的物质。生物的结构和性状都与蛋白质有关。蛋白质还参与基因表达的调节,以及细胞中氧化还原、电子传递、神经传递等多种生命活动过程。在细胞和生物体内各种生物化学反应中起催化作用的酶主要也是蛋白质。许多重要的激素,如胰岛素和胸激素等也都是蛋白质。

动物年龄愈小,肌肉组织相对发育愈早,瘦肉率越高,所需粗蛋白质与氨基酸比例越高。

单胃动物的蛋白质消化在胃和小肠上部进行,主要靠酶消化。

幼龄反刍动物可分泌凝乳酶于真胃中,起凝固乳蛋白作用,降低其通过水解的速度,延长酶作用时间,改进乳蛋白利用率。

反刍动物对饲料蛋白质的消化约 70% 在瘤胃受微生物作用而分解,30% 在肠道分解。

蛋白质饲料包括豆类籽实、饼粕类、鱼粉、骨粉、血粉、羽毛粉、酵母、真菌、藻类等。

1.4 矿物质的需求　矿物质是构成机体组织的重要材料,生长动物对钙和磷的需要量较大，骨骼的钙化情况表明骨发育的正常与否。钙、磷、镁是构成骨骼、牙齿的主要材料。生长动物对钙和磷的需要主要取决于动物的体重和生长速度。矿物质也是维持机体酸碱平衡和正常渗透压的必要条件。机体内有些特殊的生理物质如血液中的血红蛋白、甲状腺素等都需要铁、碘的参与才能合成。矿物质是构成机体组织和维持正常生理功能所必需的各种元素的总称，是机体必需的七大营养素之一。

1.5 维生素的需求 维生素是维持家畜健康、正常生长和繁殖所必需的有机化合物。随着现代养畜业的快速发展,因维生素的"不适量"供应而致家畜的营养代谢疾病已成为不得不重视的问题,是造成养畜业显性或隐性损失的重要因素之一。维生素(vitamin)也称维他命,是维持动物生命活动所必需的有机类营养物质,也是保持动物健康的重要活性物质,它影响动物体内的多种代谢过程。大量的研究结果表明,各种维生素的化学结构以及性质虽然不同,但它们却有着以下共同点:①维生素均以维生素原(维生素前体)的形式存在于饲料中; ②维生素不是构成机体组织和细胞的组成成分,它也不会产生能量,其作用主要是参与机体代谢的调节,许多维生素是辅基或辅酶的组成部分;③大多数的维生素不能由机体合成或合成量不足,必须外源性获得;④与碳水化合物、脂肪和蛋白质三大物质不同,各种动物对维生素的需要量普遍都很小,日需要量常以毫克(mg)或微克(μg)计算,但如果长期缺乏,就会引起相应的生理机能障碍而发生某种疾病,从而对动物机体健康造成损害。

1.6 水的作用 构成体组织,参与养分代谢:吸收、代谢、废物分泌排泄;调节体温;

还能润滑、稀释毒物、形成产品。

缺水的影响:失水 1%~2%(体重的),干渴、采食量减退、生产下降;8%,严重干渴,食欲丧失,抗病力减弱;10%,生理失常,代谢紊乱;20%,死亡。

失掉全部脂肪,半数蛋白质和40%体重,仍可生存。

动物可能需要的营养物质

水	维生素 A	钾
能量	维生素 D	硫 *
氮 *	维生素 E	铁
精氨酸	维生素 K	铜
甘+丝氨酸	硫胺素	钴 *
组氨酸	核黄素	锰
异亮氨酸	烟酸	硒
亮氨酸	维生素 B6	碘
赖氨酸	泛酸	氟
蛋+胱氨酸	生物素	镍
苯丙+酪氨酸	叶酸	硅
苏氨酸	维生素 B12	钒
色氨酸	钙	锡
缬氨酸	磷	砷
必需脂肪酸	镁	钼
胆碱	钠	铬
肌醇	氯	

注：肩注 * 的养分被瘤网胃微生物用作合成如氨基酸、V_K 和 B 族维生素等反刍动物所需养分的底物。

二、家畜孕育的营养需求

营养是影响繁殖成绩的最大因素

(一)营养对初情期的影响

1. 严重限食推迟初情期,降低初情体重,提高不发情率;

2. 后备期高水平饲养提高体增重,降低自然发情率和受胎率;

3. 机制可能与下丘脑 $GnRH$ 的释放、继而 LH(重样)的释放有关。

(二)短期优饲

1. 配种前 10~14 天提高营养水平提高瘦母猪排卵数。

2. 母羊有超排的潜力,短期优饲可提高排卵数。

3. 机制是优饲提高 LH 和催乳素的释放量。

(三)妊娠期

1. 妊前期高营养提高胚胎死亡率(排卵数增加,睾酮量下降)

2. 妊后期高营养提高初生重,全期每日多喂 1 兆卡 DE,初生重增加 44g,分娩前 1~2 周添加脂肪提高仔猪成活率,对平均成活率低于 80% 的猪群和初生重小于 1kg 的仔猪有效,分娩前消耗 1kg 脂肪,提高成活率 17%。

(四)哺乳期

1. 畜禽吃不够养分而失重

2. 营养→产奶及奶成分→幼畜生长发育

3. 营养→母畜体况→产后再发情

4. 营养可能影响后期成绩

(五)产后发情

1. 产后发情影响母畜繁殖成绩

2. 体况和产后失重程度影响发情间隔

(六)繁殖母畜营养需要

繁殖周期中母畜的营养,与胚胎发育、幼畜初生重、生活力及出生后的生长密切相关。因此,根据母体和胎儿的营养生理规律给予合理营养,是提高母畜繁殖成绩的重要保障。

1.能量　母畜在妊娠期间子宫和乳腺不断增长,而且自身体重也在增加,胎儿也在不断生长发育。因此妊娠母畜的能量需要分为维持需要、母体增重需要和妊娠产物(包括胎儿、母体子宫及其内液、乳腺组织等)需要三大部分。

母畜妊娠后,内分泌功能增强,胎儿生长发育对营养物质的需要量不断增加,从而使母体的物质和能量代谢明显提高。从母体的能量沉积和代谢变化看, 妊娠动物的能量需要应随妊娠期的延长而逐级增加。但妊娠期间供给过多能量,会导致母畜过肥、产仔数少、产弱胎、难产、泌乳力降低;低能量水平虽然对初情期有所延缓,但对现期和长期的繁殖性能反而有利。

2.蛋白质　蛋白质供给不足,会影响纤维的消化,甚至精料的消化,导致生产性能降低;但供给过量,会造成蛋白质的浪费。

3. 矿物质和维生素　妊娠动物对矿物质和维生素的需要量随妊娠期的延长有所增加。

(七)种公畜的营养需要

日粮中各种营养物质的品质和含量,无论对幼年公畜的培育或成年公畜的配种能力都有重要作用。一般种公畜合理能量供给是在维持需要的基础上增加 20%左右。蛋白质供应,是在维持需要的基础上增加 60%~100%左右, 尤其赖氨酸对改进精液品质十分重要,饲粮中锌、V_A、V_E 与种公畜的性成熟和配种能力有密切关系,应主要补充。

三、家畜育肥出栏的营养需求

育肥是指肉用动物生长后期经强化饲养而使瘦肉和脂肪快速沉积。对于淘汰的种用、乳用及役用等成年畜禽的育肥,则主要是沉积脂肪。因此,育肥畜禽包括生长育肥及淘汰的成年畜禽育肥。

动物生长育肥期体蛋白和体脂肪沉积随年龄和育肥方式而变化,但总趋势是随年龄的增长,体成分中蛋白质、水分和矿物质所占比例逐渐减少,而脂肪的比例相应增加,在育肥后期,单位增重中脂肪可占 70%~90%。因此,幼龄育肥的动物与生长动物对营养物质的需要基本相似,生长育肥早期蛋白质的需要量较大,而后期所需能量比例较大。

动物对饲料的利用率,可以说是对养分,如能量、蛋白质等的利用效率。

不同种类畜禽的饲料利用率差异显著。饲料利用率随动物年龄增长而下降。因此,为获得较高的饲料转化率,必须根据商品肉质要求确定适宜的屠宰体重。

过高过低的营养水平均不利提高饲料的利用率。有实验表明,随着营养水平的提高,每公斤增重耗量减少,但当营养水平高到一定程度,饲料消耗转而开始上升。

育肥动物的能量除用于维持外,主要用于体蛋白和体脂肪的合成。合成效率的差异主要来自合成的饲料。

蛋白质品质及食入蛋白质的数量,均影响蛋白质的利用效率。另外,饲粮中粗纤维过高时,蛋白质的消化率下降。随着蛋白质摄入量的增加,蛋白质的利用效率也下降。反刍动物由于瘤胃微生物的作用,对优质饲料蛋白质的利用率比单胃家畜低,却能大大提高对质量差的饲料蛋白质的利用率。

第二章　饲料原料

饲料是满足畜禽营养需要的物质条件,而养殖生产的实质是通过畜禽把饲料转变成畜禽产品的过程,为此,做好饲料的生产、加工、储藏和利用等工作对畜牧养殖业具有重要意义。

第一节　饲料分类

根据饲料的营养特性将饲料分为粗饲料、青绿饲料、青贮饲料、能量饲料、蛋白质补充料、矿物质饲料、维生素饲料、饲料添加剂八大类。

一、粗饲料

粗饲料是指饲料干物质中粗纤维含量大于或等于18%, 以风干物为饲喂形式的饲料,如干草类、农作物秸秆等。

二、青绿饲料

青绿饲料是指天然水分含量在 60%以上的青绿牧草、饲用作物、树叶类及非淀粉质的根茎、瓜果类。

三、青贮饲料

青贮饲料是指以天然新鲜青绿植物性饲料为原料,在厌氧条件下,经过以乳酸菌为主的微生物发酵后制成的饲料,具有青绿多汁的特点,如玉米青贮。

四、能量饲料

饲料干物质中粗纤维含量小于 18%,同时粗蛋白质含量小于 20%的饲料称为能量饲料,如谷实类、麸皮、淀粉质的根茎、瓜果类。

五、蛋白质补充料

饲料干物质中粗纤维含量小于 18%,而粗蛋白质含量大于或等于 20%的饲料成为蛋白质补充料,如鱼粉、豆饼(粕)等。

六、矿物质饲料

矿物质饲料是指可供饲用的天然矿物质、化工合成无机盐类和有机配位体与金属离子的螯合物。

七、维生素饲料

由工业合成或提取的单一种或复合维生素称为维生素饲料,但不包括富含维生素的天然青绿饲料在内。

八、饲料添加剂

为了利于营养物质的消化吸收,改善饲料品质,促进动物生长和繁殖,保障动物健康而掺入饲料中的少量或微量物质称为饲料添加剂,但不包括矿物质元素、维生素、氨基酸等营养物质添加剂。

第二节　粗饲料

粗饲料是指自然状态下水分在 45%以下、饲料干物质中粗纤维含量大于等于 18%,能量价值低的一类饲料。主要包括干草类、

农副产品类(壳、荚、秸、秧、藤)、树叶、糟渣类等。

粗饲料的特点是粗纤维含量高,可达 25%~45%,可消化营养成分含量较低,有机物消化率在 70%以下,质地较粗硬,适口性差。不同类型的粗饲料,粗纤维的组成不一,但大多数由纤维素、半纤维素、木质素、果胶、多糖醛和硅酸盐等组成,其组成比例又常以植物生长阶段变化而不同。虽然粗饲料消化率低,但它是各种家畜不可缺少的饲料,不仅是草食家畜不可缺少的饲料种类,同时对单胃动物也有促进肠胃蠕动和增强消化力的作用。

粗饲料来源广,数量大,主要来源是农作物秸秆、秕壳。据不完全统计,目前全世界每年农作物秸秆产量达 20 多亿吨,我国每年产 5.7 亿吨。野生的禾本科草本植物量更大。在这些无法为人食用的生产总量中,却蕴藏着巨大的潜在能源和氮源。因此,若对其进行适当的加工处理并运用于畜牧生产,必将获得巨大的经济和社会效益。

一、青干草

青干草是将牧草和禾谷类作物在质量和产量适宜的时期刈割,经自然或人工干燥调制成长期保存的饲草。青干草是草食家畜所必备的饲草。不同类型畜牧生产实践表明,只有优质的青干草才能保证家畜的正常生长发育,才能获得优质高产的畜产品。

这类饲料的营养特点是颜色青绿,气味芳香,质地柔松,叶片不脱落或脱落很少,绝大部分的蛋白质和脂肪、矿物质、维生素被保存下来,是家畜冬季和早春不可少的饲草。

二、稿秕饲料

稿秕饲料即农作物秸秆、秕壳,来源广,数量多,总量是粮食产量的 1~4 倍之多。稿秕饲料对于草食家畜尤为重要,在某种情况下(如冬季耕牛),它们还是唯一的家畜饲料。另一方面,草食家畜消化道容积大,可采用秸秆等粗饲料来填充,以保证消化器官的正常蠕动,使家畜有饱腹感。对于奶牛,饲粮中使用一定比例的秸秆饲料,可提高奶的乳脂率。

这类饲料最大的营养特点是粗纤维含量高，一般都在30%以上；质地坚硬，粗蛋白质含量很低，一般不超过10%；粗灰分含量高，有机物的消化率一般不超过60%。

三、树叶类

我国树木资源丰富，除少数树叶不能饲用外，大多数树叶、嫩枝、果实都可以作为草食或反刍动物饲料。槐树叶、杨树叶和柳树叶，晒干、粉碎后可代替50%的苜蓿粉。鲜嫩的桦树叶、榆树叶、椴树叶等汁多味美，富含微量元素，也易消化，且有利于母畜产乳。

第三节　青绿饲料

青绿饲料的种类极其繁多，以富含叶绿素而得名。按饲料的分类，这类饲料主要指天然水分含量等于或高于60%的青绿多汁饲料。这类饲料种类多、来源广、产量高、营养丰富，对促进动物生长发育、提高畜产品品质和产量等具有重要作用。

一、苜蓿

苜蓿是我国目前栽培最多的牧草，品质好，产量高，被称为"牧草之王"。其蛋白质含量高，必需氨基酸齐全，干物质中赖氨酸含量是玉米的5倍；富含维生素和矿物质，其中钼0.2mg/kg，钴0.2mg/kg，胡萝卜素18~161mg/kg，V_C 5~6mg/kg，V_B 5~6mg/kg，V_K 150~200mg/kg。苜蓿适合性好，消化率很高，有机物消化率可达60%~80%，粗纤维的消化率亦可达40%以上。

二、胡萝卜

胡萝卜属伞形科，是高营养饲料原料，块根、叶中含有大量蛋白质、糖、维生素和丰富的矿物质，特别是含有丰富的 V_A 原即胡萝卜素，而且磷、钾、铁丰富，被誉为最宝贵的廉价饲料。胡萝卜适口性好、耐贮存运输，是草食动物冬、春季不可缺少的维生素饲料，适量饲喂，对泌乳和妊娠也有良好作用。

第四节　能量饲料

以干物质计,粗蛋白质含量低于 20%,粗纤维含量低于 18%,每公斤干物质含有消化能 10.46MJ 以上的一类饲料即为能量饲料。这类饲料主要包括谷实类、糖麸类、脱水块根、块茎及其加工副产品、动植物油脂以及乳清粉等。能量饲料在动物饲粮中所占比例最大,一般为 50%~70%,对动物主要起着供能作用。

一、玉米

玉米是最常用、使用量最大的能量饲料,在我国粮食作物中产量仅次于水稻、小麦。玉米可利用能量在谷物饲料中列首位,粗纤维含量低(2%),无氮浸出物含量高(72%),且主要是淀粉,消化率高;蛋白质含量低(8.6%),蛋白质品质较差,缺乏赖氨酸、色氨酸、蛋氨酸;含脂肪较高(3.5%~4.5%),亚油酸含量约 2%,为谷物饲料中最高者;黄玉米含有胡萝卜素、叶黄素,也是 V_E 的良好来源,B 族维生素中硫胺素含量丰富,不含 V_D 和 V_K;玉米中含钙较低(0.02%),磷含量较高(0.27%),但多为植酸磷,有效磷含量较低(0.12%)。

玉米的适口性好,在饲料中使用比例不受限制,黄玉米中含丰富的胡萝卜素,是 V_A 的前体,有利于家畜的生长和繁殖。

第五节　蛋白质饲料

蛋白质饲料是指干物质中粗纤维含量小于 18%、粗蛋白质含量大于或等于 20% 的饲料。蛋白质饲料可分为植物性蛋白质饲料、动物性蛋白质饲料、单细胞蛋白质饲料和非蛋白氮饲料。

一、植物性蛋白质饲料

植物性蛋白质饲料包括豆类籽实、饼粕类和其他植物性蛋白质饲料,较为普遍使用的有以下几种。

1. 豆饼(粕):豆饼(粕)是目前饲料最常用的蛋白质饲料,是大豆去油后的副产品。压榨法生产的叫豆饼,浸提法生产的叫豆粕。豆饼有效能含量高(10~10.87MJ/kg),粗纤维含量较低;粗蛋白质含量高,一般为42%~47%;蛋白质品质较好,赖氨酸含量高,高达2.9%,且与精氨酸比例适当,异亮氨酸、亮氨酸含量较高、比例适宜,蛋氨酸、胱氨酸含量不足;矿物质中,钙、磷含量高于其他植物性饲料,但磷主要是植酸磷,利用率有限(1/3左右);维生素含量较低,特别缺少B族维生素。

豆粕内含抗营养因子抗胰蛋白酶和尿酶活性高,加热不足会影响蛋白质利用,加热过度,不良物质受到破坏,但营养物质特别是必需氨基酸的利用率也会降低。因此,在使用豆粕时要注意检测其生熟度。加热适当的豆粕应为黄褐色,有香味。

2. 棉籽饼:棉籽饼是棉籽制油后的副产品,脱壳棉籽饼粗蛋白质为41%~44%,粗纤维含量低,能值与豆饼相近。不脱壳的棉籽饼含粗蛋白质20%~30%,粗纤维含量为11%~20%,棉籽饼赖氨酸和蛋氨酸含量低,精氨酸含量较高,硒含量低。

棉籽饼中含有棉酚,在榨油过程中与氨基酸结合成结合棉酚,稳定性增强,对畜禽无害,但氨基酸利用率水平降低,对畜禽有害的是游离棉酚,畜禽摄食后会造成生长受阻,生产力下降,呼吸困难,免疫功能下降,流产,畸形,有时发生死亡。棉籽饼脱毒的方法很多,最常用的方法就是加水煮沸1~2小时,冷却后饲喂;或者用1%硫酸亚铁溶液浸泡棉籽饼(粕)24小时,浸泡后去除浸泡液可直接饲喂。

3. 向日葵仁饼(粕):向日葵仁饼(粕)的质量好坏主要取决于去壳情况,去壳较完全(壳:仁=16:84)的向日葵仁饼(粕)蛋白质含量为35%~37%,粗纤维含量为10%左右;而带壳的向日葵仁饼(粕)(壳:仁=35:65)的粗蛋白质含量则只有22%~26%,粗纤维30%左右。我国的向日葵仁饼(粕)一般为不去壳或少量去壳。向日葵仁饼

(粕)蛋白质中蛋氨酸含量高于豆饼(粕),可达1.6%,赖氨酸较低,只有1.5%~1.8%。

饲料用向日葵饼(粕)国家标准规定:感官要求向日葵仁饼为小片状或块状,向日葵仁粕为浅灰色或黄褐色不规则碎块状、碎片状或粗粉状,色泽新鲜一致;无发霉、变质、结块及异味,水分含量不得超过12.0%,不得参入其他物质。

4.玉米蛋白粉:粗蛋白质含量为35%~60%,氨基酸组成不佳,蛋氨酸、精氨酸含量高,赖氨酸和色氨酸严重不足,赖氨酸与精氨酸比达100:200~250,与理想比值相差甚远。粗纤维含量低,易消化,代谢能与玉米近似或高于玉米,为高能饲料。矿物质含量少,铁较多,钙、磷较低。维生素中胡萝卜素含量较高,B族维生素少;富含色素,主要是叶黄素和玉米黄质,前者是玉米含量的15~20倍,是较好的着色剂。

玉米蛋白粉用于鸡饲料可节省蛋氨酸,着色效果明显。因玉米蛋白粉太细,配合饲料中用量不宜过大,否则影响采食量,以5%以下为宜,颗粒化后可用至10%左右。玉米蛋白粉对猪适口性好,易消化吸收,与大豆饼(粕)配合使用可在一定程度上平衡氨基酸,用量在15%左右。大量使用时应添加合成氨基酸。玉米蛋白粉可用作奶牛、肉牛的部分蛋白质饲料原料,因其比重大,可配合比重小的原料使用,精料添加量以30%为宜,过高影响生产性能。

在使用玉米蛋白粉的过程中,应注意霉菌和有害化学物质含量,尤其是黄曲霉素和三聚氰胺的含量。

二、动物性蛋白饲料

1.鱼粉:鱼粉是以一种或多种鱼类为原料,经去油、脱水、粉碎加工后的高蛋白质饲料。鱼粉主要营养特点是蛋白质含量高,一般含量高达60%以上。氨基酸组成齐全而平衡,尤其是主要氨基酸与猪、鸡体组织氨基酸组成基本一致。钙、磷含量高,比例适宜。微量元素中碘、硒含量高。富含 V_{B12}、脂溶性 V_A、V_D、V_E 和未知生长因子。

2.肉骨粉和肉粉:肉骨粉是以动物屠宰后不宜食用的下脚料

以及肉类罐头厂、肉品加工厂等地残余碎肉、内脏、杂骨等为原料，经高温消毒、干燥粉碎制成的粉状饲料。肉粉是以纯肉屑或碎肉制成的饲料。骨粉是动物的骨经脱脂脱胶后制成的饲料。

因原料组成和肉、骨的比例不同，肉骨粉的质量差异较大，粗蛋白质含量为 20%~50%，赖氨酸 1%~3%，含硫氨基酸 3%~6%，色氨酸低于 0.5%，含量较低；粗灰分为 26%~40%，钙 7%~10%，磷 3.8%~5.0%，是动物良好的钙、磷供源；脂肪 8%~18%；V_{B12}、烟酸、胆碱含量丰富，V_A、V_D 含量较少。

肉骨粉和肉粉作为蛋白质饲料原料，可与谷类饲料搭配补充蛋白质的不足。但由于肉骨粉主要由肉、骨、腱、韧带、内脏等组成，还包括毛、蹄、角、皮、血等废弃物，所以品质变异很大。若以腐败的原料制成产品，品质更差，甚至可导致中毒。加工过程中热处理过度的产品适口性和消化率均下降。储存不当时，所含脂肪易氧化酸败，影响适口性和动物产品品质，总体饲养效果不优于鱼粉。

3. 血粉：血粉是以畜、禽血液为原料，经脱水加工而成的粉状动物性蛋白质补充饲料。

畜禽血液干物质中粗蛋白质含量一般在 80% 以上，赖氨酸居天然饲料之首，达 6%~9%。色氨酸、亮氨酸、缬氨酸含量也高于其他动物性蛋白，但缺乏异亮氨酸、蛋氨酸。总的氨基酸组成非常不平衡。血粉中蛋白质、氨基酸利用率与加工方法、干燥温度等有很大关系。通常持续高温会使氨基酸的利用率降低，低温喷雾法生产的血粉优于蒸煮法生产的血粉。血粉中含钙、磷少，含铁多达 2800mg/kg。

血粉适口性差，氨基酸组成不平衡，并且黏性，过量添加易引起腹泻。因此，饲粮中血粉的添加量不宜过高。一般仔鸡、仔猪饲料中用量应小于 2%，成年猪、鸡饲料中用量不应超过 4%。

第六节 青贮饲料

一、饲料青贮

1. 青贮的原料及搭配

(1)葫芦皮瓤青贮:可单贮,也可按 2~3:1 拌草粉贮;

(2)玉米带穗青贮:玉米腊熟期贮;

(3)玉米秸秆青贮:秸秆青绿期;

(4)玉米、葵花秸秆混合青贮:按 2:1 的比例混合揉碎;

(5)玉米、葵花、苜蓿混合青贮:按 5:3:3 混合,玉米秸秆和葵花秸秆应揉碎,苜蓿铡碎;

(6)葵花盘青贮:直接打碎青贮;

(7)甜菜叶青贮:直接入窖青贮。

(8)番茄渣青贮:直接入窖青贮。

2. 青贮窖池建设

青贮窖池是存放青贮饲料的场所。在舍饲养羊的情况下,离不开青贮窖池。青贮窖池应选择在地势高、土质坚实、排水良好、地面宽敞、离羊舍较近的地方。青贮窖池一般为长方形,永久性窖池四周用砖、石和水泥砌成,地面铺砖这样虽然一次性投入大,但可以重复利用,提高青贮的成功率,减少原料的浪费,以后用起来省事,如果经济条件较差,也可以挖土窖池。为防止池壁倒塌,应有 1/10 的坡度,池的断面为梯形。青贮窖池的四周用塑料薄膜覆盖,不要使草直接和土接触。青贮池的大小以饲养羊数量的多少和补饲的时间长短而定。在地势较高、地下水位低的地方,可采用地下式青贮窖,窖池:长 10m,宽 2m,深 1.5m,37cm 砖墙,水泥砂浆砌砖,水泥抹面,窖池底铺砖,顶面高出地面 10~20cm。在地势低洼、地下水位高的地方,可采用半地上式或地上式青贮窖,窖池:长 10m,宽 2m,深 1.5m,其中地下深 50cm,地上高 1m,37cm 砖墙,水泥砂浆砌砖,水泥抹面,窖池底铺砖。

3. 窖池青贮量

葫芦皮瓤、玉米秸秆、葵花秸秆、葵盘、甜菜叶、苜蓿每立方可贮550~700kg,番茄渣每立方可贮900~1000kg。

4. 青贮技术要点

(1)营造厌氧环境。乳酸菌属于厌氧型菌,最适宜在缺氧和无氧环境中繁殖。如果青贮饲料中含有较多空气,就为好气性细菌创造了条件,造成青贮不良发酵。因此,对青贮原料要切短(2~3cm)装填入窖的原料要压紧压实(每立方米550~600kg),密封时越严越好,使其不漏气、不漏水,并尽量缩短装窖时间,以便迅速营造一个持久的厌氧环境,减少营养物质损失,提高青贮品质。

(2)保证足够糖分。青贮饲料含有足够的糖分,才能使乳酸菌大量繁殖,青贮原料的含糖量至少要占鲜重的1%~1.5%,如玉米秆、瓜皮、葫芦及葵花杆等饲料含有较丰富的糖分,易于青贮。

(3)保持适量水分。原料水分不足,踩压不实,氧化作用强烈,则好气性细菌大量参与活动,引起何料发霉变质;原料水分过多,易压实结块,利于酪酸生长繁殖,pH上升,影响青贮饲料质量。青贮原料的最适量含水分为65%~75%,水分不足可加水。

(4)适期收割。为获得优质青贮饲料,一定要适期收割青贮原料。豆科牧草及野草易在花蕾期至盛花期收割;带穗玉米最佳收割期是在乳熟后期至蜡熟前期,如青贮玉米秸秆以保留1/2的绿叶最好。

(5)控制发酵温度。为保证青贮饲料质量,减少养分损失,发酵温度应控制在25~30℃最为理想。在青贮过程中要缩短青贮时间,做到快收、快运、快切、快装、快踏、快封,一般青贮过程应2~3天完成。在装窖时务必要将青贮原料压紧密封,尽量排出料内空气,覆土1~1.5尺。半地上窖应在青贮时外墙培土50~60cm,以防青贮原料将墙体挤压垮塌。空窖时要将土取开。

5. 饲喂和利用

青贮饲料一般在30天左右完成发酵,密封的青贮料可长期保存。一般秋季青贮第二年春季饲喂,从一端开窖,每天喂多少取多少,取完一定盖严,防止空气进入,发现变质青贮饲料必须扔掉。开窖时间应尽量避开高温和严寒,因为高温易造成青贮原料干燥发硬或二次发酵变质,严寒则导致青贮料结冰,影响家畜健康,甚至造成母畜流产。

青贮饲料品质优良,营养丰富,易于消化,但水分大,干物质含量少,应与精饲料和粗饲料搭配使用。开始饲喂时家畜不习惯,应与其他草料搭配使用。

参考饲喂量:每只羊每日 2~2.5 斤。具体青贮原理及青贮种类等在第四章第五节青贮技术中详细介绍。

二、青干草的调制、加工与贮藏

(一)青干草的调配

1. 制作青干草应掌握的基本原则

(1)牧草适宜的刈割期。

(2)加速牧草脱水,缩短干燥时间。

(3)干燥过程中,防止雨水淋湿和阳光下长期暴晒。

(4)干燥后期,力求使牧草各部含水均匀。

(5)在集草、聚堆、压捆等作业时,应在植物细嫩部分尚不宜折断时进行。

2. 调制青干草的方法

(1)压裂茎秆法　用茎秆压扁机将草茎纵向压裂,可缩短干燥时间,并使干燥均匀,营养损失少,此法最适宜于豆科牧草及杂类草。近年来国外用硬质塑料刷代替机械的金属元件穿刺茎秆效果亦很好。

(2)豆科牧草与作物秸秆分层压扁法　这种方法是将豆科牧草适时刈割,把麦秸和稻草铺在场面上,厚约 10cm,中间铺鲜苜蓿 10cm厚,上面再加麦秸或稻草,然后用轻型拖拉机或其他镇压器进行碾压,直到苜蓿草大部分水分被麦秸或稻草吸收为止。最后晾晒风干、堆垛、垛顶抹泥防雨即可。此法调制的苜蓿干草呈绿色,品质好,同时还能提高麦草、稻草的营养价值。适合于小面积豆科牧草的调制。

(3)翻晒草垄法 高产刈割草地,由于草较厚,易造成摊晒不均匀。需在割草后进行翻晒,一般翻晒2次为宜,豆科牧草最后一次翻晒应在含水量不低于40%~50%,即叶片不易折断时进行。生产上常用的双草垄干燥法是将刈割的牧草稍加晾晒,然后用搂草机的侧搂耙搂成双草垄,经过一定程度干燥后,把两行合为一行。

(4)适时荫干及常温鼓风干燥法

草堆或草棚风干 当牧草水分含量降到30%~40%时,应及时聚堆、打捆进行荫干,或在草棚内风干。打捆干草堆垛时要留有通风道以便加快干燥。

牧草常温鼓风干燥 把刈割后的牧草在田间预干到含水量50%左右时,置于设有通风道的干草棚内,用鼓风机或电风扇等吹风装置进行常温吹风干燥。

(5)草架干燥法

此法可加速牧草的干燥速度,干草品质好,适用于人工种植的牧草和高产天然打草场。具体操作方法是把割下的牧草在地面干燥半天~1天,使其含水量降至45%~50%,然后自下而上逐层堆放,或打成直径20cm左右的小捆,草的顶端朝里,并避免与地面接触吸潮。

(6)高温人工快速干燥法

将牧草置于烘干机中,通过高温使牧草迅速干燥,可保持青饲养分的90%~95%。此外,利用太阳能干燥装置预热空气,加快牧草的干燥速度,可使青干草的饲用价值提高6%~8%。

近年来,利用化学药剂加速豆科牧草的干燥速度,也取得了很好的效果,如内蒙古农牧学院利用 $1.5\%K_2CO_3$、$1\%NaHCO_3$、$2\%CaCO_3$,于刈割前一天喷洒苜蓿,经试验表明 $NaHCO_3$ 在加速干燥速度,减少叶片脱落和营养损失方面效果较好。

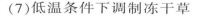

（7）低温条件下调制冻干草

其方法是首先调制牧草和饲料作物的播种期，时期在霜冻来临时进入孕穗至开花期，霜冻后1~2周内进行刈割，刈割后的草垄铺于地面冻干脱水，不需翻转，当其含水量下降至20%以下时，即可拉运堆垛。此方法即避免了雨季的影响，而且调制的冻干草适口性好，色绿味正，有利于叶片、花序和胡萝卜素的保存。

第三章　优质牧草

一、青贮玉米

（一）科多 8 号

（1）品种介绍

该品种株高 4~4.5m 左右，每茎上有 3~4 个小果穗，具有分枝多穗性，根系发达，抗旱、抗倒伏、持绿度强、适应性强，全株营养含量丰富，粗蛋白含量 9.37%。在中等肥力地块生物学产量可达6~8 吨，高产地块可达 8~10 吨。

（2）栽培技术要点

播前选地与整地：要求地平、土碎、墒好、地表无根茬和残膜，中上等好地。

增施基肥：结合秋翻亩施腐熟有机肥 5000 斤或碳酸氢铵 100斤。

播种时间和方法：播期为四月下旬，采用玉米覆膜穴播机从带种肥、覆膜、播种一次完成，采用 70cm 地膜，亩施种肥美二铵 20~25kg，并加玉米专用肥 30kg，播深 2cm，大行距 80cm，小行距 33cm，株距 23cm，亩播量 6 斤，调试机器时确保每穴下玉米籽种 1~3 粒，播后及时对机械没有覆土的穴人工进行覆土。

田间管理：苗期中耕锄草一次，无需间苗，苗高 30cm 时浇水，并在拔节期施氮肥 70 斤，复合肥 30 斤，及时浇灌与排涝，增强抗逆性。

收获利用：乳熟期或腊熟期即可收割，过早收割影响产量，过晚收割黄叶增多影响质量。

（二）科多 4 号

（1）品种介绍

该品种株高 4m 左右，每茎上有 2~3 个小果穗，具有分枝多穗性，根系发达，抗旱、抗倒伏、持绿度强、适应性强，全株营养含量丰富，粗蛋白含量 7.46%。在中等肥力地块生物学产量可达 6~8 吨，高产地块可达 8~10 吨。

（2）栽培技术要点（同科多 8 号）

（三）中农大青贮 67

（1）品种介绍

幼苗叶鞘浅紫色，叶片绿色，叶缘绿色。株型半紧凑，株高 293~320cm，穗位 134~155cm，成株叶片数 23 片。花药浅紫色，颖壳浅紫色，花丝浅紫色，果穗筒型，穗长 21~25cm，穗行数 16 行，穗轴白色，籽粒黄色，粒型为硬粒型。在中等肥力地块生物学产量可达 6~7 吨，高产地块可达 7~8 吨。

（2）栽培技术要点（同科多 8 号）

（四）科青 1 号

（1）品种介绍

该品种属专用型青贮玉米品种，拥有较多的青贮产量，种植株高 4~5m，穗位高 2m 以上，空杆率 6.69%，叶子占鲜重 18.14%，果穗大，抗病、抗倒伏，保绿性好，适口性好，乳熟后期整株粗蛋白含量 11.15%，亩产 6~7 吨。

（2）栽培技术要点

播前选地与整地：要求地平、土碎、墒好、地表无根茬和残膜，中上等好地。

增施基肥：结合秋翻亩施腐熟有机肥 5000 斤或碳酸氢铵 100 斤。

播种时间和方法：播期为四月下旬，采用玉米覆膜穴播机从带种肥、覆膜、播种一次完成，采用 70cm 地膜，亩施种肥美二铵 20~25kg，并加玉米专用肥 30kg，播深 2cm，大行距 80cm，小行距 33cm，株距 23cm，亩播量 6 斤，调试机器时确保每穴下玉米籽种 1~3 粒，播后及时对机械没有覆土的穴人工进行覆土。

田间管理：苗期中耕锄草一次，无需间苗，苗高 30cm 时浇水，并在拔节期施氮肥 70 斤，复合肥 30 斤，及时浇灌与排涝，增强抗逆性。

收获利用：乳熟期或腊熟期即可收割，过早收割影响产量，过晚收割黄叶增多影响质量。

二、紫花苜蓿

（1）品种介绍

紫花苜蓿是我市推广人工种草的首选品种，它是一种多年生的豆科牧草，营养丰富，饲用价值高，历来被称为"牧草之王"。其干草中粗蛋白含量为 14.9%，最高可达 23~24%，而且富含矿物质和维生素，年可割 3 茬，亩产鲜草 5~7 吨。

（2）播种技术

播前选地与整地：要求土地平整、细碎、肥力中等、盐碱含量低、墒情好、沙质壤土。

播种时间和方法：播期为四月中上旬，采取机械条播，播深 2cm，行距 20~30cm，播量每亩 2~2.5kg，播后轻耙覆土。

田间管理：苗期精细锄草 1~2 次，苗高 10~15cm 时可浇第一水，并施少量氮肥，以后每次刈割后 3~5 天浇水，可结合施磷、钾肥，并及时防治病虫害。

（3）收获利用

初花期刈割，可以青饲，也可以制成干草或青贮。

建议饲喂量：应占全天饲草的 30%~40%。

三、湖南稷子

(1)品种介绍

湖南稷子是禾本科稗子属一年生草本植物,秆丛生,株高1.4~2.5m,叶长25~65cm,宽1.5~3.5cm,穗状圆锥花序直立,种子椭圆形,青灰色,千粒重4g左右。旱作条件下每亩产青草1500kg,在灌溉条件下亩产青草4000~5000g,亩产籽实100~150kg。喜湿耐涝,能耐中度干旱,耐含盐0.4%~0.6%的土壤,pH在9.3的荒地上均能正常生长。它具有极强的适应性,对土壤要求不严,是开发利用土地资源的先锋品种,无论是新开荒地、盐荒地、撂荒地,还是改良后的劣地,或是低洼湖湿的涝地、湖滩地都能很好生长。表现出强盛的生命力,是改良利用盐荒地大有前途的草种之一。在≥10℃活动积温2850℃以上,有灌溉条件地区可种植,适宜单种和混种。

湖南稷子是一种草料兼用的饲料作物,青贮、青饲、调制干草均可,且营养丰富。它的适口性好,为大小畜所喜食,其营养含量丰富,并且生长快,再生性强,每年可刈割3~4次。

(2)栽培要点

精细整地。每亩施有机肥1500kg。

湖南稷子是喜温、喜肥、喜水的春播作物。播种期:套区4月下旬至5月上旬,牧区5月上旬,在一定立地条件下7月份高温天气也可播种。

(3)播种方法:条播,行距20cm,播量1.5~2kg/亩,播深3~4cm,播后镇压保墒。

(4)田间管理:在苗高15cm时,应中耕除草一次,全生育期浇水3~5次,刈割头一茬后,结合浇水施尿素10kg,留茬高度5cm。

(5)收获:当种子变硬(蜡熟期)时即可收获。

第四章　栽培牧草的加工调制及贮存

第一节　牧草加工调制及贮存的意义

栽培牧草的加工调制和贮存是草业系统工程中的一个重要环节,草业系统工程主要包括种植、加工和养殖 3 个环节,加工占中间一个较重要的环节, 搞好栽培牧草的加工调制和贮存具有重要意义。第一是有利于保证畜禽的饲草需求量与饲草供应量的常年平衡。在自然生产条件下,我国的牧草生产,存在着季节间的不平衡性和地区性不平衡性,表现为暖季(夏秋季节)在饲草的产量和品质上明显地超过冷季(冬春季节),内蒙古、新疆等牧区产草量远远高于其他地区,这给畜牧业生产带来严重的不稳定性。通过牧草加工,可以解决畜禽饲养过程中存在的"夏活、秋肥、冬瘦、春乏(死)"和"丰年大发展,平年保本,灾年大量死亡"的问题。第二是有利于保证畜禽的营养需要,经加工的牧草,营养损失少,基本上可以满足畜禽冬、春季节的营养需要。第三是有利于方便运输,可以保证牧草生产量不足地区的饲草供应。牧草加工调制方法主要包括青贮技术、干草调制技术、草粉和草颗粒(草块、草砖、草饼)成型工艺技术、叶蛋白质提取技术、饲草料发酵技术和饲草料理化加工技术。当然,还有其他的加工技术,如高活性膳食纤维提取技术、酶制剂提取技术等。本文只重点讨论干草调制技术,草粉、草颗粒(草块、草砖、草饼)成型工艺技术,青贮技术以及农作物秸秆利用技术。

第二节　牧草的适时收获

决定饲草营养价值的因素有遗传性、生育期和栽培技术、土壤肥力,所以在牧草生产中,不仅要挑选好的品质、搞好田间管理,也要适时收割。牧草收获是牧草生产的关键措施之一,它关系到牧草的产量和草产品的质量,以及对畜禽的营养价值和饲用价值,进而决定了种植牧草的经济价值和效益。所以在牧草的生产与加工过程中,牧草收获是一项技术性强、时间紧、需要周密计划的重要技术环节。

一、最适刈割期

确定牧草的最适刈割时期,一定要兼顾草产品的质量、产量和牧草的再生长。不同生育时期牧草的品质及营养价值及消化率均不同,干物质的产量也有很大的差异。越是幼嫩的牧草,营养价值越高越容易被动物消化,但干物质产量则越低;越接近成熟阶段,营养价值越低,越难于被动物消化,而干物质产量则越高。确定牧草的收获适宜时期,实质上就是在牧草的营养饲喂价值和干物质产量之间找到最佳的平衡点。这个平衡点可以用一个简单的指标——综合生物指标来判定,综合生物指标即产草量和营养成分之积。当综合生物指标达到最高时,就是最佳收割期。

确定牧草适宜刈割期通常情况下遵循如下原则。

第一,以单位面积内营养物质产量的最高时期或以单位面积的总可消化养分最高时期为最佳刈割期。

第二,有利于牧草的再生,不影响下一茬牧草的质量和产量;有利于多年生或越年生牧草的安全越冬和返青,并对翌年的寿命和产量无影响。

第三,利用目的不同,刈割期应有所不同。如生产苜蓿干草粉时,应在现蕾期进行刈割。虽然产量稍低一些,但草粉品质非常好,经济效益和商品价值较好。若在盛花期刈割,虽草粉产量较高,但草粉质量明显下降。

第四,天然割草场,应以所有草中主要牧草的最适刈割期确定适宜刈割期。

(一)豆科牧草的最适刈割期

豆科牧草含蛋白质高,占干物质的"15%~22%,相对于禾本科牧草,其不同生长阶段的营养成分变化非常大。例如,开花期结束时,作为主要营养物质的粗蛋白质和粗脂肪含量减少到营养生长期的1/2左右。粗蛋白质营养生长期为 26.1%,到了花后只有12.3%;粗脂肪营养生长期为 4.5%,到了花后只有 2.4%。而比较难于消化的粗纤维却从 17.2%增加到了 40.6%。

豆科牧草叶片中的蛋白质含量较茎为多,占整个植株蛋白质含量的 60%~80%。以叶片的含量直接影响到豆科牧草的营养价值。豆科牧草的茎叶比随生育期而变化,在现蕾期叶片重量要比茎秆重量大,而至终花期则相反。因此收获越晚,叶片损失越多,品质就越差。

春天收割刚长起来的幼嫩的豆科牧草非常不好,不仅影响其自身生长,会大幅度降低当年的产草量,而且降低翌年苜蓿的返青率。这是由于贮存于根中的碳水化合物不足,同时根冠和根部在越冬过程中受损伤且不能得到很好的恢复所造成的。另外,北方地区豆科牧草最后一次的收割需在预计第一次下霜前 1 个月进行,以保证越冬前其根部能积累足够的养分,保证安全越冬和翌年返青。综上所述,从豆科牧草产量、营养价值和有利于再生等情况综合考虑,豆科牧草的最适收割期应为现蕾盛期至始花期。

(二)禾本科牧草的最适刈割期

多年生禾本科牧草的可消化营养物质和产量与豆科牧草有相同的趋势。即在拔节至抽穗以前,叶多茎少、纤维素含量较低、质地柔软、粗蛋白质和胡萝卜素含量较高。但进入开花期后,茎叶比显著增大、粗蛋白质含量减少、粗纤维含量增加、消化率降低。从牧草产草量的动态上看,1 年内地上部分生物量的增长速度是不均衡的,孕穗一抽穗期生物量增长最快,营养物质产量也达到高峰,此后则缓慢下降。也就是说禾本科牧草在开花期内产量最高,而在孕穗一抽穗期饲料价值最高。一般认为,禾本科牧草单位面积的干物质和可消化营养物质总收获量以抽穗一初花期最高。在孕穗一抽穗期收割有利于牧草再生,同时兼顾产量、再生性以及翌年的生产力等因素,大多数多年生禾本科牧草在用于调制干草或青贮时,应在抽穗一开花期刈割。综上所述,多年生禾本科牧草一般多在抽穗一初花期收割,秋季在停止生长或霜冻前45天禁止收割。而一年生禾本科牧草则依当年的营养状况和产量来决定,一般在抽穗后收割。

(三)其他科牧草的适宜刈割期

与禾本科和豆科牧草一样,其他科牧草适宜收获时期也应根据牧草的营养状况、产量因素和对下茬草的影响来决定收割时期,如菊科的串叶松香草、菊芋等以初花期为宜,而藜科的伏地肤、驼绒藜等则以开花一结实期为宜。

二、刈割高度

牧草的刈割高度直接影响到牧草的产量和品质,还会影响下一茬牧草的再生速度和产量,如果是入冬前最后一茬,还会影响翌年的返青率。不同的牧草种类,其生长点距离地面的高度不同,所以牧草收割时留茬高度一定要考虑不同牧草生长点的位置,确定适宜的留茬高度。牧草收割时留茬过高降低牧草产量,枯死的茬枝会混入下一茬牧草中,严重影响牧草的品质,降低牧草的等级,直接影响到牧草生产的经济效益。留茬过低影响再生草的生长,甚至割掉生长点和分蘖节使牧草失去再生能力。豆科牧草中的紫花苜蓿一般留茬高度为4~5cm,而百脉根要求留茬高度20~30cm。禾本科牧草中的上繁草,如无芒雀麦、冰草、羊草等一般留茬高度为6~8cm。另一方面,对1年只收割1茬的多年生牧草来说,刈割高度可适当低些。实践证明,刈割高度为4~5cm时,当年可获得较高产量,且不会影响越冬和翌年再生草的生长;而对1年收割2茬以上的多年生牧草来说·,每次的刈割高度都应适当高些。在气候恶劣、风沙较大或地势不平、伴有石块和鼠丘的地区,牧草的刈割高度可提高到8~10cm,以有效保持水土、防上沙化。

三、收获方法

牧草的收获方法一般有 2 种，即收割收获和用家畜放牧收获。收割收获主要用于商品草的生产和饲料的贮备与调节，采用的方法有人工收割和机械收割。

(一)人工收割

在我国农区和半农半牧区，人工收割是牧草主要的收获方法。人工收割通常用镰刀或钐刀 2 种工具。镰刀收割适用于小面积割草场，效率较低，一般每人每天能割鲜草 250~300kg。钐刀其实是一种大镰刀，刀片宽度一般为 10~15cm，其柄长一般为 2~2.5m，双手握柄，靠人的腰部力量和臂力横向轮动钐刀，来达到割草目的，并直接集成草垄。利用钐刀收割要比用镰刀效率高很多，一般情况下，每人每天可刈割 1200~1500kg鲜草。

(二)机械收割

目前，机械化收割牧草已在我国逐渐得到了推广和普及。一方面一些大型牧草生产加工企业引进了国外一些先进的牧草收割机械，同时国内的牧业机械厂也积极开发生产出了一批经济实惠、适用性强的牧草收割机械。目前收获牧草的机械有以下 3 种型号。

1. 国产小型收获机 一般用 15~18 马力的小四轮动力牵引机作动力，每小时收割 0.3~0.6 公顷。小型收获机具有挂接简单、操作灵活、作业效率高等特点。

2. 大型进口割草机 当前主要有美国约翰迪尔公司生产的 820 型往复式割草压扁机，工作效率每小时 1.3 气 17 公顷，可一次性完成切割、压扁和铺条 3 项工作；另有美国凯；斯公司生产的 8300 系列割草机，生产效率一般为每小时 1.3~2 公顷。进口割草机维护费用较高。

3. 国产大型牧草收割机 主要有 PGXB–1.7 型双圆盘切割压扁机，该机对各种草场适应性强、收割速度快、操作灵活、割茬低、不需要磨刀、换刀快，适宜收获密度较高的天然草地和人下种植的各种牧草，生产效率每小时 1~1.3 公顷。

第三节　干草调制

一、干草调制的意义

干草调制是把天然草地或人工种植的牧草和饲料作物进行适时收割、晾晒和贮存的过程。刚刚收割的青绿牧草称为鲜草,鲜草的含水量大多为 50%~85%。鲜草经过一定时间的晾晒或人工干燥,水分达到 15%~18%时,即成为干草。这些干草在干燥后仍保持一定的青绿颜色,因此也称青干草。优质干草含有家畜所必需的营养物质,是磷、钙、维生素的重要来源。干草中含蛋白质 7%~14%,可消化碳水化合物 40%~60%。优质干草所含的蛋白质高于禾谷类籽实饲料。此外,还含有畜禽生产和繁殖所必需的各种氨基酸,在玉米等籽实饲料中加入富含各种氨基酸的干草或干草粉, 可以提高籽实饲料中蛋白质的利用率。

我国的草地牧草生产存在着季节间的不平衡性, 表现为暖季(夏、秋)在饲草的产量和品质上明显的超过冷季(冬、春),给畜牧业生产带来严重的不稳定性。由于寒冷的冬季牧草停止生长,放牧家畜只能采食到残留于草地上的枯草, 而枯草的营养价值较夏秋牧草的营养价值下降 60%~70%。特别是优良的豆科牧草和杂类草植株上营养价值高的部分,几乎损失殆尽。如果单靠放牧采食这些质差量少的枯草,就不能满足家畜的冬季营养需要,因而发生家畜的"冬瘦"现象。遇到大雪覆盖草地的"白灾",牲畜就连枯草也得不到,常造成大批死亡。因此,建立割草地和充分准备越冬干草,对于减少冬;春家畜掉膘、死亡,解决季节饲料不平衡,具有重要意义。随着我国畜牧业的发展,人们对牛肉、羊肉、兔肉和鹅肉、牛奶等草食动物畜产品的需求量不断增加, 从而大大刺激了我国草食畜禽养殖业的发展。我国草食畜禽养殖业的飞速发展, 造成牧草的奇缺,据估算我国全年的干草缺口在 100 万~300 万吨。近年国家大面积推广人工种草。这些高产的人工草地除少部分用于直接收割鲜草饲喂畜禽外，大部分调制成青干草作为畜禽冬春季的饲草供应来源，因此调制干草的数量和质量是影响到畜牧业能否稳定发展的关键因素之一。优质干草产品还是国际贸易中的热门产品，全世界每年的贸易额高达 50 亿美元。在美国干草产业是十大支柱产业之一，年产值 10 亿美元左右。日本、韩国和菲律宾等国及我国台湾地区是国际干草产品的主要消费市场，我国是这些国家和地区的近邻，干草运输比起从美国、加拿大运输要节省运输成本 3/5。因此说，我国大力发展牧草产业具有得天独厚的优越条件，而生产营养价值高、颜色绿、叶量丰富和气味芳香的优质干草，则成为目前干草调制的主要任务。

二、青干草的种类

青干草按原料来源和制作方法的不同可划分为不同的类型。按原料来源分为：①豆科青干草。如苜蓿、沙打旺、草木樨、三叶草、红豆草等。②禾谷类青干草。包括天然草地的禾本科牧草和栽培的饲用谷类植物制成的青干草。如羊草、无芒雀麦、冰草、苏丹草、燕麦草、大麦草等。③混合青干草。如天然割草场及人工混播草地收割调制的青干草。④其他。部分农副产品可以调制成优质青干草来利用，如胡萝卜的苗。

按干燥方法分为自然干燥青干草和人工干燥青干草

三、牧草在干燥过程中的变化

牧草的干燥是牧草生产过程中的关键环节，能否把大量的牧草变成可利用的优质牧草商品，就取决于这一环节的成败。牧草在干燥过程中，还会伴随一系列的生理生化变化以及机械物理方面的损失，因此牧草的干燥过程是植物体内水分及营养物质散失和机械损失等几方面综合变化的过程。

(一)牧草干燥过程中水分的散失

牧草刈割以后，通常鲜草含水量为 50%~80%。干草要达到能贮存条件其含水量应该降低至 15%~18%，最高不能超过 20%。而干草粉水分含量则为 13%~15%。在·自然条件下,收割后的牧草水分散失过程有两个阶段。一是快速散失阶段。该阶段植物体内各部位水分散失的速度基本上是一致,同时失水速度很快。一般情况下,牧草含水量从助%降低至 45%~55%,仅仅需要 5~8 小时。因此采用地面干燥法时牧草在地面的干燥时间不应过长。二是慢速散失阶段。当禾本科牧草含水量减少到 40%~45%、豆科牧草减少到 50%~55%时,植物体散水的速度越来越慢,牧草含水量由 45%~55%降至 18%~20%需 1~2 天。

不同条件下牧草的干燥速度是不同的,影响牧草干燥速度的因素可归结为外因和内因两大因素。外因主要包括大气湿度、气温、风速,内因主要包括牧草的外部形态和内部结构。

1. 外界气候条件 牧草干燥的速度受空气相对湿度、空气流动速度和空气温度等多方面因素的影响,当空气相对湿度较小、空气温度较高和空气流动速度较大时,可加快牧草的干燥速度;相反则会降低牧草的干燥速度。

2. 牧草的持水能力 植物因其种类不同,保蓄水分的能力也不同。在外界气候条件相同的情况下,植物保蓄水分能力越强,干燥速度越慢。豆科牧草一般比禾本科牧草保蓄水分能力大,所以它的干燥速度比禾本科慢。例如豆科牧草苜蓿在现蕾期刈割需要 75 小时才能晒干,而在抽穗期刈割的禾本科牧草仅需 27~47 小时就能晒干。另外,由于幼龄植物比发育后期植物的纤维含量少,而胶体物质含量高、保蓄水分的能力较大,干燥速度较慢。

3. 牧草不同部位 植物体的各部位不仅含水量不同,而且它们的散水速度也不一致,所以植物体各部位的干燥速度是不均匀的。叶的表面积大,水分从内层细胞向外表层移动的距离要比茎秆近,所以叶比茎秆干燥快得多。试验证明,叶片干燥速度比茎(包括叶鞘)快 5 倍左右。当叶片已完全干燥时,茎的水分含量还很高。由于茎秆干燥速度慢,导致整个植物体干燥时间延长,叶片和花序等幼嫩部分脱落,牧草的营养成分的损失增加。

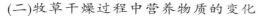

(二)牧草干燥过程中营养物质的变化

在自然条件下晒制干草时，营养物质的变化要先后通过以下两个复杂的过程。

1. 牧草干燥前期的饥饿代谢阶段　牧草被刈割以后，植物的细胞并未立即死亡，短时期内仍旧能够将从土壤吸收的营养物质合成牧草自身的成分，但比较微弱。随着因刈割后的牧草与根分离，不能继续从土壤中吸收营养物质，营养物质的供应中断，合成作用逐渐停止、转向分解作用，而且只能分解植物体内的营养物质，导致饥饿代谢。水分减少到40%~50%时细胞死亡，呼吸停止，这一过程结束。这一时期植物体内总糖含量下降，少量蛋白质被分解成以氨基酸为主的氨化物，消耗了牧草自身的营养物质，使其能够供给动物的营养物质含量降低。刚刈割的牧草，由于植物呼吸作用旺盛，如果堆积过厚，致使温度升高，更加剧了牧草体内营养物质的分解破坏。此阶段营养物质的损伤一般为5%~10%。

2. 牧草干燥后期的自体溶解阶段　此阶段牧草含水量由45%~55%降至18%~20%，牧草水分以角质层蒸发为主，散失速度变慢，需要的时间较长。在牧草含水量45%~55%时，牧草细胞死亡。在植物体内其自身酶钓参与下，将死细胞中进行的营养物质降解过程称为自体溶解阶段。这一时期碳水化合物几乎不变，但蛋白质的损失和氨基酸的破坏随这一时期的延长而加大，特别是牧草水分较高(大于50%)时。这一时期，维生素及可溶性营养物质损失较多，但同时牧草经阳光中紫外线的照射作用，自身中的麦角固醇转化为V_D。在牧草干燥后期或贮存过程中，蜡质、挥发油、萜烯等物质氧化产生醛类、醇类，使青干草具有一种特殊的芳香气味。

四、干草调制过程中养分的损失

(一)机械作业引起的损失

调制干草过程中，由于牧草各部分干燥速度(尤其是豆科)不一致，因此在搂草、翻草、搬运、堆垛等一系列作业中，叶片、嫩茎、花序等细嫩部分易折断、脱落而损失。一般禾本科牧草损失为2%~

5%,豆科牧草损失为 15%~35%。机械作用造成损失的多少与植物种类、刈割时期及干燥技术有关。为减少机械损失,应适时刈割,在牧草细嫩部不易脱落时及时集成各种草垄或小草堆进行干燥。干燥的干草进行压捆,应在早晨或傍晚进行。或在牧草水分降至 45%左右时就打捆,这样可大大减少营养物质的损失。

(二)日光晒制造成的损失

晒制干草时,植物体所含的胡萝卜素、叶绿素及 V_C 等在阳光的漂白作用下,因氧化而被破坏,胡萝卜素损失达 50%以上,其损失程度与日晒时间长短和调制方法有关。为了避免或减轻植物体内养分因光化学作用的破坏而受到严重损失,应该采取有效措施,减少阳光的直接暴晒。

(三)雨淋造成的损失

晒制干草时,最怕淋雨。雨淋能够造成营养损失主要有两个途径。首先,雨淋会增大牧草的湿度、延长干燥时间,从而由于呼吸作用的消耗而造成营养物质的损失。另一方面,淋雨对于草造成的破坏作用,主要发生在干草水分下降至 50%以下,细胞死亡以后,这时细胞膜的渗透性提高,一些较简单的可溶性养分能自由地通过死亡的原生质薄膜而流失,而且这些营养物质的损失主要发生在叶片上。

(四)微生物造成的损失

牧草表面附着有大量的微生物,牧草细胞死亡后微生物以牧草为培养基大量繁殖。微生物的繁殖需要一定的条件,比如牧草的含水量、气温与大气湿度。细菌活动的最低要求为植物体含水量的25%以上,气温要求为 25~30℃。而当空气相对湿度在 85%~90%时,即可能导致干草发霉。这种情况多在阴雨连绵时发生。发霉一方面会使干草品质降低,水溶性糖和淀粉含量显著下降。发霉严重时,脂肪含量下降,含氮物质总量也显著下降,蛋白质被分解成一些非蛋白质化合物。另一方面会生成有毒物质,造成千草不能利用或饲喂引起中毒。

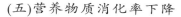

(五)营养物质消化率下降

牧草品质的高低主要决定于本身可消化营养物质含量的高低。干草营养物质的消化率均低于原来的青绿牧草。首先,牧草干燥时,纤维素的消化率下降。这可能是因为果胶类物质中的部分胶体转变为不溶解状态,并沉积到纤维质细胞壁上,使细胞壁加厚,使消化酶难于透过细胞壁,从而造成营养物质消化率的降低。其次,牧草干燥时易溶性碳水化合物与含氮物质的损失,在总损失量中占较大比重,影响干草中营养物质的消化率。草堆、草垛中干草发热时,有机物质消化率下降较多。如红三叶草,气温为35℃时,1天内营养物质的消化率变化不大;当升为45~50℃时,蛋白质消化率降低14%。

牧草干燥过程中,营养物质会有不同程度的损失。一般情况下,总营养价值损失20%~30%,可消化蛋白—质损失30%左右。在牧草干燥过程中的总损失量里,以调制作业造成的损失为最大、可达15%~20%;其次是呼吸作用消耗造成的损失,为工0%~15%;由于酶的作用造成的损失为5%~10%;由于雨露等淋洗溶解作用造成的损失则为5%左右。

五、干草的调制方珐

为了降低干草调制过程中可消化营养物质的损失,在牧草干燥过程中,必须遵循以下基本原则。

第一,尽量加速牧草的脱水,缩短干燥时间,以减少由于生理、生化作用和氧化作用造成的营养物质损失。尤其要避免雨水淋溶。

第二,在干燥末期应力求植物各部分的含水量均匀。

第三,牧草在干燥过程中,应防止雨露的淋湿,并尽量避免在阳光下长期暴晒。

第四,集草、聚堆、压捆等作业,应在植物细嫩部分尚不易折断时进行。

牧草干燥方法的种类很多,但大体上可分为两类,即自然干燥法和人工干燥法。

(一)自然干燥法

自然干燥法包括地面干燥法、草架干燥法、发酵干燥法和加速田间干燥速度法等,其中以地面干燥法为主。

1. 地面干燥法 牧草刈割后先就地干燥6~7小时,应尽量摊晒均匀,并及时进行翻晒通风土一两次或多次。一般早晨割倒的,牧草在上午11时左右翻草1次,效果比较好;第二次翻草,应该在下午2时左右效果较好。下午4时以后的翻草和不翻没有太明显的区别。在牧草含水量降低至50%左右时,用搂草机搂成草垄继续干燥4~5小时。当牧草含水量降至35%~40%时,应该用集草器集成草堆,过迟就会造成牧草叶片脱落。经2~3天可使水分降低至20%以下,达到干草贮存的要求。豆科牧草的叶片在叶子含水分26%~28%时开始脱落;禾本科牧草在叶片含水量为22%~23%、牧草全株的总含水量在35%~40%时,叶片开始脱落。为了保存营养价值高的叶片,搂草和集草作业应在此以前进行。

2. 草架干燥法 草架主要有独木架、三脚架、铁丝长架和棚架等。在用草架干燥牧草时,首先把割下的牧草在地面上干燥半天或1天,含水量降至45%~50%时用草叉将草上架,但遇雨天时应立即把牧草上架,应注意最低一层的牧草高出地面一定高度,不与地表接触;堆放牧草时应自下而上逐层堆放,草的顶端朝里。

3. 发酵干燥法 在阴雨天气,将新割的鲜草立即堆成草堆,每层踩紧压实,使鲜草在草堆中发酵而干燥。一般要在3~4天后挑开,使水分散发。

4. 加速田间干燥速度法 为了使牧草加快干燥和干燥均匀,在干草调制过程中常创造一些条件使温度、空气相对湿度以及空气的流动能更好地作用于牧草的干燥。加速田间干燥速度的方法有翻晒草垄、压裂牧草茎秆和使用化学干燥剂。由于牧草干燥时间的长短取决于茎干燥时间的长短。如豆科牧草及一些杂类草当叶片含水量降低至15%~20%时,茎的水分仍为35%~40%,所以加快茎的干燥速度,就能加快牧草的整个干燥过程。使用牧草压扁机将牧草茎秆压裂，破坏茎的角质层以及维管束，并使之暴露于空气中，茎内水分散失的速度就可大大加快，基本能跟上叶片的干燥速度。这样既缩短了干燥期，又使牧草各部分干燥均匀。这种方法最适于豆科牧草，可以减少叶片脱落，减少日光暴晒时间，减少养分损失，使干草质量显著提高。牧草刈割后压裂，虽可造成养分的流失，但与加速干燥所减少的营养物质损失相比，还是利多弊少。目前国内外常用的茎秆压扁机有两类，即圆筒型和波齿型。圆筒型压扁机装有捡拾装置，压扁机将草茎纵向压裂；而波齿型压扁机有一定间隔将草茎压裂。一般认为：圆筒型压扁机压裂的牧草，干燥速度较快，但在挤压过程中往往会造成鲜草汁液的外溢，破坏茎叶形状，因此要合理调整圆筒间的压力，以减少损失。现代化的干草生产常将牧草的收割、茎秆压扁和铺成草垄等作业，由机械连续作业一次完成。牧草在草垄中晒干后(3~5 天)，便由干草捡拾压捆机将干草压成草捆。另外，施用化学制剂可以加速田间牧草(豆科)的干燥。近年来，国内外研究对刈割后的苜宿喷洒碳酸钾溶液和长链脂肪酸酯，破坏植物体表的蜡质层结构，使干燥加快。

(二)人工干燥法

在自然条件下晒制干草，营养物质损失较多。若采用人工干燥，可有效避免牧草营养物质的损失。人工干燥目前常用的有两种方法，一种是常温鼓风干燥，另一种是高温快速干燥。人工干燥的原理是空气的高速流动带走了牧草周围的湿气，扩大牧草与大气间的水分势的差距，并且减少水分移动的阻力，使失水速度加快。

1. 常温鼓风干燥法　把刈割后的牧草压扁并在田间预干到含水 50%时，就地晾晒、搂草、集草、打捆，然后转移到设有通风道的干草棚内，用鼓风机或电风扇等吹风装置进行常温鼓风干燥。这种方法在牧草收获时期的白天、早晨和晚间的空气相对湿度低于75%、温度高于 15℃时使用。在干草棚中干燥时分层进行，第一层草先堆 1.5~2m 高，经过 3~4 天干燥后再堆上高 1.5~2m 的第二层草，如果条件允许，可继续堆第三层草，但总高度不超过 5m。在无雨时,人工干燥应立即停止。但在持续不良天气条件下,牧草可能发热,此时鼓风降温应继续进行。无论天气如何,每隔 6~8 小时鼓风降温 1 小时,使草堆的温度不可超过 40℃~42℃。

2. 高温快速干燥法　是将鲜草就地晾晒、搂草、切短,将切碎的牧草置于牧草烘干机中,通过高温空气,使牧草迅速干燥。干燥时间的长短,决定于烘干机的种类和型号,从几小时至几分钟,甚至数秒钟。此法的干燥过程一般分为 4 个阶段,即预热段、等速干燥段、降速干燥段和冷却段。在高温干燥过程中,重要的是调控烘干设备使其进入最佳工作状态。烘干机的工作状态取决于原料种类;水分含量、进料速度、滚筒转速、燃料和空气的消耗量等。为获取优质干草,干燥机出口温度不宜超过 65℃,干草含水量不低于 9%。人工干燥时牧草的养分损失很少,但是烘烤过程中,蛋白质和氨基酸受到一定的破坏,而且高温可破坏青草中的 V_C。缺点是需要一定的投入,加工成本较高。

在生产中,根据需要可以将自然干燥和人工干燥结合起来使用。

六、机械设备

青干草加工调制过程中需要的机械设备主要有收割机、收割压扁机、草垄翻晒机、打捆机械和草捆捡拾装卸车等。

(一)收割机

按照工作装置和割草方式分为旋刀式收割机和甩刀式(往复式)收割机;按照刀头与车体的相对位置分为前置式割草机、中置式割草机、后置式割草机和侧置式割草机;按照操作时的动力供给分为牵引式收割机和自走式收割机。

(二)收割压扁机

收割压扁机有牵引式、自走式和收割与压扁联合机 3 种。目前田间生产中使用的常常是集牧草收割、茎秆压扁和搂成草垄等功能为一体的牧草割晒机。

(三)草垄翻晒机

草垄翻晒机有侧放式、滚轮式和堆卸式 3 种。其中侧放式草垄翻晒机应用最为广泛。在松散干草的晾晒中常使用堆卸式草垄翻晒机。滚轮式草垄翻晒机常用于地势崎岖不平坦的山地。

(四)打捆机械

打捆机械主要有捡拾打捆机和固定式高密度二次打捆机。捡拾打捆机在田间捡拾干草条,边捡拾边压成草捆;二次高密度打捆机固定作业是将中等密度的方捆或捡拾压捆的成捆牧草进行二次压捆,以提高草捆的密度。

(五)草捆捡拾装卸车

田间大圆草捆的运输依靠 3 触点悬挂式拖车或前端有尖头叉的装卸车。方草捆的装运是直接将打好的草捆扔到四轮拖车上,或者将一定数量的草捆用推动杆推到光滑的拖车上或两轮集草车上,也可以直接卸到地上,再用自动草捆捡拾车装运。

七、青干草的贮存

(一)干草水分含量的判断

当调制的干草水分达到 15%~18%时,即可进行贮存。干草水分含量的多少对于草贮存成功与否有直接影响,因此在牧草贮存前应对其的含水量进行判断。生产上大多采用感官判断法来确定干草的含水量。其方法如下。

1. 含水分 15%~16%的干草　紧握发出沙沙声和破裂声,将草束搓拧或折曲时草茎易折断,拧成的草辫松手后几乎全部迅速散开,叶片干而卷。禾本科草茎节干燥,呈深棕色或褐色。

2. 含水分 17%~18%的干草　握紧或搓揉时无干裂声,只有沙沙声。松手后干草束散开缓慢且不完全。时拳曲。当弯折茎的上部时,放手后仍保持不断。这样的干草可以堆存。

3. 含水分 19%~20%的干草　紧握草束时,不发出清楚的声音,容易拧成紧实而柔韧的草辫,搓拧或弯曲时保持不断。不适于堆垛贮存。

4. 含水分 23%~25%的干草　搓揉没有沙沙声,搓揉成草束时不易散开。手插入干草有凉的感觉。这样的干草不能堆垛保存。有条件时,可堆放在干草棚或草库中通风干燥。

(二)干草贮存过程中的变化

在干草贮存后大约 10 小时,草堆发酵开始,温度逐渐上升。干草贮存后的发酵作用,将有机物分解为二氧化碳和水。草垛中这样积存的水分会由细菌再次引起发酵作用, 水分愈多, 发酵作用愈盛。适当的发酵,能使草堆自行紧实,增加干草香味,提高干草的饲用价值。不够贮存条件的干草,贮存后温度逐渐上升,如果温度超过适当界限,干草中的营养物质就会大量消耗,消化率降低。如果草堆发酵使温度上升至 130℃,牧草就会焦化,颜色发褐;上升至 150℃时,如有空气接触,会引起自燃而起火;如草堆中空气耗尽,则干草炭化,丧失饲用价值。这种温度过高的现象往往出现在干草贮存初期。因此,在贮存后的 1 周内应经常检查草堆温度,如发现草垛温度过高,应拆开草垛散热降温,使干草重新干燥。

(三)散干草的堆存

当调制的干草水分含量达 15%~18%时即可进行堆存,堆存的方法有露天堆存和草棚堆存。草棚堆存操作相对简单,但要注意底部加防潮底垫,防止通过地面回潮,使底层牧草发霉变质。露天堆存有长方形垛和圆形垛 2 种。长方形草垛一般长 8m 左右,宽 4.5~5m,高 6~6.5m;圆形草垛一般直径为 4~5m,高 6~6.5m。为了减少风雨损害,长方形垛的窄端必须对准主风方向;为了防止干草与地面接触而变质,必须选择高燥的地方堆垛,草垛的底层用树干、稿秆或砖块等作底,厚度不少于 25cm。垛草时要一层一层地堆草,长方形垛先从两端开始。垛草时要始终保持中部隆起高于周边,以便于排水。堆垛过程中要压紧各层干草,特别是草垛的中部和顶部;水分较高的干草堆在草垛四周靠边处,便于干燥和散热。从草垛全高的 1/2 或 2/3 处开始逐渐放宽,使各边宽于垛底 0.5m,以利于排水和减轻雨水对草垛的漏湿。垛底周围挖排水沟,沟深 20~30cm,沟

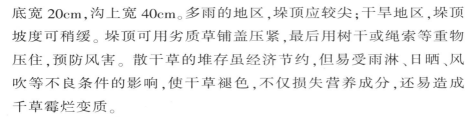

底宽 20cm,沟上宽 40cm。多雨的地区,垛顶应较尖;干旱地区,垛顶坡度可稍缓。垛顶可用劣质草铺盖压紧,最后用树干或绳索等重物压住,预防风害。散干草的堆存虽经济节约,但易受雨淋、日晒、风吹等不良条件的影响,使干草褪色,不仅损失营养成分,还易造成干草霉烂变质。

(四)半干草的贮存

在湿润地区、雨季或调制叶片易脱落的豆科牧草时,可考虑在半干时进行贮存。在半干牧草贮存时要加入防腐剂,以抑制微生物的繁殖,预防牧草发霉变质。

1. 氨水处理　牧草适时刈割后,在田间短期晾晒,当含水量为35%~40%时,并加入干草重的 1%~3%的氨水,氨水的浓度为25%,然后堆垛并用塑料膜覆盖密封,处理时间需要 3 周左右。氨和铵类化合物具有较强的杀菌作用和挥发性,能减少高水分干草贮存过程中的微生物活动,对半干草的防腐效果较好。用氨水处理半干豆科牧草后,可减少营养物质损失。与通风干燥粗优 \ 粗蛋白质含量提高 8%~10%,胡萝卜素提高 30%,干草的消化率提高 10%。

2. 尿素处理　高水分干草含有脲酶,能使尿素迅速分解为氨。添加尿素与对照(无任何添加)相比草捆中减少了一半真菌,降低了草捆的温度,提高了牧草的适口性和消化率。用尿素处理紫花苜蓿时,尿素使用量是每吨紫花苜蓿干草用尿素 40kg。

3. 有机酸处理　丙酸、醋酸、丙酸铵、二丙酸铵和异丙酸铵等有机酸及其铵盐具有阻止高水分于草表面霉菌的活动和降低草捆温度的效应。对于含水量为 20%~25%的小方捆来说,有机酸的用量应为 0.5%~1%;含水量为 25%~30%的小方捆,使用量不低于1.5%。

4. 微生物防腐剂处理　先锋 1155 号微生物防腐剂是专门用于紫花苜蓿半干草的微生物防腐剂。这种防腐剂使用的微生物是分离出来的短小芽孢杆菌菌株,在空气存在的条件下,能够有效地与干草捆中的其他腐败微生物进行竞争,从而抑制其他腐败细菌的活动。

（五）干草捆的贮存

干草捆一般露天堆垛，顶部加防护层或贮存于干草棚中。草垛的大小一般为宽 5~5.5m，长 20m，高 18~20 层干草捆。底层草捆应和干草捆的宽面相互挤紧，窄面向上，整齐铺平，不留通风道或任何空隙。其余各层堆平(窄面在钡 0，宽面在上下)。为了使草捆位置稳固，上层草捆之间的接缝应和下层草捆之间的接缝错开。从第二层草捆开始，可在每层中设置 25~30cm 宽的通风道，在双数层开纵向通风道，在单数层开横向通风道，通风道的数目可根据草捆的水分含量确定。干草一直堆到 8 层草捆高。第九层为"遮檐层"，此层的边缘突出于 8 层之外，作为遮檐。第十、第十一、第十二层以后成阶梯状堆置，每一层的干草纵面比下一层缩进 2/3 或 1/3 捆长，这样可堆成带檐的双斜面垛顶，垛顶共需堆置 9~10 层草捆。垛顶用草帘或其:他遮雨物覆盖。干草捆除露天堆垛贮存外，还可以贮存在专用的仓库或干草棚内。

（六）干草贮存应注意的事项

为了保证垛存青干草的品质和避免损失，对贮存的干草要指定专人负责管理，经常检查。具体要注意的事项如下。

第一，要防止垛顶塌陷漏雨。干草堆垛 2+3 周后常常发生塌陷现象，应经常检查，及时修整。

第二，要防止垛基受潮。

第三，要防止干草过度发酵和自燃。特别是贮存后的最初 1 周，应经常检查温度。

八、干草的品质鉴定

一般认为青干草的品质应根据消化率和营养成分含量来评定。干草品质鉴定分为化学分析与感官判断 2 种。

（一）干草品质的化学分析鉴定

化学分析中，粗蛋白质、胡萝卜素、中性洗涤纤维、酸性洗涤纤维是青干草品质评定的重要测定指标。我国目前正在拟定各种牧

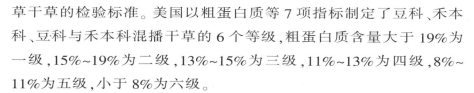

草干草的检验标准。美国以粗蛋白质等 7 项指标制定了豆科、禾本科、豆科与禾本科混播干草的 6 个等级,粗蛋白质含量大于 19% 为一级,15%~19% 为二级,13%~15% 为三级,11%~13% 为四级,8%~11% 为五级,小于 8% 为六级。

(二)干草品质的感官判断鉴定

生产中常用感官判断, 它主要依据下列几个方面粗略地对于草品质作出鉴定。

1. 收割时期　适时收割的青干草一般颜色较青绿,气味芳香,叶量丰富,茎秆质地柔软。豆科牧草收割适期为现蕾期至始花期,禾本科牧草为抽穗至开花期, 其他各种牧草为初花期或开花至结实期。

2. 颜色气味　干草的颜色是反映品质优劣最明显的标志。

优质干草呈绿色。绿色越深,其营养物质损失就越小,所含可溶性营养物质、胡萝卜素及其他维生素越多,品质越好。保存不好的牧草可能因为发酵产热、温度过高、颜色发暗或变褐色甚至黑色,品质较差。优质青干草具有浓厚的芳香味,如果干草有霉味或焦灼的气味,其品质不佳。

3. 叶片含量　干草中的叶量多,品质就好。这是因为干草叶片的营养价值较高, 所含的矿物质、蛋白质比茎秆中多 1~1.5 倍,胡萝、素多 10~15 倍,纤维素少 1~2 倍,消化率高 40%。鉴定时取一束干草,看叶量的多少。优质豆科牧草干草中叶量应占干草总质量的 50% 以上。

4. 牧草形态　初花期或以前收割的牧草,干草中含有花蕾,未结实花序的枝条也较多,叶量丰富,茎秆质地柔软,品质好;若刈割过迟,干草中叶量少,带有成熟或未成熟种子的枝条的数目多,茎秆坚硬,适口性、消化率都下降,品质变劣。

5. 牧草组分　干草中优质豆科或禾本科牧草占有的比例大时品质较好,而杂草数日多时品质差。

6. 含水量　干草含水量应为 15%~17%,超过 20% 以上时不利于贮存。

7. 病虫害情况　由病虫害侵害过的牧草调制成的干草，其营养价值较低，且不利于家畜健康。鉴定时抓一把干草，检查叶片、穗上是否有病斑出现，是否带有黑色粉末等。如果发现带有病斑，则不能饲喂家畜。

我国目前没有统一标准的牧草感官质量评定标准。用得比较多的是内蒙古自治区的干草评定标准，分为 5 个等级。

一级：枝叶鲜绿色或深绿色，叶及花序损失不到 5%，含水量 15%~17%，有浓郁的干草芳香气味。但再生草调制的干草气味较淡。

二级：绿色，叶及花序损失不到 10%，有香味，含水量 15%~17%。

三级：叶色发暗，叶及花序损失不到 15%，含水量 15%~17%，有干草香味。

四级：茎叶发黄或发白，部分有褐色斑点。叶及花序损失大于 15%，含水量 15%~17%，香味较淡。

五级：发霉，有臭味。不能饲喂家畜。

第四节　草产品加工

一、草捆的制作

打捆就是为便于运输和贮存，把干燥到一定程度的散干草打成千草捆的过程。为了保证干草的质量，在压捆时必须掌握好其含水量。一般认为，比贮存干草的含水量略高一些，就可压捆。在较潮湿地区适于打捆的牧草含水量为 30%~35%，干旱地区为 25%~30%。根据打捆机的种类不同，打成的草捆分为小方草捆、大方草捆和大圆柱形草捆 3 种。

(一)小方草捆的制作

小型草捆打捆机有固定式和捡拾式 2 种。固定式打捆机一般安装在距离草库较近的地方,把散干草运回后进行打捆。这种方法适宜于产草量较低、草地面积较小并且分布零散地区牧草的打捆。捡拾式打捆机是在前引机械的牵引下,沿草垄捡拾和打捆的可走动式机械,打成的草捆为长方形。草捆常用两条麻绳或金属线捆扎,较大的捆用 3 条金属线捆扎。小方草捆在贮运之前一般都散放在田间,但易受外界环境条件的影响而使其营养成分降低,所以应及时从田间运走,放在有遮挡的地方贮存。小方草捆可直接在田间饲喂家畜,也可运到圈舍喂养。

(二)大方草捆的制作

由大长方形打捆机进行作业,捡拾草垄上的干草打成重 820~910kg 的长方形大草捆,草捆用 6 根粗塑料绳捆扎。大方草捆在卡车上或贮存地垛成坚固的草垛,但需加覆盖物或顶篷,以免遭受不良天气的侵害。大方形草捆需要用重型装卸机或铲车来装卸。

(三)大圆柱形草捆的制作

由大圆柱形打捆机将干草捡拾打成 600~850kg 的大圆形草捆。圆柱形草捆制作时将捡拾起的干草层层地卷在草捆上,田间存放时有利于雨水的流散。草捆一经制成,就能抵御不良气候的侵害,可在野外较长时间存放。但圆柱形草捆的状态和容积使它很难达到与常规方草捆等同的一次装载量,因此一般不宜作远距离运输。圆柱形草捆可存放在排水良好的地方,成行排列,使空气在草捆两侧流动,一般不宜堆放过高(不超过 3 个草捆高度),以免遇雨造成损失。圆柱形草捆可以由安装在拖拉机上的装卸器和特制的圆柱形单捆装卸车来操作。可在田间饲喂,也可运往圈舍饲喂。

在远距离运输草捆时,为了减少草捆体积、降低运输成本,可以把初次打成的小方草捆进行二次打捆。二次压捆需要二次压捆机。二次打捆时要求干草捆的水分含量 14%~17%。如果含水量过高,压缩后水分难以蒸发容易造成草捆的变质。

二、草粉加工

草粉拥有其他饲料无法取代的优点, 在现代化畜牧生产中有着十分重要的意义。畜牧业发达国家的草粉加工起步早、产量高，现已进入大规模工业化生产阶段；我国的草粉生产也已进入了规模化发展阶段。

(一)草粉的优点

第一，干草以原形贮存时，其养分损失较大。如果加工成草粉贮存，与空气接触面小，与其他贮存方法比较，其养分损失最小。草粉加工成本低，经济实用。

第二，草粉是维生素和蛋白质饲料、浓缩饲料和全价性配合饲料的重要组分，在畜禽营养中具有不可替代的作用。优良豆科牧草，如紫花苜蓿草粉富含优质的植物性蛋白质，还含有叶黄素、V_C、V_K、V_E、B族维生素、微量元素及其他生物活性物质，是一些畜禽日粮的重要组成成分，对畜禽健康和生产性能都具有较好的效果，可获得显著的经济效益；

第三，在饲养业向专业化、集约化和工厂化发展过程中，草粉优势明显、市场潜力大。在国际市场上，苜蓿草产品的价格比玉米高50%左右。

第四，与青干草相比，草粉不但可以减少咀嚼耗能，而且在家畜体内消化过程中可减少能量的额外消耗、提高饲草消化率。

(二)草粉加工技术

1. 草粉加工工艺流程　加工生产草粉的生产流程一般为：收割+切短+干燥+粉碎

(1)收割　青干草粉的质量与原料的收割期有很大的关系，为获得优质草粉，务必在营养价值最高的时期进行刈割。一般豆科牧草第一次刈割应在孕蕾初期，以后各次刈割应在孕蕾末期；禾本科牧草不迟于抽穗期。

(2)切短　切短是草粉生产过程一道工序，有利于再加工的充分粉碎。有的生产过程不进行切短，而是将收割后的牧草自然干燥后直接进行粉碎。

(3)干燥　草粉生产中最好用人工干燥法或混合脱水干燥法。

混合脱水干燥法是将收割后的新鲜牧草在田间晾晒一段时间,待牧草的含水量降至一定水平,将其直接运送到牧草加工厂进行后续干燥。人工干燥是将切短的牧草放入烘干机中,通过高温空气,使牧草迅速脱水。

(4)粉碎　是草粉加工中的最后也是最重要的一道工序,对草粉的质量有重要影响,因此技术要求比较高。牧草经粉碎后增大了饲料暴露表面积,有利于动物消化和吸收。

2. 常见的草粉加工方法　目前我国加工草粉多采用先调制青干草,再用青干草加工草粉的办法。而发达国家多用干燥粉碎联合机组,从青草收割、切短、烘干到粉碎成草粉一奉完成。

(1)用青干草加工　首先要除去干草中的毒草\牢沙及发霉变质部分;然后看其干燥程度,如有返潮草,应稍加晾晒干燥后粉碎。豆科干草,注意将茎秆和叶片调和均匀。牧草干燥后立即用锤式粉碎机粉碎,粉碎后过 1.6~3.2mm 筛孔的筛底制成千草粉。根据不同家畜的要求可选择不同孔径的筛, 如反刍动物需要草屑长度 1~3mm,家禽和仔猪需要草屑长度 1~2mm,成年猪需2~3mm。粉碎机的种类繁多,功率差异较大。饲料粉碎机主要有击碎、磅碎、压碎和锯切碎 4 种。目前各地生产的粉碎机往往是几种方法同时使用,常见的有锤片式、劲锤式、爪式和对辊式 4 种。粉碎饲草适用锤片式粉碎机。锤片式粉碎机的特点是生产效率高、适应性广、粉碎粒度好,既能粉碎谷物精饲料,又能粉碎青饲料、粗饲料和秸秆饲料。但动力消耗大。

影响粉碎机工作效率的主要因素包括:①被粉碎饲料的种类。粉碎饲料的种类不同,作业效率也不同。一般谷物饲料偏高,而粗饲料偏低。②饲料含水量。含水量越高,作业效率越低。一般要求含水量为15%。③主轴的转速。每一型号的粉碎机,粉碎某一类饲料时,都有一个适宜的转速,在此转速作业时耗能少,生产率高。④喂入量要适当。喂量过大,易造成堵塞;喂量过小,动力不能充分发挥,效率低。所以,喂量一定要均匀、适量、不间断。

选择饲料粉碎机时,要达到以下几点要求:①根据需要能方便地调节粉碎成品的粒度。②粒度均匀、粉末少,粉碎后不产生高热。③可方便地连续进料和出料。④单位成品能耗低。⑤工作部件耐磨,更换迅速,维修方便,标准化程度高。⑥周详的安全措施。⑦作业时粉尘少,噪声不超过环卫标准。

(2)用鲜草直接加工　鲜草经过1000℃左右高温烘干机,数秒钟后鲜草含水量降至12%左右,紧接着进入粉碎装置,直接加工为所需草粉。既省去了干草调制与贮存工序,又能获得优质草粉。只是草粉成本高于前者。

(三)草粉的贮存方法

草粉属季节性生产,而大量利用却是全年连续的,因而就需要贮存。草粉营养价值的重要指标是维生素和蛋白质的含量,因此贮存草粉期间的主要任务是如何创造条件,保持这些生物活性物质的稳定性,以减少分解破坏。生产实践证明,只有在低温密闭的条件下,才能大大减少草粉中维生素和蛋白质等营养物质的损失。

在北方寒冷地区,可利用自然条件进行低温密闭贮存。

1. 干燥低温贮存　草粉安全贮存的含水量在13%~18%时,要求温度为15℃以下;含水量在15%左右时,要求温度在10℃以下。

2.利用密闭容器换气贮存　将青干草粉置于密闭容器内,借助气体发生器和供气管道系统,改变容器内空气的组分和含量,在这种环境条件下贮存青草粉,可大大减少营养物质损失。

3. 添加抗氧化剂和防腐剂贮存　草粉中添加抗氧化剂和防腐剂可防止草粉变质。常用的抗氧化剂有乙氧喹、丁羟甲苯、丁羟甲基苯,防腐剂有丙酸钙、丙酸铜、丙酸等。

草粉贮存过程中要注意以下两点:一是要注意草粉库保持干燥、凉爽、避光、通风,注意防火、防潮、灭鼠及避免其他酸、碱、农药造成污染;二是要注意草粉包装和堆放,草粉袋以坚固的麻袋或编织袋为好。要特别注意贮存环境的通风,以防吸潮。单件包装质量以50kg为宜,以便于人工搬运及饲喂。一般库房内堆放草粉袋时,

按 2 袋 1 行的排放形式,堆码成高 2m 的长方形垛。

(四)草粉的种类和级别标准

1. 草粉种类　按草粉的原料和调制方法,可将草粉分为特种草粉和一般草粉两类。

(1)特种草粉(叶粉)它是豆科牧草的幼枝嫩叶,用人工干燥的方法制得的草粉。其中蛋白质、维生素和钙的含量比一般草粉高出 50%,胡萝卜素的含量不小于 150mg/kg,所以常称做蛋白质——维生素草粉。主要用作蛋白质和维生素补充剂,对幼畜、家禽、病畜和繁殖母畜有重要的作用。

(2)一般草粉　用自然干燥法调制成的青绿干草粉碎后制得的草粉,通常称为一般草粉。这种草粉在牧草品种、营养成分和饲用价值方面存在着很大差异,但仍然是家畜日粮中不可缺少的重要成分。

2. 草粉的鉴定与分级　草粉质量通常采用感官鉴定,鉴定内容包括:①性状。有粉状、颗粒状等。②色泽。暗绿色、绿色或淡绿色。③气味。具有草香味,无变质、结块、发霉及异味。④杂物。青草粉中不允许含有毒有害物质,不得混入其他物质,如沙石、铁屑、塑料废品、毛团等杂物。如加入氧化剂和防腐剂时,应说明所添加的成分与剂量。

草粉以含水量、粗蛋白质、粗纤维、粗脂肪、粗灰分和胡萝卜素的含量作为控制质量的主要指标,按含量划分为 3 个等级。

(五)苜蓿草粉的饲用价值

1.苜蓿的经济价值　苜蓿是加工草粉的主要牧草,在世界上分布较广。美国栽培面积将近 1333 万公顷,占总牧草面积的44%。我国种植苜蓿已有 2000 多年的历史,长期以来,不但在各地筛选和繁育了大量优良的地方品种,这些品种产量高、质量好、适应性强,而且在苜蓿加工利用方面也取得了较大的发展。在干旱条件下,每 667m² 苜蓿可产草粉 400~600kg 在有灌溉条件的地块和降水较多的地区每 667m² 产量可达 600~1000kg。种植苜蓿可获得的直接经济效益和通过养畜而得到的间接经济效益均远远高于粮食作物。

2. 苜蓿草粉的饲喂价值　在反刍家畜日粮中,苜蓿草粉占50%,即可维持家畜中上等膘情和正常生长发育及繁殖。在鸡的日粮中,苜蓿草粉占 3%~5%,可保证矿物质及维生素的需要,促进体内的酸碱平衡。家兔对苜蓿草粉的消化利用率最高,用 54%的苜蓿草粉日粮饲喂,日增重可达 25~40g,即使在无精料的情况下,也能保证家兔健康生长发育和繁殖。

三、草颗粒加工

为了缩小草粉体积、便于贮存和运输,可以用制粒机把干草粉压制成颗粒状,即草颗粒。草颗粒可大可小,直径为 0.64~1.27cm,长度 0.64~2.54cm。

(一)草颗粒的优点

草颗粒饲料只有原料干草体积的 1/4 左右、便于贮存和运输,而且粉尘少有益于人畜健康;饲喂方便,可以简化饲养手续,为实现集约化、机械化畜牧业生产创造条件;同时增加适口性,改善饲草品质。如草木樨具有香豆素的特殊气味,家畜多少有点不喜食。但制成草颗粒后,则成适口性强、营养价值高的饲草。

(二)草颗粒的加工技术

加工草颗粒最关键的技术是调节原料的含水量。首先必须测出原料的含水量,然后拌水至加工要求的含水量。据测定,用豆科饲草做草颗粒, 最佳含水量为 14%~16%;禾本科饲草为±3%~15%。

草颗粒的加工通常用颗粒饲料轧粒机。草粉在轧粒过程中受到搅拌和挤压的作用,在正常情况下,从筛孔刚印来的颗粒温度达80℃左右,从高温冷却至室温,含水量一般要降低 3%~5%,故冷却后的草颗粒的含水量不超过 11%~13%。由于含水量甚低,适于长期贮存而不会发霉变质。草颗粒在压制过程中加入抗氧化剂,可防止胡萝卜素的损失。如把草粉和草颗粒放在纸袋中,贮存 9 个月后草粉中胡萝卜素损失 65%、蛋白质损失 1.6%~15.7%,而草颗粒中

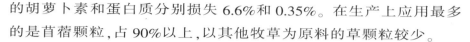

的胡萝卜素和蛋白质分别损失 6.6%和 0.35%。在生产上应用最多的是苜蓿颗粒,占 90%以上,以其他牧草为原料的草颗粒较少。

草颗粒加工可以按各种家畜家禽的营养要求,配制成含不同营养成分的草颗粒。为给各种家畜家禽生产配合饲料、提高饲料的利用率,用草粉 55%~60%、精料(玉米、高粱、燕麦、麸皮等)35%~40%、矿物质和维生素 3%、尿素 1%组成配合饲料,用颗粒饲料压粒机压制而成颗粒饲料。压制时每 100kg 料加水量 17kg。据试验,用颗粒饲料育肥 8 月龄羔羊 50 天,日增重平均达到 190g。应用颗粒饲料生产肥羔,无论在牧区还是在农区均是一条促进养殖业发展的可行途径。

四、草块加工

草块和草颗粒加工具有相同的优点,具有类似的加工方法。牧草草块加工分为田间压块、固定压块和烘干压块 3 种类型。田间压块是由专门的干草收获机械和田间压块机完成的,能在田间直接捡拾干草并制成密实的块状产品。压制成的草块大小为 30mm×30mm×50~100mm。固定压块是由固定压块机强迫粉碎的干草通过挤压钢模,形成 3.2cm×3.2cm×3.7~5cm 的干草块。烘干压块由移动式烘干压饼机完成,先将草切成 2~5cm 长的草段,由运送器输入干燥滚筒,使水分由 75%~80%降至 12%~15%,干燥后的草段直接进入压饼机压成直径 55~65mm、厚约 10mm 的草饼。草块压制过程中和草颗粒一样,可加入尿素、矿物质及其他添加剂。

第五节　青贮技术

制作调制青贮饲料的过程称为青贮。青贮饲料是指青绿新鲜饲草料或萎蔫的或者是半干的青绿饲料,在密封(隔绝空气)的条件下,利用青贮原料表面上附着的乳酸菌经过乳酸菌厌氧发酵后,或者在外来添加剂的作用下促进或抑制微生物发酵,使青贮 pH 值下降,而形成的可以长期贮存的青绿多汁饲料。青贮饲料主要用于反刍家畜,如乳牛、肉牛、乳羊和肉羊等。青贮饲料能长期保存青绿饲料的原有浆汁和养分,气味芳香,质地柔软,适口性好。家畜采食率高。加之青贮的规模可大可小,方法可土可洋,既适用于大中小型农牧场、养殖场,亦可适用于畜禽饲养专业户和一般的农户,因此青贮在我国广大农村和农林牧区迅速推广普及。实践证明,调制青贮饲料比晒制干草和干草粉具有更大的优越性。它可以缓解青饲、放牧与饲料生长季节的矛盾,对提高饲草利用率、均衡青饲料供应、满足反刍动物冬春季节的营养需要等,都起着重要作用。全年给家畜饲喂青贮饲料,如同一年四季都可采食到青绿多汁饲料,从而使家畜终年保持高水平的营养状态和生产水平。青贮饲料主要有以下优点。

第一,青贮饲料营养损失较少。饲料青贮过程中,其营养物质的损失一般不超过15%,尤其是粗蛋白质和胡萝卜素的损失很少,在优良的青贮条件和方法下,甚至效果更佳。但是调制干草常因机械损失等原因,使其营养物质损失20%以上、有时高达40%。遇到雨水淋洗或发霉变质,则损失更大。

第二,青贮饲料适口性好,消化率高。牧草及饲料作物经过青贮后可以很好地保持青绿饲料的鲜嫩汁液,质地柔软。并且产生大量的乳酸和少部分醋酸,具有酸甜清香味,从而罐高了家畜的适口性。一些蒿类植物风干后,具有特殊气味。而经青贮发酵后,异味消失,适口性增强。青贮饲料的能量、蛋白质、粗纤维消化率都高于同类干草。

第三,青贮可扩大饲料来源,有利于养殖业集约化经营。玉米秸秆和花生藤等农作物秸秆都是很好的饲料来源,但是利用率低。

如果能适时抢收并进行青贮,则可成为柔软多汁的青贮饲料。菊科中的一些植物和马铃薯茎叶等晒成干草后有异味,家畜不喜食。但经青贮发酵后,却成为家畜良好的饲料。

第四,调制青贮饲料不受气候等环境条件的影响,并可以长期保存利用。在调制青贮饲料的过程中,不受风吹、日晒和雨淋等不利气候因素的影响。另外也不怕鼠害和火灾等。在我国很多地区，夏秋产草旺季往往是高温高湿，不利于调制干草。但只要按青贮规程的要求进行操作，仍可以制成良好的青贮饲料。青贮饲料不仅可以常年利用，保存条件好的可贮存2~3年。

第五，饲喂青贮饲料可减少家畜消化系统疾病和寄生虫病的发生，并能抑制农田杂草。很多牧草与饲料作物原料携带有大量的寄生虫及其虫卵或病菌，进行青贮发酵后，由于青贮窖里缺乏氧气，并且酸度较高，使寄生虫及其虫卵或病菌失去生活力，从而减少家畜寄生虫病和消化道疾病的发生。并且经过青贮后许多杂草的种子便失去发芽的能力，减少了农田杂草的危害。

一、青贮种类

青贮饲草饲料按原料含水量、原料组成、原料形状及发酵酸种类可划分为不同的类型。按原料组成分为单一青贮、混合青贮和配合青贮；按原料形状分为切短青贮和整株青贮；按发酵酸种类分为乳酸型青贮饲料、乙酸型青贮饲料、丁酸型青贮饲料等。比较常用的是按其原料含水量高低，可划分为高水分青贮、凋萎青贮和半干青贮。

(一)高水分青贮

高水分青贮是指青贮的原料被刈割后（含水量一般在70%以上），不经田间干燥而立即制作青贮。这种青贮方式的优点是减少了气候和天气影响及田间损失。但是水分含量越高，增加了运输工作量，且高水分对发酵过程有害，需要达到更低的pH值才能得到好的贮存效果，所以容易产生品质差或品质不稳定的青贮饲料。另外由于渗漏，还会造成营养物质的大量流失。可以借助添加能促进乳酸菌发酵或抑制不良发酵的添加剂，保障青贮质量。

(二)凋萎青贮

凋萎青贮是一种比较经典的制作青贮的方法。牧草或玉米刈割后，经过4~6小时的晾晒或风干，使原料含水量达到60%~70%，再切碎、入窖青贮。该方法虽然干物质、胡萝卜素由于晾晒有所损失,但是由于含水量适中,无需任何添加剂即可很容易地得到质量很好的青贮饲料,又可在一定程度上减轻流出液损失。

(三)半干青贮

半干青贮也称低水分青贮,首先通过晾晒或混合其他饲料使其水分含量达到半干青贮的条件,切碎后快速装填入密封性强的青贮容器。该方法主要应用于豆科牧草,通过降低水分限桃不良微生物的繁殖和丁酸发酵,达到稳定青贮饲料品质的目的。

二、青贮发酵

(一)青贮发酵的基本原理

将青鲜饲草料切碎,在厌氧条件下进行乳酸发酵。乳酸菌利用青贮原料中的碳水化合物发酵产生乳酸,pH 值下降至 $4\sim4.2$ 抑制有害微生物生长,使饲草料可以长期保存。所以说青贮的基本原理是促进乳酸菌活动而抑制其他微生物活动的发酵过程。

(二)青贮发酵和微生物

在青贮发酵过程中虽然有多种微生物参与,而且这些微生物不断互相竞争,但在青贮发酵中,必须保证乳酸菌的繁殖占绝对主导地位。刚收割的牧草或秸秆中附生着各种微生物,其中大部分是好氧的,乳酸菌的数量极少。如果收割下来的牧草或秸秆不及时入窖青贮,好氧的腐败菌就会迅速繁殖。

因此,为促使青贮过程中有益乳酸菌的正常繁殖活动,必须了解各种微生物的活动规律和对环境的要求,以便采取措施,抑制各种不利于青贮的微生物活动,消除一切妨碍乳酸形成的条件,创造有益于青贮的乳酸菌活动的最适宜环境。

1. 乳酸菌　它是青贮的主要有益微生物。在原料中或在收获过程中机械上附着的乳酸菌被带入青贮窖内,并且在短时间内繁殖起来的。乳酸菌种类很多,其中对青贮有益的主要是乳酸链球菌、德氏乳酸杆菌。它们均为同质发酵的乳酸菌,发酵后只产生乳酸。此外,还有许多异质发酵的乳酸菌,除产生乳酸外,还产生大量的乙醇、醋酸、甘油和二氧化碳等。乳酸链球菌属兼性厌氧菌,在有氧或无氧条件下均能生长繁殖,耐酸能力较低,青贮饲料中酸量达0.5%~0.8%、pH 值 4.2 时即停止活动。乳酸杆菌为厌氧菌,只在厌氧条件下生长和繁殖,耐酸力强,青贮料中酸量达 1.5%~2.4%、pH 值为 3 时才停止活动。

根据乳酸菌对温度的要求不同,可分为好冷性乳酸菌和好热性乳酸菌两类。好冷性乳酸菌在 25℃~35℃条件下繁殖最快,正常青贮时,主要是好冷性乳酸菌活动。好热性乳酸菌发酵结果,能使温度达到 52℃~54℃。如超过这个温度,则意味着还有其他好气性腐败菌等微生物参与发酵。高温青贮养分损失大,青贮饲料品质差,应当避免。

乳酸的大量形成,一方面为乳酸菌本身生长繁殖创造了条件,另一方面产生的乳酸使其他微生物如腐败菌、酪酸菌等死亡,年酸积累的结果使酸度增强,乳酸菌自身也受抑制而停止活动。乳酸菌为了繁殖生长,能够以碳水化合物作为能量产生乳酸,但其体内没有蛋白质分解酶,所以牧草中的蛋白质基本被保存下来。

2. 酪酸菌(丁酸菌)　它是一种厌氧、不耐酸的有害细菌,又叫梭状芽胞杆菌,简称梭菌。它能使青贮饲料腐败,是鉴定青贮饲料优劣的主要标志。酪酸含量愈多,青贮饲料的品质愈劣。原料上的酪酸菌本来不多,但在缺氧条件下繁殖旺盛,耐高温,在 60℃的高温下仍能繁殖。它在 pH 值 4.7 以下时不能繁殖,当 pH:值降至 4.2以下时,即停止生长,甚至死亡。酪酸声能使葡萄糖和乳酸分解产生具有挥发性臭味的丁酸,同时产生氢气和二氧化碳。酪酸菌还能分解蛋白质形成氨基酸或者胺和硫化氢等。蛋白质被分解后,形成具有刺鼻臭气的产物,伴有碱性反应。同时酪酸菌又破坏青贮料中的叶绿素,在其外表形成程度不同的黄斑。当青贮饲料中丁酸含量达到万分之几时, 即影响青贮料的品质。酪酸菌广泛分布在自然界,但植物体上附着的酪酸菌数量非常少,它们主要与土壤一起被带入青贮料中,或青贮窖本身被污染而带人。青贮原料幼嫩、碳水化合物含量不足、含水量过高、装压过紧、高温贮存、酸缓冲力高等均易促使酪酸菌活动和大量繁殖。

3. 酵母菌　它是一种好氧性细菌,喜潮湿,不耐酸。在青饲料切碎尚未装贮完毕之前,酵母菌只在青贮原料表层繁殖,分解可溶性糖,产生乙醇及其他芳香类物质。待封窖后,空气越来越少,酸性迅速积累,便很快阻止它的活动。在青贮中一般只生活4~5天。

4. 腐败菌　凡能强烈分解蛋白质的细菌统称为腐败菌。此类细菌很多,有嗜高温的,也有嗜中温或低温的。它们能使蛋白质、脂肪、碳水化合物等分解产生氨、硫化氢、二氧化碳、甲烷和氢气等,使青贮原料变臭变苦,养分损失大,不能饲喂家畜,导致青贮失败。不过腐败菌只在青贮料装压不紧、残存空气较多碑窖封不好时才大量繁殖;在正常青贮条件下,当乳酸逐渐形成、pH值下降、氧气耗尽后,腐败细菌活动即迅速抑制以至死亡。

5. 霉菌(又称丝状菌)　它是青贮饲料的有害微生物,是导致青贮变质的主要好气性微生物,通常仅存在于青贮饲料的表层或边缘等易接触空气的部分。它的生存需要氧气。青贮料中含水量不适当或踩压不紧、封闭不严而透气时,便会出现白色或黄色丝状结块,特别是在青贮饲料上层和窖周围。正常青贮情况下,霉菌仅生存于青贮初期,青贮的酸性环境和厌氧条件足以抑制霉菌的生长。霉菌破坏有机物质,分解蛋白质产生氨,使青贮料发霉变质并产生酸败味,降低其品质,甚至失去饲用价值。某些霉菌还产生对动物有毒有害的物质。青贮窖开封后,青贮饲料与空气接触,酵母菌与霉菌又可繁殖起来,导致青贮饲料第二次发酵。二次发酵的后果是温度升高,消耗营养物质,导致青贮饲料变质腐败。

(三)青贮发酵过程

根据环境因素、微生物种类和物质变化,将正常的青贮发酵过程大体可分为以下3个阶段。

1. 有氧呼吸期　有氧呼吸阶段需要1~3天,其主要包括植物细胞的呼吸和好氧微生物的呼吸。刚收割的青绿植株中的细胞并未立即死亡,因青贮装窖密封之后,青贮容器中有空气存在,所以青贮初期植物细胞继续进行呼吸代谢作用、氧化分解可溶性碳水化合物。但如果青贮容器内残留的氧气过多，植物细胞呼吸期延长，即引起糖原的过多消耗，同时也导致青贮容器内温度升高，不仅加大各种营养成分的损失，而且削弱了乳酸菌与其他微生物的竞争能力。青贮的植物细胞受机械切割，压榨而排出汁液，内含丰富的可溶性碳水化合物等养分，此时好气性微生物开始了强烈活动、繁殖，分解蛋白质和糖类而产生氨基酸、乳酸和醋酸等物质，氨基酸进一步脱羟基后转化成营养价值较低的氨化物。从营养保存和有效发酵的角度考虑，这个阶段越短越好；如果这个阶段过长时，对其后的乳酸发酵会不利。

2. 乳酸发酵期　经过第一阶段的有氧呼吸期之后，氧气耗尽，而产生的二氧化碳使窖内形成厌氧状态，这时就开始强烈的乳酸发酵。乳酸菌迅速繁殖，分解可溶性碳水化合物而产生大量乳酸，pH 值迅速降低，致使腐败细菌、酪酸菌等活动受到抑制甚至死亡。当 pH 值为 4.2 时，乳酸菌活动也缓慢下来。此阶段需要 2~3 周。

3. 发酵稳定期　经过旺盛的乳酸发酵，乳酸生成量达到新鲜物的 1%~1.5%(若含水量 80%的情况下，相当于干物质中的 5%~7.5%)。当 pH 值降至 4 以下时，就会抑制不良细菌的繁殖，使青贮发酵进入稳定状态。如果原料中的可溶性糖含量充足，并且能保证厌氧条件，乳酸生成量一般能达到原料的 1%~1.5%，而且 pH 值迅速降至 4 以下。此阶段需 2~3 周。否则，乳酸发酵过程中所产生的乳酸转化为酪酸，并且蛋白质和氨基酸也分解成氨类物质，导致pH 值升高，青贮品质下降。通常这种变化在原料被装填后 1 个月左右发生。若大量产生酪酸时，青贮料不仅有腐臭味，而且养分大量损失。家畜采食这类青贮料后容易发生痢疾和乳房炎等疾病。

三、制作优良青贮饲料应具备的条件

(一)创造厌氧环境

青贮能否成功，在很大程度上取决于乳酸菌能否迅速而大量地繁殖。首先，必须有乳酸菌，而且它的繁殖能抑制不良细菌的生长。乳酸杆菌为厌氧菌,只在厌氧条件下生长和繁殖,所以制作优良青贮饲料的首要条件是创造厌氧环境。创造厌氧环境要做到尽量排除空气和防止空气进入。具体措施主要有以下两项。

1. 切短、压实 切短青贮原料的目的是为了便于装填紧实增加饲料密度,提高青贮窖的利用率。同时排除原料间隙中的宝气,使植物细胞渗出汁液,而湿润饲料表面,利于乳酸菌的生长繁殖而促进发酵。

2. 尽早密封青贮窖 尽早封窖使青贮尽快进入厌氧状态大量调制青贮饲料而延长装填作业时间或者密封不充分时,容易形成好气性环境,其结果是青贮饲料表面因霉菌繁殖而出现腐败现象,致使饲料品质下降。

(二)原料要有一定的含糖量和较小的缓冲能力

原料中的葡萄糖、果糖、蔗糖等可溶性糖分的含量,是决定贮发酵品质的最重要的影响因素之一。可溶性糖分可以促进乳酸菌繁殖进而获得足够量的乳酸,一般糖含量越多所产生的乳酸菌越多而醋酸和酪酸就越低。可溶性糖也随植物生长发育而发生变化,一般生长早期可溶性糖含量高,以后逐渐减少;早熟品种比晚熟品种的可溶性碳水化合物含量高。含糖高、易青贮的饲料有:玉米、高粱、燕麦、向日葵、甜菜、胡萝卜、豌豆;难青贮的是豆科牧草;不能单独青贮的是瓜类。

牧草固有的抗 pH 变化能力——缓冲能力,在很大程度上影响牧草发酵品质的优劣,多数牧草的缓冲能力主要决定于有机酸盐、磷酸盐、硫酸盐、硝酸盐和氯化物等阴离子的存在和数量。试验结果表明,施氮肥过多易引起缓冲能力的提高。但在青贮之前进行萎蔫处理,则可使缓冲能力降低。在很难通过正常的乳酸发酵途径产生足够的乳酸,而使青贮料的 pH 值降至 4 以下时,通常可直接加入酸类物质来降低 pH 值,其种类有无机酸,也有有机酸,目前较普遍使用的是甲酸。

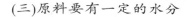

(三)原料要有一定的水分

青贮原料只有含水量适当，才能获得良好的乳酸发酵并减少营养物质损失。虽然在较大的含水量范围内，都可制作青贮。但是为获取优质青贮料，含水量以60%~75%为宜。原料含水量过大，可通过干燥途径提高干物质含量或与含水量低的原料混贮。原料水分过低时可以通过加水的方法，调整水分到比较合适的含量。

四、青贮设施

青贮设施主要有青贮窖、青贮壕、青贮塔、青贮袋及拉伸膜等。对这些设施的基本要求如下。

第一，不透空气。无论用哪种材料建造青贮设施，必须做到严密不透气。可用石灰、水泥等防水材料填充和抹青贮窖、壕壁的缝隙，如能在壁内衬一层塑料薄膜更好。

第二，不透水。场址要选择在地势干燥、地下水位较低、距畜舍较近而又远离水源和粪坑的地方，不要靠近水塘、粪池，以免污水渗入。地下或半地下式青贮设施的底面，必须高出于地下水位。在青贮设施的周围挖好排水沟，以防地面水流入。如有水浸入会使青贮饲料腐败。

第三，墙壁要平直。青贮容器的墙壁要平滑垂直，内壁光滑、不留死角，这会有利于青贮饲料的下沉和压实。下宽上窄或上宽下窄都会阻碍青贮饲料的下沉或形成缝隙，造成青贮饲料霉变。

第四，要有一定的深度。青贮容器的宽度或直径一般应小于深度，宽∶深为1∶1.5或1∶2，以利于青贮饲料借助本身重力而压得紧实，减少空气，保证青贮饲料质量。

(一)青贮窖

青贮窖是我国应用最普遍的青贮设施。按照窖的形状，可分为圆形窖和长方形2种。在地势低平、地下水位较高的地方，建造地下式窖易积水，可建造半地下、半地上式。圆形窖口大不易管理；取料时需逐层取用，若用量少，冬季表层易结冻、夏季易霉变。长方形窖适于小规模饲养户采用，便于管理。但长方形窖占地面积较大。

不论圆形窖或长方形窖,都应用砖、石、水泥建造,窖壁用水泥挂面,窖底只用砖铺地面,不抹水泥,以便使多余水分渗漏。圆形窖的直径为 2~4m、深 3~5m,窖壁要光滑。长方形窖宽为 1.5~3m、深 2.5~4m,长度根据家畜头数和饲料多少决定。长度超过 5m 以上时,每隔 4m 砌一横墙,以加固窖壁,防止砖、石倒塌。

(二)青贮壕

大型的壕沟式青贮设施,适用于大规模饲养场使用。此类建筑最好选择在地方宽敞、地势干燥或有斜坡的地方,开口在低处,以便夏季排出雨水。青贮壕一般宽 4~6m,便于链轨拖拉机压实。深 5~7m,(地上至少 2~3m),长 20~40m。必须用砖、石、水泥建筑永久窖。青贮壕是三面砌墙,地势低的一端敞开,以便车辆运取饲料。

(三)青贮塔

青贮塔适用于机械化水平较高、饲养规模较大、经济条件较好的饲养场。塔直径 4~6m、高 13~15m,塔顶要有防雨设备。塔身一侧每隔 2~3m 留一规格为 60cm×60cm 的窗口,装料时开启,用完后关闭。原料由机械从塔顶吹人落下,塔内要专人踩实。饲料由塔底层取料口取出。要经过专业技术设计和专业施工。青贮塔封闭严实,原料下沉紧密,发酵充分,青贮质量高。

(四)塑料青贮袋

近年来随着塑料工业的发展,国外一些饲养场,采用质量较好的塑料薄膜制成袋,装填青贮饲料,袋口扎紧,堆放在畜舍内,使用很方便。"袋式青贮"技术,特别适合于苜蓿、玉米秸秆、高粱秸秆等的大批量青贮。该技术是将饲草切碎后,采用袋式灌装机械将饲草高密度地装入专用青贮袋。此技术可青贮含水率高达 60%~65% 的饲草。1 个 33m 长的青贮袋可灌装近 100 吨饲草。灌装机灌装速度可高达每小 60~90 吨。较传统窖贮技术有如下优点:地点灵活,不受季节、日晒、降水和地下水位的影响,可在露天堆放;青贮饲料质量好,粗蛋白质含量高,消化率高,适,口性好,可以商品化;损失浪费极少,霉变损失、流液损失和饲喂损失可减少 20%~30%;保存期长,可达 1~2 年;贮存、取饲方便;节省了建窖、维修费用、建窖占用的土地和劳力。但是塑料袋贮成本高,易受鼠害;需放于干燥无阳光的地方,不能随意搬动。

(五)塑料拉伸膜

塑料拉伸膜用于拉伸膜裹包青贮,是低水分青贮的一种形式,属目前世界发达国家流行的青贮技术之一。在我国内蒙古、河南、青海、安徽、广东、北京、上海等地试验和使用,其青贮质量良好。拉伸膜裹包青贮是指将收割好的新鲜牧草经打捆裹包密封保存并在厌氧发酵后形成的优质草料。青贮专用塑料拉伸膜是一种很薄的、具有黏性、专为裹包草捆研制的塑料拉伸回缩膜,从而能够防止外界空气和水分进入。草捆裹包好后,形成厌氧状态,草料自行发酵产生乳酸。与传统的窖装青贮相比,拉伸膜裹包青贮有以下优点。

第一,损失浪费小。传统窖装青贮由于不能及时密封和密封不严,往往造成窖上部的霉烂变质。此项可损失总量的 15%左右。而草捆裹包青贮则几乎没有霉烂,也不会造成水分的渗漏,而且抗日晒、雨淋、风寒的功能很强。因此,损失可降低到最低程度。

第二,灵活方便。首先是制作、贮存的地点灵活,可以在农田、草场,也可以在饲养场院内及周边任何地方制作;其次是制作方便,即不用挖青贮窖,盖青贮塔,也不用大量的人力进行笨重劳动,并且在任何气候条件下却不会影响被贮饲料的质量;再次是提取和运输方便。用塑料袋贮和圆捆贮开口即可拉取,取后可以很方便地扎实袋或用拉伸膜封。

第三,青贮制品质量好。由于制作速率快,被贮饲料高密度挤压结实,密封性能好,所以乳酸菌可以充分发酵。

第四,不污染环境。窖贮制作过程中渗漏不但会降低饲料营养品质,而且还会污染土壤和水源,青贮裹包草捆无渗姻,不污染环境,使农村环境更优雅卫生。

第五,保存期长。拉伸膜裹包青贮不受季节、气温、日晒、雨淋、风寒、地下水位的影响,可在露天堆放,长达 1~2 年不变质。

第六，节省了建窖占用土地，节省建窖投资费用和维修费用，便于草料的商品化生产。

拉伸膜裹包青贮的缺点主要表现在以下 3 个方面：

其一，裹包机使用方法和拉伸膜选择上出现失误时容易造成密封性不良等问题，在搬运和保管拉伸膜青贮饲料过程中要防止拉伸膜的损伤；不同草捆之间或同一草捆的不同部位之间水分含量参差不齐，出现发酵品质差异，给饲料营养设计带来困难，难以精确掌握恰当的供给量。

其二，整个制作过程需要机械化操作，初期投入较大。

其三，废旧拉伸膜的处理回收仍未很好地解决，会造成白色污染。

五、常规青贮饲料操作规程

由于制作青贮饲料具有季节性，要求连续作业、短期内完成。

（一）适时刈割

优质青贮原料是调制优良青贮饲料的物质基础。在适当的时期对青贮原料进行刈割，可以获得最高产量和最佳养分含量。具体知识已经在干草调制里面讲过，这里不再叙述。

（二）调节水分

适时刈割时其原料含水量通常为 75%~80% 或更高。要调制出优质青贮饲料，必须调节含水量。尤其对于含水量过高或过低的青贮原料，青贮时均应进行处理。一般青贮饲料适宜的含水量为 65%~75%。以豆科牧草做原料时，其含水量以 60%~70% 为宜。如果含水量过高，则糖分被过分稀释，不适于乳酸菌的繁殖；含水量过低时，则青贮物不易压缩，残留空气太多，霉菌和其他杂菌滋生蔓延，产生更高的热度，会使饲料变褐，降低蛋白质的消化性，导致青贮腐烂变质，甚至有发生火灾的可能。一般来说，将青贮的原料切碎后，握在手里，手中感到湿润，但不滴水，这个时机较为相宜。青贮原料如果含水率不足，可以添加清水（井水、河水、自来水）。水分过多的饲料，青贮前应晾晒凋萎，使其水分含量达到要求后再行青贮；有

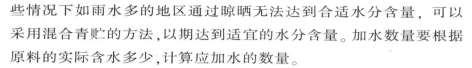

些情况下如雨水多的地区通过晾晒无法达到合适水分含量，可以采用混合青贮的方法，以期达到适宜的水分含量。加水数量要根据原料的实际含水多少，计算应加水的数量。

(三)切碎和压裂

原料的切碎和压裂是促进青贮发酵的重要措施。切碎和压裂有以下4个方面的作用。

一是装填原料容易。青贮窖内可容纳较多原料(干物质)，并且节省时间。二是使植物细胞渗出汁液润湿饲料表面，有利于乳酸菌的繁殖和青贮饲料品质的提高。三是便于压实，节约踩压的时间。有利于排除青贮窖内的空气，尽早进入密封状态，阻止植物呼吸，形成厌氧条件，减少养分损失。四是使用添加剂时，能均匀撒在原料中。

切碎的程度取决于原料的粗细、软硬程度、含水量、饲喂家畜的种类和铡切的工具等。对牛、羊等反刍动物来说，禾本科和豆科牧草及叶菜类等切成2~3cm，大麦、燕麦、牧草等茎秆柔软，切碎长度为3~4cm。

(四)填装与压实

切碎的原料在青贮设施中都要装匀和压实，而且压得越实越好。尤其是靠近壁和角的地方不能留有空隙，以减少空气，利于乳酸菌的繁殖和抑制好气性微生物的活力。如果是土窖，窖的四周应铺垫塑料薄膜，以避免饲料接触泥土被污染和饲料中的水分被土壤吸收而发霉。砖、石、水泥结构的永久窖则不需铺塑料薄膜。小型青贮窖可人力踩踏，大型青贮窖则用履带式拖拉机来压实。用拖拉机压实要注意不要带进泥土、油垢、金属等污染物，压不到的边角可人力踩压;青贮原料装填过程应尽量缩短时间。小型窖应在1天内完成，中型窖2~3天，大型窖3~4天。

(五)密封与管理

原料装填压实之后，应立即密封和覆盖。其目的是隔绝空气与原料接触，并防止雨水进入。使原料高出窖口40~50cm，长方形窖形成鱼脊背式,圆形窖成馒头状,然后进行密封和覆盖。密封和覆盖时,可先盖一层细软的青草,草上再盖一层塑料薄膜,并用泥土堆压靠在青贮窖或壕壁处,然后用适当的盖子将其盖严;也可在青贮料上盖一层塑料膜,然后盖 30~50cm 的湿土;如果不用塑料薄膜,需在压实的原料上面加盖一层 3~5cm 厚的软青草,再在上面覆盖一层 35~45cm 厚的湿土,并很好地踏实。窖四周要把多余泥土清理好,挖好排水沟,防止雨水流入窖内。封窖应每天检查盖土下沉的状况,并将下沉时盖顶上所形成的裂缝和孔隙用泥巴抹好,以保证高度密封。在青贮窖无棚的情况下,窖顶的泥土必须高出青贮窖的边缘,并呈圆顶形,以免雨水流入窖内。

六、半干青贮技术

半干青贮又叫低水分青贮,是把原料(细茎牧草)放在田间晾晒使其凋萎,含水量为 45%~50%,然后进行青贮。半干青贮调制技术主要在牧草尤其是豆科牧草上应用。我国现行推广的玉米秸秆黄贮或青黄贮均属于低水分青贮。拉伸膜青贮和袋装青贮也属此类。

(一)半干青贮的基本原理

青贮原料收割后,经风干晾晒,含水量降至 45%~50%、植物细胞的渗透压达到 60 个大气压时,各种微生物的活动处于生理干旱状态,好气性霉菌和腐败菌的活动受到抑制,乳滋菌活动也微弱,只进行轻微发酵;加之高度厌氧,就阻止了喜欢高水分的梭菌的活动,阻碍了酪酸的产生和蛋白质的分解。其结果是在有机酸形成量少和相对较高 pH 值(5.6 左右)条件下也能获得品质优良的青贮饲料。

(二)半干青贮技术的要点

半干青贮的调制方法与普通青贮基本相同,区别在于牧草收割后,晾晒 1~2 天,当水分含量达到 45%~55%时才能装贮,并且贮藏过程和取用过程中要保证密封。

1. 晾晒　半干青贮晾晒时间越短越好,最好控制在 24~36 小时之内。半干原料的含水量的判断,可采用田间观测法和公式法。

田间观测:禾草经晾晒后,茎叶失去鲜绿色,叶片卷成筒状,茎秆基部尚保持鲜绿状态;豆科牧草晾晒至叶片卷成筒状,叶片易折断,压迫茎秆能挤出水分,茎表面可用指甲刮下,这时的含水量约50%。

公式计算:R=(100-W)/(100-X)

R:每 100kg 青贮原料晒干至要求含水量时的重量(kg)

W:青贮原料最初含水量(每 100kg 中的重量)

X:青贮时要求的含水量(每 100kg 中的重量)

2. 切碎　目的是提高密度排除空气而不是促进发酵。所以原料的含水量越低应切的越短。最好铡成 2cm 左右的碎段后入窖。

3.装填　原料的装填要遵循快速而压实的原则,分层装填、分层镇压,压的越实越好。

4.密封和覆盖　青贮饲料装满压实后,需及时密封和覆盖。具体方法是装填镇压完毕后, 在上面盖聚乙烯薄膜, 薄膜上盖沙土5cm 厚即可。

七、青贮添加剂

目前世界各国约 70%的青贮饲料使用添加剂。青贮饲料添加剂种类繁多,无论何种添加剂,它必须对家畜是无毒的,尤其是对瘤胃发酵不能有副作用。根据使用目的、效果可分为发酵促进剂、发酵抑制剂、好气性腐败菌抑制剂及营养性添加剂 4 类。其目的是促进乳酸发酵、抑制不良发酵、控制好气性变质和改善青贮饲料的营养价值。

(一)发酵促进剂

1. 乳酸菌制剂　添加乳酸菌制剂是人工扩大奇贮原料中乳酸菌群体的方法。添加乳酸菌制剂可以保证初期发酵所需的乳酸菌数量,取得早期进入乳酸发酵优势。调制青贮的专用乳酸菌添加剂应具备如下特点:①生长旺盛,在与其他微生物的竞争中占主导地位。②产生最多的乳酸。③具有耐酸性,尽快使 pH 值降至 4 以下。④能使葡萄糖、果糖、蔗糖和果聚糖发酵,则戊糖发酵更好。⑤生长繁殖温度范围广。⑥在低水分条件下也能生长繁殖。

2. 酶制剂　添加的酶制剂主要是多种细胞壁分解酶，大部分商品酶制剂是包含多种酶活性的粗制剂，主要是分解原料细胞壁的纤维素和半纤维素，产生被乳酸菌可利用的可溶性糖类。作为青贮添加剂的纤维素分解酶应具备以下条件：①添加之后能使青贮早期产生足够的糖分。②在 pH 值 4~6.5 范围内起作用。③不存在蛋白质分解活性。

3. 糖类和富含糖分的饲料　当进行豆科牧草单独青贮和含水量高的原料青贮而原料可溶性糖分不足时，添加糖和富含糖分的饲料可明显改善发酵效果。这类添加剂除糖蜜以外，还有葡萄糖、糖蜜饲料、谷类米糠类等。糖蜜加入量禾本科为 1%，豆科为 3%。

(二)发酵抑制剂

1. 甲酸　通过添加甲酸快速降低 pH 值，抑制原料呼吸作用和不良细菌的活动，使营养物质的分解限制在最低水平，从而保证饲料品质。浓度为 85% 的甲酸，禾本科牧草添加量为湿重的 0.3%、豆科牧草为 0.5%、混播牧草为 0.4%。

2. 甲醛　甲醛具有抑制微生物生长繁殖的特性，还可阻止或减弱瘤胃微生物对食入蛋白质的分解。一般可按青贮原料中蛋白质的含量来计算甲醛添加量，建议甲醛的安全和有效用量为 3%~5% 粗蛋白质。

(三)好气性变质抑制剂

有乳酸菌制剂、丙酸、己酸、山梨酸和氨等；对牧草或玉米添加丙酸调制青贮饲料时，单位鲜重添加 0.3%~0.5% 时有效，而增加到 1% 时效果更明显。

(四)营养性添加剂

营养性添加剂主要用于改善青贮饲料营养价值，而对青贮发酵一般不起作用。目前应用最广的是尿素，将尿素加入青贮饲料中，可降低青贮物质的分解，提高青贮饲料的营养物质；同时还兼有抑菌作用。

八、青贮饲料的饲用技术及品质鉴定

(一)青贮饲料饲用技术

1. 饲喂量 第一次饲喂青贮饲料有些羊只可能不习惯，可将少量青贮饲料放在食槽底部，上面覆盖一些精饲料，等慢慢习惯后再逐渐增加饲喂量。肉羊青贮饲料的饲喂量为每只每日 5~8kg、羔羊为 0.5~1kg。

青贮饲料虽然是一种优质饲料，但饲喂时必须按羊的营养需要与精料和其他饲料进行合理搭配。

2. 取用注意事项

(1)饲喂青贮饲料的饲槽要保持清洁卫生每天必须清扫干净饲槽，以免剩料腐烂变质。

(2)注意饲喂数量 青贮饲料具有酸味，在开始饲喂时，有些羊只不习惯采食，为使其有个适应过程，喂量宜由少到多、循序渐进。

(3)及时密封窖口 青贮饲料取出后，应及时密封窖口，以防青贮饲料二次发酵而败坏。

(二)青贮饲料的品质鉴定

1. 感官鉴定 根据青贮料的颜色、气味、口味、质地、结构等指标，通过感官评定其品质优劣的方法称为感官鉴定，适用于农牧场或其他现场。青贮饲料的感官鉴定可参照举国农业协会(DLG)青贮饲料感官鉴定标准和青贮饲料感官评分标准进行。

2. 实验室鉴定 鉴定的内容包括青贮料的氢离子浓度(pH值)、各种有机酸含量、微生物种类和数量、营养物质含量变化以及青贮料可消化性及营养价值等。

(1)测定氢离子浓度(pH值) 氢离子浓度测定是衡量青贮料品质好坏的重要指标之一。超过要求说明青贮料在发酵过程中腐败菌、酪酸菌等活动较为强烈。对常规青贮来说，pH值 4.2 以下为优，4.2~4.5 为良，4.6~4.8 为可利用，4.8 以上不能利用。但半干青贮饲料不以 pH 值为标准，而根据感官鉴定结果来判断。

(2)测定有机酸含量 有机酸包括乳酸、乙酸、丙酸和丁酸。青贮料中乳酸占总酸的比例越大,说明青贮料的品质越好。一般乳酸的测定用常规法,而挥发性脂肪酸用气相色谱仪来测定。

(3)测定氨态氮含量　利用蒸馏法或其他方法来测定。根据氨态氮与总氮的比例进行评价,数值越大,品质越差,标准为:10%以下为优,10%~15%为良,15~20为一般,20%以上为劣。

第六节　秸秆加工利用技术

一、羊对秸秆灰饲料的消化率

我国是农业大国,农作物秸秆资源十分丰富。以农业大省河南省为例,2008年全省各类秸秆总量约7206万吨(干重)。其中玉米秸秆为2144万吨,麦谷秸秆为4156万吨,其他秸秆为906万吨(包括豆类秸秆、花生秧、红薯秧和蔬菜类)。这些农作物秸秆是农区养羊重要的粗饲料。

二、秸秆的加工调制

(一)秸秆铡短和粉碎

谚话说"寸草铡三刀,无料也长膘"。说的就是铡短和粉碎对提高秸秆等粗饲料消化利用的重要性。秸秆切短后,可大幅降低动物咀嚼秸秆时消耗的能量。例如,家畜食人工千克小麦秸,切碎前咀嚼需消耗能量21.56MJ,切碎后则降为7.16MJ;同时,秸秆切短后可减少20%~30%的浪费,而且家畜的采食量可提高10%~20%,这样家畜摄入的能量增加;另外,铡短和粉碎是秸秆进行其他加工的前处理。所以说,铡短和粉碎是秸秆加工调制秸秆最简便实用的方法。切短长度,一般牛饲用的干草和秸秆长为2.5~3.5cm,马、羊饲用的干草和秸秆长为1.5~2.5cm。粉碎和铡短相比,能更显著地增加采食量、减少咀嚼秸秆时能量消耗、减少浪费、提高秸秆的消化率。对牛、羊、马等草食家畜,粉碎长度宜在7mm左右较好。如果粉碎过细,则家畜咀嚼时间过短,唾液分泌量减少,不能充分混匀,牛、羊易引起反刍停滞。同时加快了秸秆通过瘤胃的速度,秸秆发酵不全,反而降低了秸秆的消化率。铡短和粉碎主要用铡刀或铡草机及揉搓机和粉碎机进行。

(二)秸秆浸泡

在实际养殖生产中,现在很少见到对秸秆进行浸泡,主要是因为不易操作,劳动生产率低。但秸秆铡短或粉碎后,用水或淡盐水浸泡,可使其软化、粗糙度降低、适口性显著提高,并可清洗掉秸秆上的泥土等杂物。具体的处理方法是,每100kg清水或温水加食盐3~5kg,将切碎的秸秆分批在食盐水中浸泡,浸泡24小时后取出,加入10%左右的精料或糠麸即可饲喂。用此种方法调制的饲料,水分不能过大,应按用量处理,一次性喂完。否则容易发酵变质,造成浪费。

(三)秸秆碾青

在晒场上,先铺上约30cm厚的麦秸,再铺约30cm的鲜苜蓿,最后在苜蓿上面铺约30cm厚的秸秆,用石磙或镇压器碾压,把苜蓿压扁,汁液流出被麦秸吸收。既可提高秸秆的适口性、营养价值和利用率,又可缩短苜蓿干燥的时间,快速制成干草,减少了因豆科牧草叶片、嫩枝、花序等幼嫩部分的脱落而造成的损失。

(四)秸秆成型饲料

一种方法是将秸秆、秕壳和干草等粉碎后,根据羊的营养需要,配合适当的精料、糖蜜(糊精和甜菜渣)、维生素和矿物质添加剂混合均匀,用机器生产出大小和形状不同的成型饲料。秸秆和秕壳在成型饲料中的适宜含量为30%~50%。这种饲料,营养价值全面,体积小易于保存和运输。另一种方法是秸秆添加尿素,即将秸秆粉碎后加入尿素(占全部日粮总氮量的30%)、糖蜜(土份尿素,5~10份糖蜜)、精料、维生素和矿物质,压制成颗粒、饼状或块状。这种饲料,粗蛋白质含量提高,适口性好,既可延缓尊在瘤胃中的释放速度、防止中毒,又可降低饲料成本和节约蛋白质饲料。

(五)秸秆热喷处理

此技术由内蒙古畜牧科学院发明。就是将秸秆装入热喷机内,通入过热饱和水蒸气,经过一定时间的高温、高压,通过热效应(140℃以上)、高压效应经 3~5 分钟的处理后,突然释放压力,使机内物料喷出而膨化。膨化秸秆味香,家畜非常喜欢吃,所以可直接用于饲喂,也可与其他饲料混合饲喂。同时,热喷处理使纤维细胞间及细胞壁内务层间木质素熔化,氢键断裂,降低纤维素的结晶度;全压喷放,使细胞游离,胞壁疏松,物料颗粒变小,总面积增加。从而提高家畜对秸秆的采食量和消化率。

1. 秸秆膨化的基本条件

(1)秸秆的含水量 膨化时最好将秸秆的含水量调节控制在 30%~50%。如果秸秆的含水量低于 30%,在膨化的过程中易被碳化,不能再作为饲料饲喂动物;还可能造成膨化时蒸煮不充分,膨化效果差。水分超过 60%,膨化温度难以控制,膨化效果也不好。

(2)秸秆的膨化温度 膨化温应达到 150℃以上,最好在 200~300 之间。

(3)秸秆的膨化压力 要求膨化机内的蒸汽压达 15kg/m以上,才能达到较好的膨化效果。

(4)秸秆的膨化时间 一般 5~20 分钟即可。

2. 秸秆的膨化方法 膨化的方法有 3 种,即加热升压法、加热加压法和加压升温法。加热升压法是通过加热同时达到升压的目的,换句话说就是只加热不加压;加热加压法是既加热又加压;加压升温法是不加热只加压,通过加压,在秸秆喷出的过程中产生摩擦热,达到加热的目的。

(六)秸秆的碱化处理

碱化处理是实际生产上一种比较实用的秸秆处理方法,其特点是成本低廉、简便易行。碱类物质能使饲料纤维内部酚氢键结合变弱,使纤维素分子膨胀,使秸秆变得柔软,能改善秸秆的适口性;而且能皂化糖醛酸和乙酸的脂键,中和游离的糖醛酸,纤维素与木质素间的联系削弱,从而使瘤胃液易于渗入,能提高秸秆消化率;碱化处理促进消化道内容物排空,也能提高秸秆采食量。从处理效果及实用性看,主要有氢氧化钠处理和石灰处理 2 种。

1. 氢氧化钠处理　氢氧化钠处理秸秆的方法有湿法、干法和浸渍法。

(1)湿法处理　配制相当于秸秆 10 倍量的氢氧化钠溶液,将秸秆切碎放入,浸泡一定时间(一般浸泡 24 小时)后,然后用大量清水漂洗,洗净余碱,然后饲喂家畜。这种处理方法可大大提高秸秆消化率,可使秸秆消化率由 4% 提高至 70%;每公斤代谢体重的采食量,由 27g 提高至 37g。但水洗过程养分损失大,而且大量水洗易形成环境污染,所以没有广泛应用。

(2)干法处理　将高浓度的氢氧化钠溶液(氢氧化钠溶液的浓度一般为 20%~40%)喷洒于秸秆,每 100kg 秸秆用 30kg 碱液,通过充分混合使碱溶液渗透于秸秆,处理后不需水洗而将处理秸秆直接饲喂。碱液用量不能超过秸秆重量的 25%。若采用高性能的高压喷雾器,碱液量可减少到秸秆重的 5%~10%。处理后的秸秆除了可以直接饲喂外,也可以堆放在仓库贮存。还可以粉碎成秸秆粉,然后经压粒机制成颗粒。由于压粒时的高温(90℃~100℃)高压作用,进一步破坏了秸秆中木质素的化学结构,使消化率增加近 1 倍。这种秸秆颗粒因含碱量较高,饲喂量应控制在每头羊每日 500g 以下。干法处理的缺点是残留于秸秆的余碱对羊有一定的影响,秸秆中含钠量高,家畜饮水量大。

(3)浸渍法处理　将未切碎的秸秆(最好压成捆)浸泡在 1.5% 的氢氧化钠溶液中 30~60 分钟捞出,然后放置 3~4 天进行"熟化"即可直接饲喂。浸渍法处理可使秸秆的有机物消化率提高 20%~25%。如果在浸泡液中加入 3%~5% 尿素,则处理效果会更佳。

2. 石灰处理　石灰与水相互作用后生成氢氧化钙,能起到上述碱化作用。氢氧化钙是弱碱,石灰处理秸秆所需的时间比氢氧化钠要长。石灰在水中的溶解度很低,处理秸秆最好是用氢氧化钙微粒在水中形成的悬浮液即石灰乳,而不用石灰水。氢氧化钙非常容易与空气中的二氧化碳化结合生成碳酸钙。因此,不能利用在空气中熟化的或者熟化后长期放于空气中的石灰。石灰处理秸秆,可以浸泡,也可以用喷淋法。若用浸泡法,一般是 100kg 秸秆用 3kg 生石灰,加水 200~250kg,或者是石灰乳 9kg 加水 250kg。为了增进适口性,可在石灰水中加入 0.5% 的食盐。处理后的潮湿秸秆,在水泥地上摊放 1 天以上,不需冲洗即可饲喂。为了简化手续和设备,可以采用喷淋法,即在铺有席子的水泥地上铺上切碎秸秆,再以石灰水喷洒数次,然后堆放、软化,1~2 天后就可饲喂。

(七)秸秆氨化

农作物秸秆是羊的重要饲料资源。由于秸秆含有大量粗纤维,直接用做饲料适口性差、消化率低。秸秆氨化处理后,质地松软,味甘辛,可提高适口性,增加采食量 10%~20%,提高消化率 8%~25%。氨化后的秸秆,由于氨态氮的潴留和铵盐的形成,从而提高了粗蛋白质含量 0.8%~1.5%,可节约精饲料,降低饲料成本,提高经济效益。大量研究和实践证明,氨化秸秆不仅具有碱化法的优点,还可增加秸秆的氮素营养,是最受欢迎、最有前途的处理方法。

1. 氨化过程中的 3 种作用 氨化方法能够提高秸秆消化率、营养价值和适口性的主要原因,是由于氨化过程中存在 3 种作用,即碱化作用、氨化作用和中和作用。

(1)碱化作用 氨是一种弱碱,和秸秆的反应虽不如氢氧化钠处理作用强烈,但也具有一定程度的碱化作用,可提高秸秆中纤雄素的利用率。氨的碱性能够使木质素与纤维素、半纤维素分离,纤维素及半纤维素部分分解、细胞膨胀、结构疏松。同时少部分木质素被溶解形成羟基木质素,使消化率提高。

(2)氨化作用 当氨添加到秸秆中,就能够同秸秆中的有机物质发生化学反应,形成铵盐及其复合物。铵盐在瘤胃中脲酶的作用下被分解成氨,氨能够被瘤胃中的微生物利用,与碳、氧、硫等元素共同合成氨基酸,进一步合成菌体蛋白。每公斤氨化秸秆可形成

40g 铵盐,在瘤胃中可形成同等数量的菌体蛋白。所以氨化作用可以为反刍家畜瘤胃微生物提供氮素营养源,进而为反刍动物提供营养。

(3)中和作用　氨能够与秸秆中的有机酸发生中和反应消除乙酸根,中和秸秆中的潜在酸度。由于瘤胃最适的内环境应是呈中性,pH 值为 7 左右,但不论是精饲料还是粗饲料,在瘤胃中发酵的产物都以挥发性脂肪酸为主,会造成瘤胃 pH 值的降低。氨化处理的秸秆中的氨,可以中和部分的酸,从而有利于维持瘤胃 pH 值的稳定,更有利于瘤胃微生物的发酵,故可提高消化率。氨和秸秆中的有机物作用,破坏木质素的乙酰基而形成醋酸铵;同时,在反应过程中,所生成的氢氧根(–OH)与木质素作用形成羟基木质素,改变了粗纤维的结构,纤维素和半纤维素与木质素之间的酯键被打开,细胞壁破解,秸秆变得疏松,瘤胃液体易于进入,易于消化。

2. 氨化方法　目前,处理秸秆所用的氨有气氨、液氨和固体氨 3 种,但以液氨较为常用。氨化秸秆,可在壕、窖或塑料袋等容器内进行,亦可密封堆垛。对大捆大堆秸秆氨化,用厚为 0.15~0.2mm 的聚乙烯薄膜或其他不透气的薄膜覆盖严密,通过带喷头的铁管,从堆或捆的几个点注入氨水。温度保持在 20℃以上,暖季约 1 周、冷季约 1 月即可"熟化"利用。

(1)尿素氨化　利用尿素作氨源,可采取堆垛载氨化池等方式进行氨化,其操作步骤如下。

①采用地面堆垛法,首先要选择平坦场地,并在准备堆垛处铺好塑料布。采用氨化池氨化需提前砌好池子,并用水泥抹好。

②将风干的秸秆用铡草机铡碎或用粉碎机粉碎,并称重。

③根据秸秆的重量,称取 4%~5%的尿素然后用温水溶化,配成尿素溶液,用水量为风干秸秆重量的 60%~70%。即每100kg 风干秸秆,用 4~5kg 尿素、60~70kg 水。

④按照上述比例将尿素溶液加入秸秆中,并充分搅拌均匀,然后装入氨化池或堆垛、并踏实。最后用塑料布密封,四周用土封严,

确保不漏气。

⑤当外界气温在 30℃ 以上时,经 10 天即可开封饲喂。气温在 20℃~30℃ 时,需经 20 天;气温在 10℃~20℃ 时,需经 30 天;气温在 0℃~10℃ 时,需经 60 天才能开封饲喂。开封之后要适当通风散发氨气,再进行饲喂。

(2)碳铵氨化 碳铵氨化的方法步骤与尿素氨化完全相同。只是两者的用量有所差别, 一般每 100kg 风干秸秆可用碳铵 15~16kg。

(3)氨水氨化 采用氨水氨化秸秆,需提前准备好氨水,并计算好用量。若氨水含氮量为 15%,其含氨量则为 18.15%,每 100kg 风干秸秆用 15kg 氨水即可。但还需要根据秸秆的含水量,将氨水稀释 3~4 倍,即每 100kg 风干秸秆加入 60~70kg 稀释好的氨水,经充分搅拌均匀后,便可堆垛或装池密封。

(4)液氨(无水氨)氨化 利用液氨(无水氨)作氨源,可采取堆垛或氨化池等方式进行氨化。其操作步骤如下。

①准备好各种氨化用具,若用堆垛法应选择背风向阳的场地,将地面整平,铺好塑料膜;若采用氨化池需提前砌好池子,并用水泥抹好。

②将秸秆铡碎、称重,调整秸秆含水量为 36%~50%。也可将秸秆打成 15kg 重的小捆。

③将拌湿的秸秆装池或堆垛,并用塑料布密封,四周用土或泥盖压严密,严防漏气。

④根据秸秆数量决定充氨量,计划好充氨点。然后在预定充氨点插入氨枪,打开氨瓶开关,当充氨量达到秸秆干物质的 3% 时停止充氨,取出氨枪,并立刻用胶膜封好充氨孔;

⑤开封时间与尿素氨化时间相同, 应根据外界环境气温而决定。

3. 氨化应注意的事项

第一,液氨对呼吸道和皮肤有危害,遇火容易引起爆炸,因此

196

应严格遵守操作规程。要经常检查贮氨罐的密封性,在液氨运输、贮存过程中要严防碰撞和烈日暴晒。充氨时要由专人负责,并戴好防毒面具,严禁火源与吸烟。

第二,利用液氨氨化时,在堆垛或装池后应立即充氨,以防过久造成秸秆霉烂。

第三,利用尿素或碳铵氨化时,要尽快操作,最好当天完成并覆盖好,以防氨气挥发,影响氨化质量。

第四,麦秸收获后,应晒干堆好,顶部抹上泥以防雨淋。玉米秸秆应快速收获, 在秸秆水分较高的情况下进行氨化, 效果最为理想。

第五,要经常检查塑料膜,若发现孔洞破裂现象,应立即用胶膜封好。

第六,在达到氨化时间后,如暂不喂就不要打开氨化垛(池),若需饲喂可提前开封,秸秆在阴凉处放置 10~24 小时。

4. 氨化秸秆品质鉴定　氨化秸秆在饲喂之前应进行品质检验,以确定能否用于饲喂家畜。在氨化操作过程中,往往由于注氨点选择不当、洒水或搅拌不均匀等,造成氨化秸秆品质上的差异。生产实践中,多采用现场感观鉴定,主要依据颜色、质地和气味等鉴定。

(1)质地　氨化秸秆质地一般柔软蓬松,用手紧握没有明显的扎手感。

(2)颜色　不同秸秆氨化后的颜色与原色相比都有一定的不同。未经氨化的麦秸为灰黄色,氨化的麦秸颜色为杏黄色;玉米秸原色为黄褐色,氨化的玉米秸为褐色。

(3)pH 值　氨化秸秆偏碱性,PH 值为 8 左右;未氨化的秸秆偏酸性,pH 值约为 7。

(4)霉变　一般氨化秸秆不易发霉,因加入的氨具有防霉杀菌作用。有时氨化设备封口处的氨化秸秆有局部发霉现象,但内部秸秆仍可用于饲喂家畜。若发现氨化秸秆大部分已发霉时,则不能用于饲喂家畜。

(5)气味　一般成功的氨化秸秆有糊香味和刺鼻的氨味。氨化玉米秸的气味略有不同,既具有青贮的酸香味,又有刺鼻的氨味。

生产实践中,多采用现场感观鉴定。鉴定标准分为 4 等:上等呈棕色、褐色,草束易拉断,具有焦糊味。中等呈金黄色,苎主子产断,无焦糊味。下等颜色比原秸秆稍黄,草束不易拉断,无焦糊味。等外有明显的发霉特征

(八)秸秆微生物学处理

纤维素体外的分解途径有 2 条,即强酸处理(如 80%的硫酸作用下)与微生物学处理。后者即利用微生物产生的纤维素酶来让理。国外曾利用高活性的木霉纤维素酶在工业条件下将纤维素几乎全部转化成纤维素二糖与葡萄糖。日本结合碱化预处 @用产霉的纤维素酶分解粗饲料中的纤维毒,分解率(重量减少)可达80%。国内现有许多单位从事这方面的研究,主要在木霉和人工瘤胃两方面做了不少的工作,但因各种原因奉邱推广应用。近年来国内还出现许多粗饲料微生物学加工的其他方法。但这些方苎都只是起到软化饲料、改善味道与提高适口性的作用,或者增苎:二些菌体蛋白,对于粗纤维的影响实际是很小的。这些包括粗饲料的自然发酵、加酵母菌或某些适宜酵母菌生长的植物进行发酵,或者加入各种糖化霉菌(黑曲霉、根霉等)进行糖化或发酵等毒方法虽然因为水浸、升温而使饲料软化并产生一些糖分、有或醇类可以提高适口性,但毕竟有许多易消化的能量物质用十能量消耗而损失。因此,对能量价值本来就低的粗饲料来说这些方法均不足取。

微生物处理能分解秸秆中难于被家畜消化利用的部分,增严菌体蛋白质、维生素(主要是 B 族维生素)及其他对家畜有益的物盾,并软化秸秆,改善味道,提高适口性。

1. 发酵曲种　干粗饲料的发酵常用的曲种为一些真菌,如酵母菌、霉菌等,秸秆饲料发酵的好坏与曲种的质量有直接关系,因

此发酵曲种应具备活力强、生长快、生产率高、杂质少、有益微生物多等特点。连续发酵时由于次数越多发酵质量越差,应适时更新曲种。

曲种的制作方法是:将酵母菌、新鲜糠麸、粉碎的秸秆以0.01:10:4的比例混合进行发酵,制得曲种。制好的曲种应保存在阴凉、通风、干燥的地方,避免受潮和暴晒。

2. 仿生饲料(人工瘤胃发酵饲料) 仿生饲料是根据牛、羊瘤胃消化生理功能特点,采用人工仿生技术,通过瘤胃微生物发酵降解纤维素,增加秸秆的粗蛋白质和氨基酸含量而制成的饲料。仿生饲料制作时必须人工模拟反刍动物瘤胃内的主要生理参数,即恒定的温度(40℃)、适宜的pH值(6~8)、厌氧环境、必需的氮和碳以及矿物元素等营养条件。

优质秸秆仿生饲料汁液较多,具有酸香味,略带瘤胃的膻、臭味。为保证仿生饲料的质量,要经常检验其品质,主要采用看、嗅、摸等感官鉴定。

一看:经过24小时的发酵,质量好的仿生饲料,表层呈灰黑色,下部呈黄色,搅拌时发黏,形似酱状。如果缸的表面有很厚一层变黑,则是由于缸口密封不严进入空气所致。

二嗅:质量好的秸秆仿生饲料有酸香味,略带臭味。如果酸味过大,说明质量低或温度低。如果有腐败或其他味道,说明原种已坏。

三摸:质量好的仿生饲料纤维软化。如果饲料纤维质地较硬,与发酵前差别不大,说明发酵不充分,质量不好。

三、秸秆的饲喂方法

舍饲羊可每天饲喂3~4次,加工后按配方饲喂。放牧绵羊、山羊若用秸秆补饲,最好铡短或粉碎后与其他补饲草料混合饲喂,每天晚上补饲1次。下雪和产羔期每天早、晚各补饲1次,若饲草充足还可喂1次夜草。若单独用秸秆补饲也尽可能铡短或粉碎。饲喂没有铡短或粉碎的秸秆应设置草架铡喂,铡短或粉碎的秸秆在食槽饲喂。要防止羊抢食弄脏饲草,造成浪费。氨化秸秆原则上是替代羊饲料中的未氨化秸秆,不能成为羊的完全饲料。饲喂太多容易引起氨中毒。常用喂量不超过羊饲粮干物质总量的 50%,即日饲喂量 0.5~1.5kg。氨化秸秆,在饲喂前 2~3 天启封,必须等游离氨散发无氨味后才能饲喂;否则,会造成氨中毒或羊眼被氨气熏蒸失明。

第五章　奶牛饲料、饲草料配方利用

第一节　奶牛的饲养标准

　　根据奶牛的生活习性、生理特点、不同生长期和生产阶段的营养需要,科学地规定每天每头奶牛所需供给的能量和各种营养物质的数量。即奶牛的饲养标准。饲养标准包括两个部分;牛的营养需要表和饲料的营养价值表。结合我国的饲养试验,2004 年制定了适合我国国情的奶牛饲养标准(NY/T34-2004)。饲养标准是合理利用饲料、提高饲料利用效率的基本技术依据,是饲养、营养科学研究结果的综合,是指导科学养牛的依据。饲养标准是奶牛群体的平均营养需要量,不能准确地符合每头奶牛,一般有 5%~10%的差异,所以在实际工作中不能完全按照饲养标准机械地套用于每头奶牛,必须根据本场奶牛的体况、产奶水平、当地饲料来源,与奶牛对营养物质的实际需求量进行调整。

第二节　奶牛的日粮配合

一、日粮配合原则

　　营养平衡的日粮,各种营养成分比例恰当,能提供牛维持其基础代谢、成长、胎儿生长和泌乳需要的所有营养。日粮配合必须遵循以下原则。

1. 满足营养需要　必须准确计算奶牛的营养需要和各种饲料的营养价值。奶牛的饲养标准及饲料营养价值表是日粮配合的主要依据。在有条件的情况下,最好能够实测各种饲料原料的主要养分含量。

2. 平衡营养,优化饲料组合　配合日粮时要注意保持能量、蛋白质、矿物质、维生素、非结构性碳水化合物以及中性洗涤纤维的平衡,将具有协同作用的营养因子尽可能地配制在饲料中,对拮抗作用较强的营养因子加以回避。在粗饲料方面,尽量做到豆科与禾本科互补;在草料方面,尽量做到高水分与低水分互补;在蛋白质饲料方面,尽量做到降解饲料与非降解饲料互补。

3. 追求粗料比例最大化　在确保满足奶牛营养需要的前提下,要追求粗料比例最大化。在可供选择范围内,要选择适口性好、养分浓度高的粗料。在粗饲料质量有限或奶牛生产水平高的情况下,要尽可能不让精料比例超过60%。

4. 经济性原则　配制日粮时要结合当地饲料资源和价格,足营养需要的同时,尽量降低饲料成本,争取最大的经济效益。

二、日粮配合时具备的条件

1. 饲料的营养含量 (饲料成分及营养价值表)　即每一种饲料消化能、代谢能、粗蛋白、矿物质(钙、磷为主)及维生素的含量。由于饲料的不同来源、存放时间、不同批次原料质量的差异,配合日粮时要对所用原料进行饲料成分测定, 以掌握所用原料的实际养分含量。

2. 不同生产水平、生理阶段的奶牛饲养标准　它是奶牛配合日粮的基础, 配合奶牛日粮时可参照我国奶牛饲养标准 NY/T34–2004 或美国 NRC(2001)标准。

3. 饲料原料的价格　对于贫困地区和小个体户,价格往往是限制配制全价日粮的因素,因此选择原料时,尽可能充分利用当地资源,同时注意选择适口性好、经济实用的原料,在满足营养需要的基础上选择价廉物美的原料。

三、日粮配合的方法

日粮配合的方法有电脑配方设计和手工计算法。电脑配方设计需要相应的计算机和配方软件,通过线性规划原理,在极短的时间内求出营养全价并且成本最低的最优日粮配方,适合规模化牛场应用。手工计算法包括试差法和对角线法等。日粮配合的基本步骤如下。

1. 查饲养标准　根据牛的年龄、体重、生理状态和生产水平,选择相应的饲养标准。饲养标准需要调整时,先确定能量指标,然后根据饲养标准中能量和其他营养物质的比例关系,调整其他营养物质的需要量。

2. 确定粗饲料的摄取量　一般情况下,要求粗饲料摄取量占总干物质摄取量的30%~50%。高产奶牛的粗饲料干物质消耗量占其体重的1.6%,低产奶牛的粗饲料干物质的消耗量占其体重的2%。根据确定的粗饲料的摄入量,计算出粗饲料提供的能量、蛋白质等营养成分。

3. 计算精料补充料中应含的营养量　从总营养需要量中扣除粗饲料提供的部分,得出需要精料补充料提供的营养量。根据对能量的需求确定所需精料补充料的量。

4. 确定参配饲料种类和精料补充料配方　根据当地的饲料资源,确定参配饲料种类,并查出饲料营养成分,进行合理搭配,确定精料补充料配方。

5. 调整钙、磷的含量　首先用含磷高的饲料调整磷的含量,用碳酸钙调整钙的含量。

第三节　奶牛饲料的使用

一、奶牛的预混合饲料使用

预混合饲料指由一种或多种添加剂原料(或单体)与载体或稀

释剂搅拌均匀的混合物,又称添加剂预混料或预混料,目的是有利于微量原料均匀分散于大量的配合饲料中。预混合饲料不能直接饲喂动物。预混合饲料可分为单项预混合饲料和复合预混合饲料。

(一)载体、稀释剂和吸附剂的选择

1. 载体

载体是一种能够承载或吸附微量活性添加成分的微粒。微量成分被载体承载后,其本身的若干物理特性发生改变或不再表现出来,而所得"混合物"的有关物理特性(如流动性和粒度等)基本取决于或表现为载体的特性。常用的载体有两类,即有机载体与无机载体。有机载体又分为两种:一种指含粗纤维多的物质,如次粉、小麦粉、玉米粉、脱脂米糠粉、稻壳粉、玉米穗轴粉、大豆壳粉和大豆粕粉等,含水量最好控制在8%以下;另一种为含粗纤维少的物质,如淀粉和乳糖等,这类载体多用于维生素添加剂或药物性添加剂。无机载体为碳酸钙、磷酸钙、硅酸盐、二氧化硅、食盐、陶土、滑石、硅石、沸石粉和海泡石粉等,这类载体多用于微量元素预混料的制作。制作添加剂预混料可选用有机载体,或二者兼有之,可视需要而定。

2. 稀释剂

稀释剂指混合于一组或多组微量活性组分中的物质。它可将活性微量组分的浓度降低,并把它们的颗粒彼此分开,减少活性成分之间的相互反应,以增加活性成分的稳定性。稀释剂也可分为有机物与无机物两大类。有机物常用的有去胚的玉米粉、右旋糖(葡萄糖)、蔗糖、豆粕粉、烘烤过的大豆粉和带有麸皮的粗小麦粉等,这类稀释剂要求在粉碎之前经干燥处理,含水量低于10%。无机物类主要指石粉、碳酸钙、贝壳粉和高岭土(白陶土)等,这类稀释剂要求在无水状态下使用。

3. 吸附剂

吸附剂也称吸收剂。这种物质可使活性成分附着在其颗粒表面,使液态微量化合物添加剂变为固态化合物,有利于实施均匀混合。其特性是吸附性强,化学性质稳定。吸附剂一般也分为有机物和无机物两类。有机物类如小麦胚粉、脱脂的玉米胚粉、玉米芯碎片、粗麸皮、大豆细粉以及吸水性强的谷物类等。无机物类包括二氧化硅、硅石和硅酸钙等。

实际上,载体、吸附剂和稀释剂大多是相互混用的,但从制作预混合饲料工艺的角度出发来区别它们,对于正确选用载体、稀释剂和吸附剂是有必要的。可作为载体和稀释剂的物料很多,性质各异。

(二)预混饲料制作要求与注意事项

制作预混合饲料必须保证微量活性组分的稳定性,保证微量活性组分的均匀一致性,以及保证人和动物的安全性。

1. 制作要求

为保证产品质量,预混料产品要符合如下要求:①配方设计合理,产品与配方基本一致;②混合均匀,防止分级;③稳定性良好,便于贮存和加工;④浓度适宜,包装良好,使用方便。

2. 注意事项

(1)配方设计应以饲养标准为依据 饲养标准中的营养需要量是在试验条件下满足动物正常生长发育的最低需要量,实际生产条件远远超出试验控制条件,因此,在确定添加剂预混料配方中各种原料用量时,要加上一个适宜的量,即保险系数或称安全系数,以保证满足牛在生产条件下对营养物质的正常需要。

(2)正确使用添加剂原料 要清楚掌握添加剂原料的品质,这对保证制成的添加剂预混料质量至关重要。添加剂原料使用前,要对其活性成分进行实际测定,以实际测定值作为确定配方中实际用量的依据。使用药物添加剂时要特别注意安全性。配方设计时要充分考虑实际使用条件,对含药添加剂的使用期、停药期及其他有关注意事项,要在使用说明中给予详细的注释。

(3)注意添加剂间的配伍性 添加剂预混料是一种或多种饲料添加剂与载体或稀释剂按一定比例混配而成的,因此,在设计配方时必须清楚了解和注意它们之间的可配伍性和配伍禁忌。

(4)注意组成预混料各成分的比重是否接近,是否与后继生产的浓缩饲料和全价料组成中的主料接近。若相差太远,则容易在长途运输中产生"分级"现象,降低饲喂效果,甚至出现危险。卸加以麸皮或草粉作载体的预混料,配合成浓缩饲料或全价饲料后,在运输等震动条件下会逐渐"上浮"到包装的最上层,使上下层成分差别巨大,均匀度降低。

(三)预混料配方设计方法和步骤

①根据饲养标准和饲料添加剂使用指南确定各种饲料添加剂原料的用量。通常以饲养标准中规定的微量元素和维生素需要量作为添加量,还可参考确实可靠的研究和使用实践进行权衡,修订添加的种类和数量。

②综合原料的生物效价、价格和加工工艺的要求选择微量元素原料。主要查明微量元素含量,同时查明杂质及其他元素含量,以备应用。

③根据原料中微量元素、维生素及有效成分含量或效价和预混料中的需要量等计算在预混料中所需商品原料量。其计算方法是:

纯原料量=某微量元素需要量/纯品中元素含量

商品原料量=纯原料量/商品原料有效含量(或纯度)

④根据预混料在配合饲料中的比例,计算载体用量一般为预混料占全价配合饲料的 0.1%~0.5%为宜。

载体用量为预混料量与商品添加剂原料量之差。

⑤列出饲料添加剂预混料的生产配方。

(四)预混料配方设计实例

1. 微量元素预混料的配方设计实例

以育肥奶牛微量元素预混料的配方设计为例:

(1)根据饲养标准确定微量元素用量 由我国奶牛饲养标准中查出育肥奶牛的微量元素需要量, 即每公斤饲粮中微量元素的添加量为：铜 8mg、碘 0.5mg、铁 50mg、锰 40mg、硒 0.3mg、锌 30mg 和钴 0.1mg。

(2)微量元素原料选择　生产中有许多微量元素饲料添加剂，其化学结构、分子式、元素含量和纯度等均有差别，根据实际情况进行选择。

(3)计算商品原料量　每公斤全价配合饲料商品原料量=某微量元素需要量

纯品中该元素含量×商品原料纯度

每吨全价配合饲料中商品原料量=每公斤全价配合饲料商品原料量×1000

(4)计算载体用量　若预混料在全价配合料中占 0.2%(即每吨全价配合饲料中含预混料 2kg)时，则预混料中载体用量等于预混料量与微量元素盐商品原料量之差。即：2−0.54629=1.45371kg。

(5)给出生产配方。

2. 维生素添加剂预混料配方设计实例

以泌乳牛维生素预混料的配方设计为例

(1)需要量和添加量的确定　查奶牛饲养标准可得泌乳奶牛对维生素的需要量，并考虑预混料生产过程、混入饲料的加工过程以及饲喂过程中可能的损耗和衰减量来决定实际加入量。标准需要量为 V_A3200IU、V_D1200IU、V_E15IU。根据饲养管理水平和工作经验等进行调整给出的添加量为：V_A6400IU、V_D2400IU、V_E30IU。

(2)根据维生素商品原料的有效成分含量计算原料用量

商品维生素原料用量=某维生素添加量/原料中某维生素有效含量

(3)抗氧化剂　选用 BHT，添加量为 0.8g/t。

(4)计算载体用量并列出生产配方　载体用量根据设定维生素添加剂预混料(多维)在全价料中的用量确定，在此设多维用量为 500g/t。

3.复合预混料配方设计

复合预混料设计步骤与设计微量元素或维生素预混料配方时基本相似,即确定添加量、选择原料、并确定其中有效成分含量、计算各原料和载体用量及百分含量。

二、奶牛的浓缩饲料配制使用

浓缩饲料又称平衡用配合料。浓缩饲料主要有蛋白质饲料、常量矿物质饲料(钙、磷、食盐)和添加剂预混合饲料,通常为全价饲料中除去能量饲料的剩余部分。它一般占全价配合饲料的20%~50%,加入一定能量饲料后组成全价料饲喂动物。

浓缩饲料中各种原料配比,随原料的价格和性质不同而异。蛋白质含量占40%~80%(其中动物性蛋白质占15%~20%),常量矿物质饲料占15%~20%,添加剂预混料占5%~10%。

(一)浓缩饲料配制基本原则

①按设计比例加入能量饲料以及蛋白质饲料或麸皮、秸秆等之后,总的营养水平应达到或接近营养需要量,或是主要指标达到营养标准的要求,如能量、粗蛋白质、钙、磷、维生素、微量元素及食盐等。有时浓缩饲料中的某些成分亦针对地区性进行设计。

②依据品种、生长阶段、生理特点和生产产品的要求设计不同的浓缩料。通用性在初始的推广应用阶段,尤其在农村很重要;它能方便使用、减少运输和节约运费等,但成分上不尽合理,所以最好有针对性地生产。

③浓缩料的质量保护,除使用低水分的优质原料外,防霉剂、抗氧化剂的使用及良好的包装必不可少,水分应低于12.5%。

④浓缩饲料在全价配合饲料中所占比例以30%~50%为宜,为方便使用,最好使用整数,如30%或40%。所占比例与蛋白质原料、矿物质及维生素等添加剂的量有关。比例太低时用户配合需要的原料种类增加,厂家对产品的质量控制范围减小。比例太高时,失去浓缩的意义。因此,应本着有利于保证质量,又充分利用当地资源、方便群众和经济实惠的原则进行比例确定。

⑤一些感官指标应受用户的欢迎,如粒度、气味、颜色包装等都应考虑周全。

(1) 先设计出精料补充料配方, 然后计算出浓缩饲料配方。具体步骤如下:

①查饲养标准,得出日粮配方营养需要量。

②根据实际情况,选用和确定饲料原料品种,并查饲料成分及营养价值表,列出各种饲料原料的营养价值。

③确定精粗饲料比例, 确定精粗饲料品种根据采食量计算精料补充料的营养要求。

④计算精料补充料的配方。

⑤验算精料补充料配方营养含量。

⑥补充矿物质及添加剂。

⑦计算出浓缩饲料配方。

⑧列出日粮配方。

(2)直接计算浓缩饲料配方。具体步骤如下:

①查饲养标准,得出营养需要量。

②根据经验和生产实际情况,选用和确定饲料原料品种,并查饲料成分及营养价值表,列出各种饲料原料的营养价值。

③确定精粗饲料比例和能量饲料与浓缩饲料比例, 根据精饲料量、能量饲料比例及饲料种类等计算浓缩饲料的营养要求。

④确定浓缩饲料种类,计算浓缩饲料的配方。

⑤验算配方营养含量。

⑥补充矿物质及添加剂。

⑦列出配方。

(二)浓缩饲料配方设计实例

现以体重 600kg、日产奶 20kg、乳脂率为 3.5%的泌乳牛浓缩饲料配方为例,具体计算如下:

第 1 步:查饲养标准可得到营养需要为干物质 15.32kg,产奶净能 101.7MJ,可消化粗蛋白质 1424g,钙 120g,磷 83g。则每公斤日粮营养含量为：产奶净能 6.64MJ/kg，可消化粗蛋白质 9.30%，钙 0.78%，磷 0.54%。

第 2 步：确定精粗比例为 60:40，假定用户的粗饲料为玉米秸秆，计算精料补充料能达到的营养水平，以(总营养需要−玉米秸秆养分含量×40%)/60%即可得到，如精料补充料的产奶净能含量为 (6.64−4.22×40%)/60%=8.25MJ/kg。

第 3 步：确定能量饲料与浓缩饲料的比例为 60:40，假定用户的能量饲料为玉米和高粱，计算能量饲料所能达到的营养水平。

第 4 步：计算浓缩饲料各营养成分所能达到的水平。例如，已知能量饲料所能提供的可消化粗蛋白质水平为主乳 3.81%，要使精料补充料可消化粗蛋白质达到 14.17%，则 40%浓缩料的可消化粗蛋白质含量为：(14.17%−3.81%)/0.4×100%=25.90%，采用相同方法可以计算出其他养分在浓缩料中的含量为：产奶净能 8.85MJ/kg、钙 2.48%、磷 1.25%。

第 5 步：选择浓缩饲料原料并确定其配比。原料的选择要因地制宜，根据来源、价格和营养价值等方面综合考虑而定。重点考虑的营养指标是可消化粗蛋白质、常量矿物元素钙和磷。

选用原料为豆饼、棉籽饼、花生饼、磷酸氢钙和石粉，先采用交叉法计算蛋白质原料比例。

求出各种精饲料和拟配浓缩料的粗蛋白质与产奶净能之比：棉籽饼=236/8.18=28.85，豆饼=308/9.15=33.66，花生饼=335/9.50=35.26，拟配浓缩饲料=259/8.85=29.26。预留矿物质及添加剂 10%，则拟配浓缩饲料=29.26/90%=32.51。

用对角线法算出各种蛋白质饲料的用量：

首先将各蛋白质饲料按蛋白质/9 皂量分为高于和低于拟配浓缩饲料两类，然后一高一低两两搭配成组。若出现不均衡现象，可采用经验法将其合并。将拟配浓缩饲料蛋白质脂旨量写在中间，其他饲料按高低搭配，分别写在左上角和左下角。

将对角线中心数字 32.51 按对角线方向依次减去左边数字，所得绝对值放在右边相应对角上。然后所得数据分别除以总和乘以90%,即得各种原料的配比。

棉籽饼:(2.75+1.15)/11.22×90%=31%

豆饼:3.66/11.22×90%=29.36%

花生饼:3.66/11.22×90%=29.36%

第 6 步:验算浓缩饲料配方营养含量。

第 7 步:补充矿物质及添加剂。

根据前面计算可知缺乏的矿物质量,补充矿物质时,先补充磷,再补充钙。用磷酸氢钙补充磷,再用石粉补充钙。

磷酸氢钙含钙 21.85%、含磷 16.50%。石粉含钙 39.49%。

磷酸氢钙用量=0.51%/16.50%=3.09%

石粉用量=(2.20%−21.85%×3.09%)/39.49%×100%

另加食盐和添加剂预混料。

三、奶牛的精料补充料使用

精料补充料由能量饲料、蛋白质饲料、矿物质饲料及添加剂组成,不单独构成饲粮,主要是用以补充采食饲草不足的那一部分营养。

(一)精料补充料配制基本原则

设计精料补充料配方时,除遵循一般的配方原则外,还应注意以下几点:

1. 根据生产性能来确定配方

应根据生产性能来确定配方, 而不是先有了饲料配方再来期待动物的生产性能。只有这样才能充分发挥牛的生产潜力,又提高了饲料的利用率。

2. 尽可能利用当地的饲料原料来配制饲粮

对于广大的农村养殖户来说,应该采用常规饲料原料+非常规饲料原料+适当加工+科学配制+针对性的添加剂,通过逐步实验来推广。这样,生产性能可能略低,由于成本较低,在经济效益尤其是生态效益上具有极大的优势。

3. 注意采食量和精粗饲料比例

日粮精粗饲料的比例取决于粗饲料的质量,粗饲料质量好,如苜蓿干草,精饲料比例可低些。一般情况下,精粗饲料比例为 40%~60%,精料补充料不可超过 20%。设计日粮时,充分考虑采食量,确保能吃完,否则会影响奶牛的生产性能。

4. 注意质量要求

①感官要求色泽一致,无发霉变质、无结块及异味、异臭。

②北方地区水分不高于 14.0%,南方地区水分不高于 12.5%,符合下列情况之一时,可允许增加 0.5% 的含水量:平均气温在 10℃ 以下的季节;从出厂到饲喂期不超过 10 天;精料补充料中添加有规定量的防霉剂者。

③粒度(粉料)要求。奶牛饲料成品粒度(粉料)要求一级精料补充料 99% 通过 2.80mm 编织筛,但不得有整粒谷物,1.40mm 编织筛筛上物不得大于 20%;二、三级精料补充料 99% 通过 3.35mm 编织筛,但不得有整粒谷物,1.40mm 编织筛筛上物不得大于 20%。奶牛饲料成品粒度(粉料)要求 99% 通过 2.80mm 编织筛,1.40mm 编织筛筛上物不得大于 20%。

④精料补充料混合均匀,混合均匀度变异系数(CV)应不大于 10%。

⑤营养成分要求。

⑥卫生指标。细菌及有毒有害物质参照 GB13078 的规定。

5. 注意生物安全准则

绿色、安全高效、降低环境污染、维护生态等方面是国内外大势所趋,配方设计不能仅考虑经济效益和生产性能,要上升到生物安全的角度全面考虑配方产品的长期利益,综合评价经济效益、生态效益、生产性能、饲料利用率、对人和生物的安全性、是否可持续发展、对社会的影响等各个方面。

(二)精料补充料配方设计步骤

①查饲养标准,得出日粮配方营养需要量。

②根据实际情况,选用和确定饲料原料品种,并查饮料成分及营养价值表,列出各种饲料原料的营养价值。

③确定精粗饲料比例, 确定粗饲料品种根据采食量计算精料补充料的营养要求。

④计算精料补充料的配方。

⑤验算精料补充料配方营养含量。

⑥补充矿物质及添加剂。

(三)精料补充料配方设计实例

以体重 500kg、妊娠初期、日泌乳量 15kg,乳脂率为 4%的成年乳牛配合精料补充料为例。

第 1 步:查饲养标准得乳牛营养需要量。

第 2 步:先以干草和青贮饲料(或其他多汁饲料)来满足。

其饲喂量可按每公斤体重喂优质干草 2kg,3kg 青贮可代替1kg干草。通常每公斤体重喂给 1kg 干草和 3kg 青贮。则 500kg 体重的泌乳牛可饲喂干草 5kg,玉米青贮 15kg。

第 3 步:计算能量饲料和蛋白质饲料的用量,满足能量和蛋白质需要量。可以预先配合好 2 个混合料。

如能量饲料由 33%玉米、33%高粱、32%大麦和 2%骨粉组成,经计算每公斤能量饲料中含 NND2.35g、粗蛋白质 91.4g、钙 6.54g 和磷 5.70g。

蛋白质补充饲料由 50%豆饼、48%麸皮和 2%骨粉组成, 则每公斤蛋白质补充饲料中含 NND2.55g、粗蛋白质 284g、钙 8.46g。

第 4 步:计算精料中钙、磷含量和需补充量。

可见,磷已满足需要,钙尚差 13g,另补石粉 0.04kg(13/36)。

另外,食盐一般在精料中补加 1%,也可在奶牛饮水槽设食盐砖或食盐槽,供自由采食。

第 5 步:补充添加剂。

第四节 奶牛常用饲料与加工调制

饲料是奶牛获得营养的唯一来源。奶牛饲料来源非常广泛,用饲料以植物性饲料为主,动物性饲料较少使用。

干物质中粗纤维的含量大于或等于 18% 的饲料统称粗饲料,农作物收获后的秸秆、秕壳、野草及青干草以及部分木本树叶等均为粗饲料。粗饲料在我国农村非常丰富,它可以作为奶牛最基本的饲料。

在牧区有草地牧场,在农区和半农牧区有大量的农作物秸秆。由于粗饲料的数量很大,所含营养物质的总量较多。

一、粗饲料的特点

1. 有机物质总量较高,但粗纤维含量很高,消化利用率低,净能含量低,经常在 20%~45%。

2. 营养价值低,粗蛋白质含量变动范围较大。秸秆类饲料粗蛋白质含量在 3%~4% 以下,而豆科牧草的粗蛋白质含量可达 20% 以上。秸秆中维生素含量极低,只有以豆科牧草为原料晒制的青干草中含有较丰富的 B 族维生素。

3. 质地较粗硬,容积大,适口性差。但粗饲料对胃肠道有一定刺激作用,能促使牛正常反刍。同时,适当摄入可使机体产生饱感。

4. 来源广,成本低。粗饲料主要是农作物秸秆、秕壳、牧草等,来源非常广泛,价格很低。

大部分粗饲料虽然营养价值较低,但它仍是奶牛重要的饲料,无论是农区还是牧区,粗饲料都不可缺少。

二、青干草

青干草是粗饲料中营养价值最高的,是由一些青绿饲料作物在没有结子实前将其地上部分割下来,经过天然或人工干燥,使水分降至 15%~20% 而制成的饲料。制作青干草是长期保存牧草的最好方法,可以保证饲料的均衡供应,特别是在冬季青饲料不足时,可起到一定的补充作用,给牛提供一定的维生素。青干草还便于运输和饲喂。

青干草的原料可以是各种青绿饲料,如玉米秸等禾本科牧草、紫云英等豆科牧草以及各种无毒野草。青干草的营养价值与所选用原料及收割时间有直接关系,豆科牧草晒制的青干草含粗蛋白质较高。若收获时间过迟,则茎叶中所含营养物质量降低,粗纤维含量增加。在调制过程中,要使原料中的水分迅速脱去,缩短干燥时间,防止叶片脱落,尽量采用人工快速脱水干燥,以减少营养物质的损失:

对于调制好的青干草,要从水分含量(不得超过 15%)、颜色(应具有鲜亮的绿色)、气味(芳香、不得有霉烂、焦煳气味)、青草叶的含量(占到干草总量的 50%)、杂质含量及病虫害侵袭情况等方面进行质量检验。

三、农副产品类饲料

秸秆农作物收获籽实后的茎秆和残存叶片,常用的有稻草、米秸、麦秸、豆秸等。

1. 稻草   是我国草食性家畜主要的粗饲料来源。牛对稻草的消化率约为 50%,稻草中缺乏钙、磷,在饲喂时要注意补充。为了提高其饲用价值,最好能对它进行氨化、碱化处理,提高含氮量和消化率。

2. 玉米秸   已枯黄的玉米秸质地坚硬,直接用来喂牛效果不好。最好是采用氨化或和其他饲料混合青贮,以提高其消化利用率。青绿的玉米秸营养价值较高,经过切短后即可喂牛。

3. 麦秸   麦类秸秆质地粗硬,适口性差,是质量较差的粗饲料。小麦秸数量最多,但品质不如大麦秸好,在麦秸中燕麦秸的营养价值最高。麦秸用来喂牛时,要切短,适当浸泡软化,改善适口性。

4. 豆秸   豆类秸秆比禾本科秸秆营养价值高,但豆类成熟后,秸秆上的叶子大部分枯黄脱落,营养价值受到影响。豆类秸秆中粗

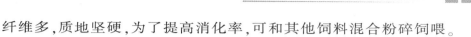

纤维多,质地坚硬,为了提高消化率,可和其他饲料混合粉碎饲喂。在豆类秸秆中,蚕豆秸和豌豆秸蛋白质含量高。

5. 秕谷类

秕谷类是农作物籽实脱壳的副产品,品质优于秸秆。主要有谷壳、高粱壳、豆荚、棉籽壳、秕谷等。营养高于秸秆(稻壳、花生壳除外)。

6. 树叶类

大多数树木的叶子及其嫩枝、果实含有较多的养分,其营养价值要高于秸秆、秕谷类。但要注意一些含有毒成分的树叶,如荚竹桃等,要严禁喂牛。

四、青绿饲料

青绿饲料是指天然水分含量较大的植物性饲料, 以其富含叶绿素而得名,主要有天然牧草、人工栽培牧草以及蔬菜类饲料等。青绿饲适口性好,易于消化,但容积大,含水量多。在青绿饲料中豆科青绿饲料质量比禾本科青绿饲料和蔬菜类好。

(一)青绿饲料的营养特点

1. 蛋白质含量丰富

青绿饲料中含有丰富的蛋白质,且蛋白质的生物学价值远远高于其他植物性饲料,用其作为奶牛的基础日粮能满足各种生理状态下奶牛对蛋白质的相对需要量

2. 富含多种维生素

青绿饲料中富含各种维生素,包括 B 族维生素以及 V_C、V_E、V_K 等,是各种维生素的廉价来源。特别是胡萝卜素,每公斤青绿饲料中含有 50~80mg。如日粮中经常保证有一定的青绿饲料,则基本上能满足奶牛维生素营养需要(但青绿饲料中不含 V_D,需要从其他饲料中补充)。

3. 适口性好

青绿饲料柔软多汁,纤维素含量低,适口性好,能刺激奶牛的采食量,由于其营养均衡,还能提高日粮的利用率。

4. 体积大,水分含量高

新鲜青绿饲料水分一般含量在 75%~90% 之间,是奶牛的摄入水分的主要来源之一。

5. 含有多种矿物质

矿物质种类和含量因其植物品种、土壤条件、施肥情况等不同而不同。

五、糟渣类饲料

常见的糟渣类饲料有酒糟、粉渣、豆腐渣、酱油渣、醋糟、甜菜渣、糖渣等。这些糟渣类饲料都有一定的营养价值,有些还是养殖业上常用的,如糖渣常用在奶牛业上,具有很好的催奶作用于酒糟是奶牛饲养中最常用的饲料,它具有来源广、价格便宜、饲用方便、安全等特点,特别是啤酒糟,促进奶牛生长的作用很明显,是养殖人员非常重视的一种饲料。

六、精饲料

精饲料通常包括能量饲料和蛋白质类饲料,它们在奶牛日粮中所占比例根据饲养方式不同而有很大差别。

(一)能量饲料

能量饲料主要有禾本科籽实、块根块茎类和糠麸类。

1. 禾本科籽实

禾本科籽实是精料的主要部分。常用作奶牛饲料的禾本科子实有玉米、大麦、燕麦、高粱等,这类饲料的共同优点是淀粉含量丰富,含能量高,粗纤维含量较低,适口性好,消化率高。但粗蛋白质含量较低,一般在 8%~12%,品质不够好,氨基酸不平衡,钙磷比例不协调,表现为钙少、磷多,维生素总量低。

(1)玉米 有黄玉米、白玉米之分,都是奶牛首选的能量饲料。黄玉米中含有较多的胡萝卜素、叶黄素。玉米粒直接喂牛消化率低,通过粉碎压扁、湿磨等方法加工后喂牛,可提高消化率。

(2)大麦 是生产优质牛肉极好的能量饲料,脂肪含量低,饱和脂肪酸含量高,在奶牛育肥后期即催肥阶段饲喂大麦,可有效地改善脂肪颜色和硬度,提高牛肉的品质。大麦可采用蒸汽压扁法、粉碎法、蒸煮法等加工手段,提高消化吸收率。

(3)高粱　也是奶牛常用的能量饲料,但高粱中含有丹宁,必须经过加工,破坏淀粉的结构和胚芽中蛋白质与淀粉的结合性,提高利用率。加工方法有碾碎、压片、挤压等。另外,将高粱和玉米混合使用,效果明显优于单一使用。

2. 块根块茎类

常用作饲料的有甘薯、马铃薯、木薯、甜菜、胡萝卜等,它们的共同特点是在自然状况下含水量较高。干物质的组成中淀粉和糖的含量丰富,粗纤维含量低,且不含木质素。但蛋白质含量少,富含钾而钙磷含量低。维生素组成变化较大,大部分都缺乏 V_D,除马铃薯外,新鲜的原料中一般都含有较丰富的 B 族维生素,尤以胡萝卜中所含维生素的量最高。这类饲料适口性极好,消化率高,是奶牛的好饲料。

这类饲料在饲喂时要洗净污泥,注意补充维生素和矿物质元素。同时,要考虑到饲料中可能含有的有毒成分,以免造成中毒。如喂甘薯时要防止黑斑病中毒,发芽的马铃薯中含有龙葵素毒素,饲喂木薯时要防止氰氢酸中毒等。为了防止块根茎过大造成食管堵塞等意外事故,要简单切碎饲喂。

3. 糠麸类

是粮食加工的副产品,由籽实的种皮及胚芽等组成。最常用的有麦麸和米糠,它们含脂肪都较高,不耐贮存,能量比籽实低,粗纤维含量比籽实高,矿物质中磷多钙少。因此,这类饲料在饲喂奶牛时,要注意钙的补充。

(1)米糠　是大米加工的副产品,有脱脂米糠和未脱脂米糠两种,以脱脂米糠的饲喂效果好。米糠是水稻产区重要的粮食副产品,价格便宜,应加以很好采用。有人认为米糠中含脂肪较高,在饲料中用量不宜超过 10%~15%,否则会引起消化道疾病如腹泻等。但经试验,在保证一定量粗饲料基础上,用量达 30%连续饲喂牛个月,没有产生消化道疾病。

(2)麸皮　是面粉加工的副产品,含蛋白质量高于玉米,含有镁盐较多,具有一定轻泻性,常用于养牛生产。但是,麸皮中磷、镁含量过高,在育肥后期不能多喂,否则易导致奶牛尿道结石症。

(二)蛋白质类饲料

蛋白质类饲料包括植物性蛋白质饲料、动物性蛋白质饲料、单细胞蛋白质饲料和一些非蛋白氮饲料。

1. 植物性蛋白质饲料

在奶牛生产中,用得最多的是植物性蛋白质饲料,即各种饼粕类,包括棉籽饼粕、菜籽饼粕、葵花籽饼和花生饼等。饼粕类蛋白质饲料中,可消化粗蛋白质含量常达到 30%~40%,氨基酸组成较全面, 特别是禾本科籽实中缺乏的赖氨酸含量较丰富。粗纤维含量低。

(1)棉籽饼粕　是棉籽经榨油后的副产品,同时兼有蛋白质饲料、能量饲料和粗饲料(体积大)的特点,这是其他饲料所没有的。由于棉籽饼粕中存在有毒成分游离棉酚, 限制了它在单胃家畜中的使用, 但它是奶牛生产中非常好的蛋白质饲料, 比例基本不受限制,价格也较豆饼便宜许多。据试验,在奶牛日粮中长期大量饲喂棉籽饼,不会给奶牛带来危害,且棉酚也不会在奶牛产品中积累危害人类。在生产中,棉籽饼可不需去毒直接和玉米粉、青贮饲料、酒糟等配制后喂牛。

(2)菜籽饼　是菜籽榨油加工后的副产品,由于其含有芥子毒,对反刍家畜同样有害。因此,在奶牛生产中也不常使用。菜籽饼味辛辣,适口性差,也影响其饲用价值。为了扩大奶牛蛋白质来源,菜籽饼可去毒后饲喂牛,或和其他饲料按一定比例混合青贮(相当于坑埋法)后喂牛。

(3)葵花籽饼　在我国北方地区较多。它是奶牛的一种蛋白质补充饲料,但要注意葵花籽饼中含有的增重净能低,要和其他能量饲料搭配使用。在贮藏时,由于葵花籽饼中残留的脂肪易燃烧,要注意通风防火。

(4)花生饼　是花生榨油后的副产品,有带壳花生饼和去壳花生饼两种。去壳花生饼中含蛋白质比例高,适口性好,粗纤维含量低,营养价值较高。但所含脂肪较多,在潮湿环境下很容易发霉变质,产生大量的黄曲霉毒素,这对奶牛的生长危害较大、贮存时要注意保持环境干燥。

(5)亚麻仁饼　又称胡麻饼,主要产于我国东北和西北地区。粗蛋白质含量为 34%~38%,但缺乏赖氨酸。亚麻仁饼中含有黏性物质,可吸收大量水分膨胀,从而使饲料在瘤胃中停留较长时间,有利于微生物对饲料进行消化。

(6)大豆饼粕　是植物性蛋白品质最好、营养价值高、消化率高的蛋白质饲料。由于它的价格高,主要在犊牛饲养中使用,在奶牛生产中使用不多。

2. 动物性蛋白质饲料和单细胞蛋白质饲料

动物性蛋白质饲料含蛋白质量高,品质好,氨基酸平衡,是优质蛋白饲料,但价格较高,在奶牛生产中几乎不用。

单细胞蛋白质饲料,主要是菌体蛋白质,蛋白质含量高。目前应用较多的是石油酵母,但由于价格问题,在奶牛上使用也不多。

3. 非蛋白氮饲料

非蛋白氮饲料是一类特殊饲料,指一些不是蛋白质的含氮物质,如氨、尿素等,牛的瘤胃微生物可以利用它们合成菌体蛋白,进而和饲料蛋白质一样被牛消化利用。因此,对牛来讲,非蛋白氮也具有较高的营养价值,可以作为蛋白质的补充饲料,代替一部分的饲料蛋白,降低饲养成本。在生产中最常用的非蛋白氮是尿素。饲喂尿素的方法要正确,否则不但达不到效果,反而会出现中毒。

(1)饲喂尿素时应注意的问题

①在牛的日粮中,应含有一定量易消化的碳水化合物,最好是淀粉,有助于菌体蛋白的合成。

②日粮中必须含有一定比例的蛋白质。饲料中蛋白质含量过

高,细菌优先利用饲料蛋白质,很少或不利用尿素;含量过低,又会影响细菌的繁殖。比较好的比例是蛋白质含量为9%~12%。

③饲料中要含一定量的钴硫,提高细菌合成蛋白质的速度和含氮物质的利用率。

(2)尿素的喂量 尿素的喂量为日粮粗蛋白质含量的20%~30%,或为日粮干物质的1%。也可按家畜体重0.02%~0.05%的量来供给。注意对瘤胃机能发育不健全的犊牛不能饲喂尿素。

(3)尿素的喂法 ①在饲喂尿素时,必须将它均匀地拌在精粗料中饲喂,也可将尿素溶于水中喷洒到饲料中拌匀再喂,或先将尿素加到青贮料中青贮后一起饲喂;②饲喂尿素时开始要少给,等瘤胃中能利用尿素的细菌大量繁殖后再加大喂量,要给牛有5~7天的适应期;③一天的喂量要分几次喂给;④严禁将尿素溶于水中让牛饮水或单独饲喂;⑤牛处于饥饿或空腹状态下不要喂,否则易引起中毒。

七、矿物质饲料

在奶牛采食的饲料中,都含有一定量的矿物元素,能部分满足奶牛对矿物质的需要,但是,由于饲料中矿物质的组成不够平衡,不能完全满足奶牛增重的需要,必须补充。常用的矿物质饲料有食盐、钙、磷添加物及钙、磷平衡的矿物质饲料。

1. 食盐

食盐是奶牛饲料中必须补充的,它既能补充牛对钠和氯的需要,又能起到调味作用,提高食欲。若能以含碘食盐补充则能同时补充碘,效果更好。在奶牛的饲料中,食盐添加量每天每头约30g,或按混合精料量的0.1%~2%补充。

2. 钙、磷添加物

植物性饲料中钙、磷比例不平衡,常表现为钙少磷多,特别是在以粗饲料为主饲喂奶牛的情况下,钙更容易缺乏。因此,要在饲料中添加钙。常用的有石粉、贝壳粉、蛋壳粉等,来源广泛,价格便宜,是经常使用的一类钙补充料。这类饲料中钙的含量常在30%以上。

3. 钙、磷平衡的矿物质饲料

最常用的是骨粉,既含钙,又含磷,消化利用率高,是较理想的矿物质饲料。骨粉的价格相对较高,在幼龄犊牛上使用较多。在育肥阶段为了提高钙的吸收率,有时也在饲料中少量使用。骨粉含钙约在 31%,含磷约在 14.6%。在饲料中,很少使用单独的补充磷的饲料。

八、添加剂

添加剂是为了弥补饲料中某些营养成分的不足或不平衡,或为了促进动物生长而向饲料中加入的少量或微量成分。这些添加的物质虽然量不多,但作用很大,能有效地防止缺乏症的发生,促进奶牛的生长,可以认为,添加剂是现代养牛业不可缺少的,特别是在集约化养牛的情况下尤为重要, 这一点在有的养殖户或养殖场尚未能很好地被认识。常用的添加剂有以下几种。

1. 维生素类添加剂

由于饲料中维生素的含量受很多因素的影响,含量往往不高,秸秆中含的维生素更少。奶牛瘤胃微生物能合成 B 族维生素脂溶性 V_K,应特别注意 V_A、VD、VE 的补充。幼犊(8 周龄前)需考虑 B 族维生素的供应。维生素添加剂要与精料补充料拌匀后饲喂。

2. 微量元素添加剂

要考虑对钴、铜、锌等的补充,在缺硒地区还要考虑添加硒。微量元素添加剂可拌和到精料中, 也可将其制成舐盐或矿物砖的形式让牛自由舐食,达到补充的目的。

3. 促生长剂

这类物质大部分是非营养性的添加物, 用于提高牛的生长速度和抗病能力,改善肉的品质。在使用时要注意安全,防止对牛产生危害。常用的有抗生素类促生长剂。

抗生素类:最常用的是莫能霉素,又称瘤胃素,能提高牛的食欲,促进营养物质的吸收,减轻消化道内细菌感染的症状。瘤胃素在舍饲育肥时,每天每头可使用150~200mg。

4. 缓冲剂

在给奶牛喂大量高精料日粮或大量青饲料时,瘤胃内酸度提高,碱性降低,不利于微生物的繁殖,容易出现酸中毒。使用缓冲剂,可防止这种现象的发生,提高采食量和饲料消化率,提高奶牛生长速度。

第五节　奶牛全混合日粮

所谓全混合日粮(total mixed ration, TMR),是根据奶牛不同生长发育阶段的营养需求,按照营养专家计算提供的配方,将铡短成适当长度的粗料、精料、矿物质、维生素和其他添加剂放入专用的搅拌设备,经充分混合而加工成的一种营养相对平衡的混合饲料。使奶牛每一口都能吃上营养相对平衡的饲粮,有利于瘤胃pH值的稳定,减少消化代谢疾病的发生;有利于增加母牛在泌乳前期的采食量,缓解营养负平衡问题;有利于提高牛奶产量和质量;有利于开发饲料资源,降低饲料成本;有利于简化饲养程序,提高劳动生产率,发挥最佳饲养效益。

TMR技术是现代奶牛饲养的一项革命性突破,它在奶牛养殖业发达国家已得到普遍应用,国内的现代化和规模化奶牛养殖场也已陆续开始使用这项技术,并取得了很好的效益。配制TMR是以营养学的最新知识为基础,以充分发挥瘤胃机能,提高饲料利用率为前提的,并尽可能地利用当地的饲料资源以降低饲粮的成本。

一、全混合日粮的优点

TMR与传统饲喂方法相比,具有以下优点。

1. 可提高奶牛产奶量

很多研究表明:饲喂TMR的奶牛每公斤日粮干物质能多产5%~8%的奶;即使奶产量达到每年9吨,仍然能有8%~10%奶产量的增长。

2. 增加奶牛干物质的采食量

TMR 技术将粗饲料切短后再与精料混合，这样物料在物理空间上产生了互补作用，从而增加了奶牛干物质的采食量。在性能优良的 *TMR* 机械充分混合的情况下，完全可以排除奶牛对某一特殊饲料的选择性(挑食)，因此有利于最大限度地利用最低成本的饲料配方。同时 *TMR* 是按日粮中规定的比例完全混合的，减少了偶然发生的微量元素、维生素的缺乏或中毒现象。

3. 提高牛奶质量

粗饲料、精料和其他饲料被均匀地混合后，被奶牛统一采食，减少了瘤胃 *pH* 值波动，从而保持瘤胃 *pH* 值稳定，为瘤胃微生物创造了一个良好的生存环境，促进微生物的生长、繁殖，提高微生物的活性和蛋白质的合成率。饲料营养的转化率(消化、吸收)提高了，奶牛采食次数增加，奶牛消化紊乱减少和乳脂含量显著增加。

4. 降低奶牛疾病发生率

瘤胃健康是奶牛健康的保证，使用 *TMR* 后能预防营养代谢紊乱，减少真胃移位、酮血症、产褥热、酸中毒等营养代谢病的发生。

5. 提高奶牛繁殖率

泌乳高峰期的奶牛采食高能量浓度的 *TMR* 日粮，可以在保证不降低乳脂率的情况下，维持奶牛健康体况，有利于提高奶牛受胎率及繁殖率。

6. 节省饲料成本

TMR 日粮使奶牛不能挑食，营养素能够被奶牛有效利用，研究表明，与传统饲喂模式相比，饲喂 *TMR* 的饲料利用率可增加 4%；*TMR* 日粮的充分调制还能够掩盖饲料中适口性较差但价格低廉的工业副产品或添加剂的不良影响，为此每年可以节约饲料成本数万元。

7. 节约劳动时间

采用 *TMR* 后，饲养工不需要将精料、粗料和其他饲料分开发放,只要将料送到即可;采用 TMR 后管理轻松,降低管理成本。

二、应用 TMR 技术的基本条件

1. 要有好的搅拌设备

TMR 的配制要求所有原料均匀混合,青贮饲料、青绿饲料、干草需要专用机械设备进行切短或揉碎。为了保证日粮营养平衡,要求有性能良好的混合和计量设备。TMR 通常由搅拌车进行混合,并直接送到奶牛饲槽,需要一次性投入成套设备,设备成本较高。搅拌车按搅拌方式不同有立式、卧式;按移动方式不同有固定式、牵引式和自走式;按容积分为 $5m^3$、$8m^3$、$11m^3$、$13m^3$、$16m^3$、$20m^3$ 多种车型,不同规模的养牛场可以根据需要选用。

2. 掌握好饲料原料的营养成分变化

TMR 由计算机进行配方处理,要求输入准确的原料成分含量,客观上需要经常调查并分析原料营养成分的变化,尤其是原料水分的变化。在 TMR 饲养技术的实施中,准确地掌握粗料的营养成分变化,保证奶牛采食到必需的营养成分,在 TMR 技术实施之前对牧场的粗料进行检测,在此基础上每周进行一次饲料检测,并对 TMR 及时进行调整。

3. 饲喂要精心

全场奶牛需要根据生理阶段、生产性能进行分群饲喂,每一个群体的日粮配方各不相同,需要分别对待。这要求奶牛场的技术人员工作热情高,责任心强。如果在泌乳早期 TMR 的营养浓度不足,则高产奶牛的产奶高峰有可能下降;在泌乳中后期,低产奶牛如不及时转到 TMR 营养浓度较低群,则奶牛有可能变得过肥。

总之,TMR 饲养技术尽管增加了一些额外的费用,但由于提高了奶牛的生产性能,因而可提高经济效益。实践证明,在综合考虑 TMR 饲养技术利弊的基础上,奶牛运用 TMR 技术所增加的收入明显高于其额外增加的费用。当然,实际增加收入还受奶牛场经营规模的影响。研究表明,对 100 头的奶牛场,只有奶产量提高明显(5%以上),才能增加净收入;而对 200 头以上的奶牛场,依据奶产量提

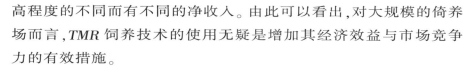

高程度的不同而有不同的净收入。由此可以看出,对大规模的倚养场而言,TMR 饲养技术的使用无疑是增加其经济效益与市场竞争力的有效措施。

三、TMR 技术的使用

采用 TMR 技术与传统饲喂方法比较,可以较多利用粗料。一般按泌乳阶段分群,如按泌乳早期、泌乳中期、泌乳后期和干乳期分群。在产后 50 天以内的牛分为泌乳早期组,此期日粮精料较多;产后 70~140 天为泌乳中期组, 按平均奶产量和平均体重配料;产后 140 天至干乳期为泌乳后期组,干乳期母牛另成一组,都按营养需要配料。

TMR 技术采用自由采食的饲喂方法。牛采食的干物质比传统饲养法多,采食量的增加,有利于采用营养浓度稍低的日粮(含粗料稍多的日粮),还能保持母牛能量需要,这是 TMR 技术能节约精料、降低成本的原因。

目前,奶牛场的 TMR 多为青贮饲料、干草和精饲料组成,先由粉碎机械或揉搓机将粗饲料进行处理, 然后由搅拌车将各种成分混匀成 TMR,由送料车直接将 TMR 送到奶牛运动场的饲槽,供奶牛全天自由采食。奶牛场配方师应及时掌握 TMR 中的水分含量,及时调整日粮中的营养浓度。

四、使用 TMR 饲养技术应注意的事项

1. 牛群的外貌鉴定和生产性能测定

实施 TMR 饲养技术的奶牛场, 要定期对个体牛的产奶量、奶的成分及其质量进行检测,这是科学饲养奶牛的基础,对不同生长发育阶段(泌乳期、泌乳阶段)及体况的奶牛要进行合理分群,这是总生产成绩提高的必要条件。

2. TMR 及其原料常规营养成分的分析

测定 TMR 及原料各种营养成分的含量是科学配制日粮的基础,即使同一原料(如青贮玉米和干草等),因产地、收割期及调制方法不同,其干物质含量和营养成分也有很大差异,所以,应根据实

测结果来配制相应的 *TMR*；另外，必须经常检测 *TMR* 中的水分含量及动物实际的干物质采食量(尤其是高产奶牛更应如此)，以保证动物的足量采食。

3. 饲养方式的转变应有一定的过渡期

在由放牧饲养或常规精、粗料分饲转为自由采食 *TMR* 时，应有一定的适应期，使奶牛平稳过渡，以避免由于采食过量而引起消化疾病和酸中毒。

4. 保持自由采食状态

TMR 可以采用较大的饲槽，也可以不用饲槽，而是在围栏外修建一个平台，将日粮放在平台上，供奶牛随意进食。

5. 注意奶牛采食量及体重的变化

在使用 *TMR* 饲喂时，奶牛的食欲高峰要比产奶高峰迟 2~4 周出现，泌乳期的干物质消耗量比产奶量下降要缓慢；在泌乳的中期和后期可通过调整日粮精、粗料比来控制体重的适度增加。

6. *TMR* 的营养平衡性和稳定性要有保证

在配制 *TMR* 时，饲草质量、准确计量、混合机的混合性能及 *TMR* 的营养平衡性要有保证。

第六章　羊常用饲料

羊的常用饲料种类很多，按营养特性可分为青绿饲料、粗饲料、多汁饲料、青贮饲料、能量饲料、蛋白质饲料、矿物质饲料、维生素饲料和添加剂等。

第一节　青绿饲料

青绿饲料包括青牧草、青割饲料和叶菜类等,其特点是含水分多,一般 75%~90%,粗纤维含量少。蛋白质含量丰富,而且氨基酸组成比较完全,赖氨酸、色氨酸和精氨酸较多,营养价值高。在一般禾本科和叶菜类中蛋白质含量 1.5%~3%,豆科青饲料中蛋白质含量 3.2%~4.4%。维生素含量丰富,每千克青饲料中含胡萝卜素 80~100mg,且含有较多的 V_B、V_C、V_E、V_K。青绿饲料也是矿物质的良好来源,钙、磷丰富,尤其豆科牧草含量较高。由于青绿饲料柔嫩多汁,其有机物质消化率可达 75%~80%。

一、青牧草　青牧草包括自然生长的野生牧草和人工种植的牧草,青野草种类较多,其营养价值因植物种类、土壤状况等不同而有差异。人工牧草,如苜蓿、沙打旺、草木樨、苏丹草等营养价值较一般野草高。

二、青割饲草　是把农作物,如玉米、大麦、豌豆等进行密植,在籽实未成熟前收割,饲喂家畜。青割饲料蛋白质含量和消化率均比结籽后高。此外,青割饲料茎叶的营养含量上部高于下部,叶高于茎,因此,收贮时应尽量减少叶部损失。

三、叶菜类　包括树叶(如榆、杨、桑、果树叶等)和青菜(如白菜等),含有丰富的蛋白质和胡萝卜素,粗纤维含量较低,营养价值较高。

有些青绿饲料应注意饲喂方法,如玉米苗、高粱苗、亚麻叶等含氰甙,羊食后在瘤胃内会生成氢氰酸发生中毒,应晒干或制成青贮饲料饲喂。萝卜叶、白菜叶等含有硝酸盐堆放时间过长,腐败菌能把硝酸盐还原成亚硝酸盐引起羊中毒。有些人工牧草适口性较差(如沙打旺有苦味),最好与其他青草或等秸秆类混合饲喂。青绿饲料是羊不可缺乏的优良饲料,但其干物质少,能量相对较低。舍饲时在生长期可用优良青绿饲料做唯一的饲料来源，在育肥后期加快育肥则需要补充谷物、饼粕等能量饲料和蛋白质饲料。青饲料的钙、磷多中在叶片内。一般秸秆、糠麸、谷实、糟渣等都缺钙，以这些饲料为主喂羊时要注意钙的添加。

第二节　粗饲料

粗饲料指干物质中粗纤维含量在 18%以上的饲料，主要包括青干草、农副产品类(秸秆、秕壳)、树叶、糟渣类等。

一、青干草　青干草包括豆科干草(苜蓿、红豆草、毛苕子等)、禾本科干草(狗尾草、羊草等)和野干草(野生杂草晒制而成)。优质青草含有较多的蛋白质、胡萝卜素、V_D、V_E 及矿物质。

青干草粗纤维含量一般为 20%~30%，所以含能量为玉米的30%~50%。豆科干草蛋白质、钙、胡萝卜素含量较高，粗蛋白含量一般为 12%~20%，钙含量 1.2%~1.9%。禾本科干草含碳水化合物较高，粗蛋白含量一般为 7%~10%，钙含量 0.4%左右。野干草的营养价值较以上两种干草要差些。

青干草的营养价值取决于制作原料的种类、生长阶段和调制技术。禾本科牧草在孕穗期或抽穗期收割，豆科牧草应在结蕾期或开花初期收割，晒制干草时应防止暴晒和雨淋。最好采用荫干法。

二、秸秆　即各种农作物收获籽实后剩余的茎秆和叶子。秸秆的粗纤维含量一般为 25%~50%，蛋白质含量低(3%~6%)，除 V_D之外，其他维生素均缺乏，矿物质钾含量高，缺乏钙、磷。秸秆的适口性差，木质素含量高消化率低，为提高秸秆的利用率，喂前应进行切短、氨化、碱化处理。

三、秕壳　包括籽实脱粒时分离出的颖壳、荚皮、外皮等。如麦糠、谷糠、豆荚、棉籽皮等，与秸秆相比，蛋白质多，纤维少，总营养价值高。一般来说，荚壳的营养价值略高于同作物的秸秆，但稻

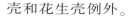

壳和花生壳例外。

羊日粮中的粗饲料含量占 60%~70%。饲喂时禾本科干草应与豆科干草配合使用,有条件的再配合青绿饲料更好。饲喂前应除去杂质、泥土及霉变物,要经过铡短、揉碎或氨化、碱化、发酵等处理。豆科作物的粗蛋白含量稍高,例如苜蓿营养价值较高,适宜调制干草。而秸秆、秕壳、树枝和树叶等粗饲料中粗纤维含量较高,适口性差,在饲喂时限制其用量。

第三节　多汁饲料

多汁饲料包括块根、块茎、瓜果类。常见多汁饲料有胡萝卜、甘薯、马铃薯、甜菜及甜菜渣等。

多汁饲料含水高,一般 70%~95%,营养质量分数较低。干物质中粗纤维含量低,无氮浸出物含量高,而且多是易消化的糖分、淀粉或戊聚糖,适口性好,消化率高。粗蛋白含量一般较低,如木薯、甘薯,但胡萝卜、南瓜和饲用甜菜等的蛋白含量较高;各种矿物质和维生素含量差别很大,一般缺钙、磷,富含钾盐。胡萝卜含有丰富的胡萝卜素,甘薯和马铃薯缺乏各种维生素。

多汁饲料适口性好,能刺激羊食欲。胡萝卜多汁味甜,主要营养物质是淀粉和糖类,含有胡萝卜素和磷较多。每千克胡萝卜含胡萝卜素 36mg,含磷量 0.07%~0.09%。新鲜胡萝卜水分含量高,容积大,在生产实践中并不依赖它供给能量,其重要作用是在冬、春季节供给胡萝卜素。甘薯淀粉含量高,能量含量居多汁饲料之首,但要忌喂有黑斑病的甘薯,因其含有毒性酮,易使羊中毒。马铃薯含能量较高,但应防止龙葵素中毒。马铃薯含有龙葵素酸糖体,在幼芽及未成熟的块茎和贮存期间经日光照射变成绿色的块茎中含量较高,饲喂过多可引起中毒。甜菜及甜菜渣含糖量较高,饲用甜菜含糖一般在 5%~11%,饲喂时应注意甜菜的亚硝酸盐中毒。

第四节　青贮饲料

　　青贮饲料把新鲜的青饲料,如青绿玉米秸、高粱秸、红薯蔓、青草等装入密闭的青贮窖、壕中,在厌氧条件下经乳酸菌发酵产生乳酸,从而抑制腐败菌生长,使青绿饲料能长期保存。禾本科作物、牧草、豆科牧草和作物,杂草及块根、块茎、野菜类都可青贮,有的可以单独青贮,有些需要混合青贮叫天然青草及野菜类可单独青贮,也可混合青贮。豆科牧草或作物,含糖量少,蛋白质含量较高,不能单独青贮,否则易腐烂,应和禾本科混合青贮。瓜类、块根茎类应和糠麸、秕壳或切碎的秸秆一起青贮。

　　青贮饲料酸香可口,柔软多汁,营养损失少。同时,青贮饲料中由于大量乳酸菌存在,菌体蛋白质含量比青贮前提高 20%~30%。而且制作简便、成本低廉,保存时间长,使用方便,适口性强,是养羊的一类理想的饲料。但青贮饲料的水分含量高,能量物质含量不高,因此喂量不能太多,应与其他饲料混合使用。尤其是对初次饲喂青贮饲料的羊,要经过短期的过渡适应,开始饲喂时少喂勤添,以后逐渐增加喂量。

第五节　能量饲料

　　能量饲料指干物质中粗纤维含量低于 18%,同时粗蛋白质含量低于 20%的饲料。主要包括禾谷类籽实和糠麸。

　　一、禾谷类籽实　包括玉米、大麦、高粱、燕麦、谷子等。这类饲料含无氮浸出物多,约为 60%~70%;含粗蛋白少,约为 9%~12%;含磷 0.3%左右、钙 0.1%左右。一般 V_B 族和 V_E 较多,而缺乏 V_A、V_D,除黄玉米外都缺胡萝卜素。因此,羊的饲料中除谷类籽实外,还应搭配蛋白质饲料,补充钙和维生素。

二、糠麸类 糠麸类是谷物加工后的副产品,包括麸皮、玉米皮、米糠、大豆皮等。糠麸类饲料含能量约为原粮的 60%左右。糠麸体积大、重量轻,有利于胃肠蠕动,易消化。

能量饲料的能量值高,但维生素含量不平衡,粗蛋白含量较低、品质差,必须氨基酸不平衡,尤其赖氨基酸和色氨基酸缺乏,而且粗灰分含量低。因此利用禾本科籽实饲料时,应与青饲料、粗饲料、矿物质饲料及蛋白质饲料搭配饲喂黑山羊,利用其加工副产品时,因其含有较多的脂肪,饲喂黑山羊时不宜超过 30%,以免引起腹泻。

第六节 蛋白质饲料

蛋白质饲料指干物质中粗蛋白含量在 20%以上,粗纤维含量在 18%以下的饲料,生产当中常用的蛋白质饲料主要有植物性蛋白饲料、动物性蛋白饲料、非蛋白氮及单细胞蛋白饲料。

一、植物性蛋白饲料 包括油料籽实提取油脂后的饼粕、豆类籽实、糟渣等。

1.豆科籽实 豆科籽实无氮大浸出物含量为 30%~60%,比禾类低,但蛋白质含量丰富(20%~40%)。除豆外,脂肪含量较低(1.3%~2%)。大豆含粗蛋白质约 35%,脂肪 17%,适合作蛋白质补充料。但是在大豆中含有抗胰蛋白酶等抗营养物质,喂前需煮熟或蒸炒,以保障蛋白质的消化吸收。

2.饼粕类 饼粕类粗蛋白含量 30%~45%,粗纤维 6%~17%。所含矿物质,一般磷多于钙,富含 B 族维生素,但胡萝卜素含量较低。

(1)豆饼,品质居饼粕之首,含粗蛋白 40%以上,绵羊能量单位 0.9 左右。质量好的豆饼为黄色有香味,适口性好,但在日粮中添加量不要超过 20%。

(2)棉籽饼 是棉区喂羊的好饲料,去壳压榨或浸提的棉籽饼含粗纤维 10%左右,粗蛋白 32%~40%;带壳的棉籽饼含粗纤维高达 15%~20%,粗蛋白 20%左右。棉籽饼中含有游离棉酚等毒素,长期大量饲喂(日喂 1kg 以上)会引起中毒。羔羊日粮中添加量一般不超过 20%。

(3)菜籽饼(粕)　含粗蛋白质 36%左右,绵羊能量单位 0.84,矿物质和维生素比豆饼丰富,含磷较高,含硒量比豆饼高 6 倍,居各种饼粕之首。菜籽饼中含芥子毒素,羔羊、孕羊最好不喂。

(4)向日葵饼　去壳压榨或浸提的饼粕粗蛋白达 45%左右,能量比其他饼粕低;带壳饼粕粗蛋白 30%以上,粗纤维 22%左右,喂羊营养价值与棉籽饼相近。

3.糟渣类　是谷实及豆科籽实加工后的副产品。这类饲料含水分多,宜新鲜时饲喂。

酒糟粗蛋白质占干物质的 19%~24%, 无氮浸出物 46%~55%,是育肥肉羊的好饲料。粉渣是玉米或马铃薯制取淀粉后的副产品,粗蛋白含量较低,但无氮浸出物含量较高,折成干物质后能量接近甚至超过玉米。有些饼粕类饲料中含有抗营养因子或有害物质,如大豆饼粕中的抗胰蛋白酶因子、菜籽饼粕中的硫葡萄糖甙和棉籽饼粕中游离棉酚等,在使用时注意除去或脱毒。豆类、籽实、豆渣、豆浆都应熟喂。

二、动物性蛋白饲料　主要指用做饲料的水产品、畜禽加工副产品及乳、丝工业的副产品等,如鱼粉、肉骨粉、血粉、羽毛粉、乳清粉、蚕蛹粉等。其营养特点:蛋白质含量高,一般可达到 40%~85%;灰分含量较高,钙、磷含量丰富且比例适当。动物性蛋白饲料适宜作为公种羊、泌乳母羊、生长羔羊的蛋白质补充饲料,一般占 10%左右,由于其脂肪含量较高,易发生酸败,应注意保存。

三、非蛋白氮饲料　主要指蛋白质之外的其他含氮物,如尿素、双缩脲、硫酸铵、磷酸氢二铵等。其营养特点是:粗蛋白含量高,如尿素中粗蛋白含量相当于豆粕的 7 倍;味苦、适口性差;不含能量,在使用中应注意补加能量物质;缺乏矿物质,特别要注意补充硫、磷。

尿素只能喂给成年羊，用量一般不超过饲粮干物质的 1%，不能单独饲喂或溶于水中让羊直接饮用，要将尿素混合在精料或铡短的秸秆、干草中饲喂。严禁饲喂过量产生氨中毒。饲喂时要有 5 周左右的适应期。

四、单细胞蛋白　是指利用糖、氮类等物质，通过加工业方式，培养能利用的这些物质的细菌、酵母等微生物制成的蛋白质。单细胞蛋白含有丰富的 B 组维生素、氨基酸和矿物质，粗纤维含量较低；单细胞蛋白中赖氨酸含量较高，蛋氨酸含量低；单细胞蛋白质具有独特的风味，对增进动物的食欲有良好效果。
对于来源于石油化工、污染物处理工业的单细胞蛋白中，往往含有较多的有毒、有害物质，不宜作为单细胞蛋白质的原料。

第七节　矿物质饲料

凡天然可供饲用的矿物质（如白云石、大理石、石灰石等）、动物性加工副产品（如贝壳粉、蛋壳粉等）和矿物质盐类均属矿物质饲料。这类饲料含有矿物质元素，可补充日粮中矿物质的不足。
食盐主要成分是氯化钠，可补充钠和氯的不足，并促进唾液分泌，增强食欲。贝壳粉由贝壳煅烧粉碎而成，含钙 34%~40%，是钙补充剂。石粉即石灰石粉，为天然碳酸钙，一般含钙 34%左右，是补充钙质最廉价的原料。骨粉是动物杂骨经高温、高压、脱脂、脱胶后粉碎而成，一般含钙 30%左右。磷酸氢钙一般含钙 20%以上，含磷 18%左右，作为重要的磷源近年应用广泛。其他矿物质如硫酸铜、硫酸亚铁、硫酸锌、硫酸锰、硫酸镁亚硒酸钠、碘化钾等都可补充相应微量元素的不足。

使用微量元素盐砖，是补充微量元素的简易方法。饲料砖能为瘤胃提供良好的发酵环境，促进瘤胃微生物的大量繁殖，增加采食量,同时也能促进纤维性饲料的消化、吸收和利用。常用的饲料舔砖有矿物质盐砖、精料补充料砖,其饲喂方法简单,可用于羊舍或饲槽内供羊自由舔食,但在储存和使用中要防雨水浸渍。

第八节　维生素饲料

维生素是指用工业提取的或人工合成的饲用维生素,如维生素 A 醋酸酯、胆钙化醇醋酸酯等。维生素在饲料中的用量非常小,而且常以单独一种或复合维生素的形式添加到配合饲料中,用以补充饲料中维生素的不足。维生素类饲料除富含蛋白之外,还富含胡萝卜素和 V_E、V_B、V_C 及糖化酶等。

羊的瘤胃微生物可以合成 V_K 和 B 组维生素,肝、肾可合成 V_C。因此,一般除羔羊外,不需额外添加。但当青饲料不足时应考虑添加 V_A、V_D 和 V_E。

第九节　饲料添加剂

指为补充饲料中所含养分的不足,平衡饲粮,改善和提高饲料品质,促进生长发育,提高抗病力和生产效率等的需要,而向饲料中添加少量或微量可食物质。饲料添加剂不仅可以补充饲料营养成分,而且能够促进饲料所含成分的有效利用,同时还能防止饲料品质下降。常用的饲料添加剂有氨基酸添加剂、维生素添加剂、矿物质添加剂、抗生素、生长促进剂、食欲增进剂、防霉剂和黏结剂等。

第十节　羊的日粮配合

羊的日粮,指一只羊一昼夜所采食的各种饲料的总量。按照饲养标准和饲料的营养价值配制出的完全满足羊在基础代谢和增重、繁殖、产乳、肥育等需要的全价日粮,在养羊生产中具有重大意义。随着养殖规模的不断扩大,配制营养全、成本低的日粮越来越成为许多养殖场实现高效养羊的基础条件。因而,掌握日粮配合技术十分必要。具体配合时应掌握以下原则:

一、符合饲养标准,满足营养需要　羊的日粮的配合应按不同羊不同生长发育阶段的营养需要为依据,结合生产实际不断加以完善。配合日粮时,首先满足能量和蛋白质的需求,其他营养物质如钙、磷、微量元素、维生素等应添加富含这类营养物质的饲料,再加以调整。

二、要合理搭配日粮　羊是反刍动物,能消化较多的粗纤维,在配合日粮时应以青、粗饲料为主,适当搭配精料,以达到营养全价或基本全价。同时要注意饲料质量,选用优质干草、青贮饲料、多汁饲料,严禁饲喂有毒和霉烂变质的饲料。

三、因地制宜,多种搭配　配合日粮应以当地资源为主,充分利用当地的农副产品,尽量降低饲料成本;同时要多种搭配,既提高适口性又能达到营养互补的效果。

四、日粮组成要相对稳定　日粮突然发生变化,瘤胃微生物不适应,会影响瘤胃发酵、降低各种营养物质的消化吸收,甚至会引起消化系统疾病。如需改变日粮组成,应逐渐改变,使瘤胃微生物有一个适应过程,过渡期一般为7~l0天。

五、日粮体积要适当　日粮配合要从羊的体重、体况和饲料适口性及体积等方面考虑。日粮体积过大,羊吃不进去;体积过小,可能难以满足营养需要,即使能满足需要,也难免有饥饿感。所以羊对饲料的采食量大致为每公斤体重0.3~0.5kg青干草或1~1.5kg青草。

六、日粮配制的方法
羊的日粮是指一只羊在一昼夜内采食的各种饲料的数量总和。但在实际生产中并不是按一只羊二天所需来配合月粮而是针对一群羊所需的各种饲料,按一定比例配成一批混合饲料来饲喂。一般日粮中所用饲料种类越多,选用的营养指标越多,计算过程越复杂,有时甚至难以用手算完成日粮配制。在现代畜牧生产中,借助计算机,通过线性规划原理,可方便快捷地求出营养全价且成本低廉的最优日粮配方。

下面仅介绍常用的手算配方的基本方法。手算常用试差法,具体步骤如下:

第一步:确定每日每只羊的营养需要量。根据羊群的平均体重、生理状况及外界环境等,查出各种营养需要量。

第二步:确定各类粗饲料的喂量。根据当地粗饲料的来源、品质及价格,最大限度地选用粗饲料。一般粗饲料的干物质采食量占体重的 2%~3%,其中青绿饲料和青贮饲料可按 3kg 折合 1kg 青干草和干秸秆计算。

第三步:计算应由精料提供的养分量。每日的总营养需要与粗饲料所提供的养分之差,即是需精料部分提供的养分量。

第四步:确定混合精料的配方及数量。

第五步:确定日粮配方。在完成粗、精饲料所提供养分及数量后,将所有饲料提供的各种养分进行汇总,如果实际提供量与其需要量相差在±5%范围内,说明配方合理。如果超出此范围,应适当调整个别精料的用量,以便充分满足各种养分需要而又不致造成浪费。

现举例说明肉羊日粮配合的设计方法。例如,为平均体重 25kg 的育肥羊群设计一饲料配方。

第一步:查表(表 4–11)给出羊每日的养分需要量,该羊群平均每日每只需干物质 1.2kg,消化能 10.5~14.6MJ,可消化粗蛋白 80~100g,钙 1.5~2g,磷 0.6~1g,食盐 3~5g,胡萝卜素 2~4mg。

第二步:列出供选饲料的养分含量。

第三步:按羊只体重计算粗饲料采食量。一般羊粗饲料干物质采食量为体重的 2%~3%,我们选择 2.5%,则 25kg 体重的羊需粗饲

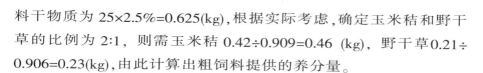

料干物质为 25×2.5%=0.625(kg)，根据实际考虑,确定玉米秸和野干草的比例为 2:1，则需玉米秸 0.42÷0.909=0.46 (kg)，野干草0.21÷0.906=0.23(kg),由此计算出粗饲料提供的养分量。

第四步:草拟精料补充料配方。根据饲料资源、价格及实际经验，先初步拟定一个混合料配方，假设混合料配比为 60%玉米、23%麸皮、5%豆饼、10.5%棉籽饼、0.877%食盐和 0.877%尿素,将所需补充精料干物质 0.57kg 按上述比例分配到各种精料中，再计算出精料补充料提供的养分。

在实际饲喂时，应将各种饲料的干物质喂量换算成饲喂状态时的喂量(干物质量÷饲喂状态时干物质含量)。

七、常用饲料配方

在养羊生产中,由于羊的消化生理特点,以及羊可用饲料的广泛性,使制定饲料配方的灵活性很大,因而许多养殖户没有掌握饲料配合技术。实际养羊生产中可在满足粗饲料的前提下,参考饲养标准配制出精料配方,通过科学喂养,精粗饲料合理搭配,以满足羊的生产及生理活动所需各种营养物质。下面介绍常用的混合精料配方。

1. 种公羊混合精料配方及营养成分:玉米 53%,麸皮 6%,豆粕20%,棉籽饼 10%,鱼粉 8%,食盐工%,石粉 1%。精料中干物质含量为 88.0%,粗蛋白质 22%,钙 0.9%,磷 0.5%,每公斤干物质含代谢能11.05MJ。

非配种期公羊每日每只的混合精料喂量为 0.5~0.7kg，分两三次饲喂。配种期混合精料的喂量为 1.2~1.6kg,分 4 次饲喂。粗饲料的给量为 2.0~2.5kg。

2.种母羊混合精料配方及营养成分:玉米 60%,麸皮 8%,棉籽饼 16%,豆粕 12%,食盐 1%,磷酸氢钙 3%。精料中干物质含量为87.9%,粗蛋白质 16.2%,钙 0.9%,磷 0.8%,每公斤干物质含代谢能10.54MJ。

舍饲母羊的日粮混合精料喂量为 0.3~0.7kg，妊娠后期和哺乳前期应相应加大精料喂量,每日三四次,其他时期可减少喂量,日喂两三次。粗饲料喂量 1.7~2.0kg,自由饮水。

3.羔羊混合精料配方及营养成分:玉米 55%,麸皮 12%,酵母饲料 15%,豆粕 15%,食盐 1%,鱼粉 2%。精料中含干物质 88.0%,粗蛋白质 20.6%,钙 0.3%,磷 0.4%,每公斤干物质含代谢能 11.12 MJ。

羔羊混合精料的喂量随年龄的增长而增加,20 日龄到 1 月龄每只羔羊的日喂量为 50~70g,1~2 月龄为 100~150g,2~3 月龄为 200g,3~4 月龄为 250g,4~5 月龄 350g,5~6 月龄为~500g。羔羊的粗饲料为自由采食。

八、舍饲肥育羊混合精料配方

1. 舍饲肥育羊混合精料配方:玉米 21.5%,草粉 21.5%,棉籽粕或菜籽粕 21.5%,麸皮 17%,花生饼 10.3%,饲料酵母 6.9%,食盐 0.7%,尿素 0.3%,添加剂 0.3%,混合均匀即可。前 20 天日均每只喂料 350g;中 20 天,日均每只喂料 400g;后 20 天,日均每只喂料 450g。粗料不限量。

2. 舍饲强度肥育羊混合精料配方:肥育的前 20 天,每只每日供给精料 0.5~0.6kg。配方为:玉米 49%,麸皮 20%,棉籽粕或菜籽粕 30%,石粉(骨粉)1%,添加剂(羊用)20g,食盐 5~10g。

肥育的中 20 天,每只每日供给精料 0.7~0.8kg。配方为:玉米 55%,麸皮 20%,棉籽粕或菜籽粕 24%,石粉(骨粉)1%,添加剂(羊用)20g,食盐 5~10g。

肥育的后 20 天,每只每日供给精料 0.9~1.0kg。配方为:玉米 65%,麸皮 14%,棉籽粕或菜籽粕 20%,石粉(骨粉)1%,添加剂(羊用)20g,食盐 10g。

九、羔羊肥育混合精料配方

1. 肥育羔羊前期的混合精料组成:玉米 50%,饲料酵母 11%,麸皮 22%,豆饼 15%,矿物质 2%,精料含粗蛋白 13.5%。

2. 羔羊肥育的颗粒饲料配方:30~60 日龄羔羊用的颗粒饲料

配方即玉米45%,麸皮6%,向日葵饼18%,苜蓿粉30%,微量元素添加剂0.5%,食盐0.5%。60日龄后羔羊肥育的颗粒饲料配方:玉米50%,麸皮20%,向日葵饼或亚麻饼20%,饲用酵母8%,食盐2%。

3.羔羊肥育的通用饲料配方:玉米58%,棉籽粕或菜籽粕10%,饲料酵母10%,麸皮20%,添加剂1.2%,骨粉等8%。日饮水两三次,并适当补喂食盐。

4.放牧补饲精料配方:玉米30%,麸皮25%,菜籽饼20%,棉籽粕20%,矿物质3%,食盐2%。配合精料中含干物质91%,粗蛋白质17.4%,每公斤干物质含消化能11.12MJ,代谢能7.91MJ,钙0.72%,磷0.30%。

十、羊舍饲日粮配方

1.**母羊哺乳期日粮**　混合精料0.7~1.5kg,稻草粉0.75kg,青干草1kg,蚕沙0.25kg。混合精料为大麦22.5%,麸皮40%,米糠26%,豆饼5%,菜籽饼5%,贝壳粉1.5%;每公斤日粮中含粗蛋白质250~380g,含消化能10.1~10.5MJ。

2.**哺乳期羔羊日粮**　混合精料100g,青草自由采食。混合精料为大麦22.5%,麸皮40%,米糠20%,菜籽饼10%,豆饼5%,贝壳粉1.5%,食盐1%。

3.**断奶羔羊日粮**　混合精料300~500g,青草250g,青干草300g。混合精料为大麦22.5%,麸皮40%,米糠20%,菜籽饼10%,豆饼5%,贝壳粉1.5%,食盐1%。

4.**断奶羔羊全混合日粮**　碱化稻草30%,碱化统糠10%,菜籽饼19%,米糠26%,蚕沙14%,矿物质朴剂1%,压制成颗粒饲料。每公斤日粮中含消化能10.45MJ,粗蛋白质15.71%,粗纤维23.61%,钙1.38%,磷0.83%。

5.**30kg体重羔羊的日粮**　混合精料600~800g,青草200g,青干草或氨化稻草400~600g。混合精料配比为玉米20%,菜籽饼30%。

6. 育肥羊的日粮 混合精料为 45%，粗饲料和其他饲料为 55%。草与料可加工成颗粒料喂，每日必须供给 1kg 以上的青饲料。混合精料配比为玉米 5%，豆饼 18%，豆科草粉 5.5%，食盐混合矿物质 1.5%。

第 五 篇

家畜疫病的防治

第五篇 家畜疫病的防治

第一章 家畜传染病的传染过程和流行过程

第一节 感染和传染病的概念

病原微生物侵入动物机体,并在一定的部位定居、生长繁殖,从而引起机体一系列的病理反应,这个过程称为感染。感染分为显性感染和隐性感染两种:当病原微生物具有相当的毒力和数量,而机体的抵抗力相对地比较弱时,动物体在临诊上出现一定的症状,这一过程就称为显性感染。如果侵入的病原微生物定居在某一部位,虽能进行一定程度的生长繁殖,但动物不呈现任何症状,亦即动物与病原体之间的斗争处于暂时的、相对的平衡状态,这种状态称为隐性感染。

机体对病原微生物的不同程度的抵抗力称为抗感染免疫,动物对某一病原微生物没有免疫力称为有易感性,病原微生物只有侵入有易感性的机体才能引起感染过程。

凡是由病原微生物引起,具有一定的潜伏期和临诊表现,并具有传染性的疾病,称为传染病。其特征有:

1. 传染病是在一定环境条件下由病原微生物与机体相互作用

所引起的；

2. 传染病具有传染性和流行性；

3. 被感染的机体发生特异性反应，即在传染发展过程中由于病原微生物的抗原刺激作用,机体发生免疫生物学的改变,产生特异性抗体和变态反应等；

4. 耐过动物能获得特异性免疫；

5. 具有特征性的临诊表现，即大多数传染病都具有该种病特征性的综合症状和一定的潜伏期和病程经过。

第二节　传染病病程的发展阶段

传染病的发展过程在大多数情况下可分为潜伏期、前驱期、明显(发病)期和转归期四个阶段。

1. 潜伏期:由病原体侵入机体并进行繁殖时起,直到疾病的临诊症状开始出现为止,这段时间称为潜伏期。不同的传染病其潜伏期也是不同的。

2. 前驱期:特点是临诊症状开始表现出来,但该病的特征症状仍不明显。

3. 明显(发病)期:前驱期之后,病的特征性症状逐步明显地表现出来,是疾病发展的高峰阶段。

4. 转归期(恢复期):如果病原体的致病性能增强,或动物体的抵抗力减退,则传染过程以死亡为转归。如果动物体的抵抗力得到改进和增强,则机体便逐步恢复健康,表现为临诊症状逐渐消退,正常的生理机能逐步恢复。

第三节　家畜传染病流行过程的基本环节

传染病在畜群中蔓延流行,必须具备三个相互连接的条件,即

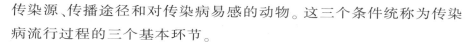

传染源、传播途径和对传染病易感的动物。这三个条件统称为传染病流行过程的三个基本环节。

(一)传染源：是指某种传染病的病原体在其中寄居、生长、繁殖，并能排出体外的动物机体。

传染源一般可分为两种类型。

1. 患病动物：病畜是重要的传染源。病畜能排出病原体的整个时期称为传染期。

2. 病原携带者：病原携带者是指外表无症状但携带并排出病原体的动物。一般分为潜伏期病原携带者、恢复期病原携带者和健康病原携带者三类。潜伏期病原携带者是指感染后至症状出现前即能排出病原体的动物。恢复期病原携带者是指在临诊症状消失后仍能排出病原体的动物。健康病原携带者是指过去没有患过某种传染病但却能排出该种病原体的动物。

(二)传播途径：病原体由传染源排出后，经一定的方式再侵入其他易感动物所经的途径称为传播途径。从传播方式上可分为直接接触和间接接触传播两种：

1. 直接接触传播：是在没有任何外界因素的参与下，病原体通过被感染的动物（传染源）与易感动物直接接触而引起的传播方式。

2. 间接接触传播：必须在外界环境因素的参与下，病原体通过传播媒介使易感动物发生传染的方式称为间接接触传播。间接接触传播一般通过空气、被污染的饲料和水、被污染的土壤、活的媒介物(主要有节肢动物、人类)而传播。

(三)畜群的易感性：易感性是抵抗力的反面，指家畜对于某种传染病病原体感受性的大小。

1. 畜群的内在因素：不同种类的动物对于同一种病原体表现的临诊反应有很大的差异，这是由遗传性决定的。一定年龄的动物对某些传染病的易感性较高，这和家畜的特异免疫状态有关。

2. 畜群的外界因素：各种饲养管理因素(如饲料质量、畜舍卫生、粪便处理、拥挤、饥饿及隔离检疫等)是疫病发生的重要因素。

3. 特异免疫状态:在某些疾病流行时,畜群中易感性最高的个体易于死亡,余下的家畜或已耐过,或经过无症状传染而获得了特异免疫力,因此疫病流行后该地区畜群的易感性降低,疾病停止流行。此种免疫的家畜所生的后代常有先天性被动免疫,在幼年时期也具有一定的免疫力。

第四节　影响流行过程的因素

疫病的流行过程根据在一定时间内发病率的高低和传播范围的大小可分为散发性、地方流行性、流行性、大流行等四种表现形式。在传染病的流行过程中,传染源、传播媒介和易感动物这三个环节必须存在于一定的外界环境中,与各种自然现象和社会现象相互联系和相互影响着才能实现。影响流行过程的因素有以下三个方面。

(一)**自然因素**:对流行过程有影响的主要包括气候、气温、湿度、阳光、雨量、地形、地理环境等。

1. 作用于传染源:一定的地理条件(海、河、高山等)对传染源的转移产生一定的限制,成为天然的隔离条件。当某些野生动物是传染源时,自然因素的影响特别显著,在一定的自然地理环境下往往能形成自然疫源地。

2. 作用于传播媒介:如气温的升降、雨量和云量的多少、日光的照射时间等对传染病的发生都有影响。

3. 作用于易感动物:自然因素对易感动物这一环节的影响首先是增强或减弱机体的抵抗力。如在高气温的影响下,肠道的杀菌作用降低,使肠道传染病增加。

(二)**饲养管理因素**:畜舍的建筑结构、通风设施、垫料种类等都是影响疾病发生的因素。饲养管理制度对疾病的发生也有很大影响。

(三)社会因素:影响家畜疫病流行过程的社会因素主要包括社会制度、生产力和人民的经济、文化、科学技术水平以及贯彻执行法规的情况等。严格执行兽医法规和防治措施是控制和消灭家畜疫病的重要保证。

第二章 家畜传染病的防疫措施

第一节 防疫工作的基本原则和内容

一、防疫工作的基本原则

(一)建立和健全各级防疫机构,特别是基层兽医防疫机构,以保证兽医防疫措施的贯彻。

(二)贯彻"预防为主"的方针,搞好饲养管理、防疫卫生、预防接种、检疫、隔离、消毒等综合性防治措施,可提高家畜的健康水平和抗病能力,控制和杜绝传染病的传播,降低家畜的发病率和死亡率。

二、防疫工作的基本内容

防疫工作的基本内容是综合性的防疫措施,它包括以下两方面内容:

(一)平时的预防措施

1. 加强饲养管理,搞好卫生消毒工作;2.拟订和执行定期预防接种和补种计划;3.定期杀虫、灭鼠,进行粪便无害化处理;4.认真贯彻执行国境检疫、交通检疫、市场检疫和屠宰检验等各项工作,以及发现并消灭传染源。5. 各级兽医机构应调查研究当地疫情分布,有计划地进行消灭和控制,并防止外来疫病的侵入。

(二)发生疫病时的扑灭措施

1. 及时发现、诊断和上报疫情并通知邻近单位做好预防工作。2. 迅速隔离病畜,污染的地方进行紧急消毒。3. 以疫苗实行紧急接种,对病畜进行及时和合理的治疗。4. 死畜和淘汰病畜的合理处理。

第二节　疫情报告和诊断

一、疫情的报告

饲养、生产、经营、屠宰、加工、运输畜禽及其产品的单位和个人,发现畜禽传染病或疑似传染病时,必须立即报告当地畜禽防疫检疫机构或乡镇畜牧兽医站。同时要迅速向上级有关领导机关报告,并通知邻近单位及有关部门注意预防工作。上级机关接到报告后,除及时派人到现场协助诊断和紧急处理外,根据具体情况逐级上报。

当家畜突然死亡或怀疑发生传染病时,应立即通知兽医人员。在兽医人员尚未到场或尚未做出诊断之前,应采取下列措施:1. 将疑似传染病病畜进行隔离,派专人管理;2. 对病畜停留过的地方和污染的环境、用具进行消毒;3. 兽医人员未到达前,病畜尸体应保留完整;4. 未经兽医检查同意,不得随便急宰,病畜的皮、肉、内脏未经兽医检验,不许食用。

二、疫病的诊断

诊断家畜传染病常用的方法有:临诊诊断、流行病学诊断、病理学诊断、病原学诊断和免疫学诊断。

1. 临诊诊断　它是利用人的感官或借助一些最简单的器械如体温计、听诊器等直接对病畜进行检查。

2. 流行病学诊断　(1)本次流行的情况:最初发病的时间、地点、蔓延情况、当前的疫情分布,疫区内各种畜禽的数量和分布情况、发病畜禽和种类、数量、年龄、性别,其感染率、发病率、病死率

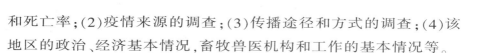

和死亡率;(2)疫情来源的调查;(3)传播途径和方式的调查;(4)该地区的政治、经济基本情况,畜牧兽医机构和工作的基本情况等。

3. 病理学诊断　患各种传染病而死亡的畜禽尸体,多有一定的病理变化,可作为诊断的依据之一。

4. 微生物学诊断　(1)病料的采集:采集病料的器皿尽可能严格消毒,病料力求新鲜;(2)病料涂片镜检;(3)分离培养和鉴定:用人工培养方法将病原体从病料中分离出来;(4)动物接种试验:将病料用适当的方法进行人工接种,然后根据对不同动物的致病力、症状和病理变化特点来帮助诊断。

5. 免疫学诊断　(1)血清学试验:利用抗原和抗体特异性结合的免疫学反应进行诊断;(2)变态反应:动物患某些传染病时,可对该病病原体或其产物的再次进入产生强烈反应。

6. 分子生物学诊断　又称为基因诊断,在传染病诊断方面具有代表性的技术主要有三大类:核酸探针、PCR技术和DNA芯片技术。

第三节　隔离和封锁

一、隔离　隔离病畜和可疑感染的病畜是防制传染病的重要措施之一。根据临床诊断,必要时进行血清学和变态反应检查,将全部受检家畜分为病畜、可疑感染家畜和假定健康家畜等三类。1. 病畜:包括有典型症状或类似症状,或其他特殊检查阳性的家畜。2. 可疑感染家畜:未发现任何症状,但与病畜及其污染的环境有过明显的接触。3. 假定健康家畜:除上述两类外,疫区内其他易感家畜都属于此类。

二、封锁　当爆发某些重要传染病时,除严格隔离病畜之外,还应采取划区封锁的措施,以防止疫病向安全区散播和健畜误入疫区而被传染。根据我国《动物防疫法》规定的原则,具体措施有:

（一）封锁的疫点应采取的措施

1. 严禁人、畜禽、车辆出入和畜禽产品及可能污染的物品运出；2. 对病死畜禽及其同群畜禽，县级以上农牧部门有权采取扑杀、销毁或无害化处理等措施，畜主不得拒绝；3. 疫点出入口必须有消毒设施，疫点内用具、圈舍、场地必须进行严格消毒，疫点内的畜禽粪便、垫草、受污染的草料必须在兽医人员监督指导下进行无害化处理。

（二）封锁的疫区应采取的措施

1. 交通要道必须建立临时性检疫消毒卡，备有专人和消毒设备，监视畜禽及其产品移动，对出入人员、车辆进行消毒；2. 停止集市贸易和疫区内畜禽及其产品的采购；3. 未污染的畜禽产品必须运出疫区时，需经县级以上农牧部门批准，在兽医防疫人员监督指导下，经外包装消毒后运出；4. 非疫点的易感畜禽，必须进行检疫或预防注射。

（三）受威胁区及其应采取的主要措施

1. 对受威胁区内的易感动物应及时进行预防接种，以建立免疫带；2. 管好本区易感动物，禁止出入疫区，并避免饮用疫区流过来的水；3. 禁止从封锁区购买牲畜、草料和畜产品；4. 对设于本区的屠宰场、加工厂、畜产品仓库进行兽医卫生监督，拒绝接受来自疫区的活畜及其产品；5. 解除封锁：疫区内最后一头病畜禽扑杀或痊愈后，经过该病一个潜伏期以上的检测、观察、未再出现病畜禽时，经彻底消毒清扫，由县级以上农牧部门检查合格后，经原发布封锁令的政府发布解除封锁后，并通报毗邻地区和有关部门。

第四节　消毒、杀虫、灭鼠

一、**消毒**　根据消毒的目的，分为预防性消毒、随时消毒、终末消毒三种情况，在防疫工作中比较常用的消毒方法有：

1. 机械性清除　如清扫、洗刷、通风等清除病原体。

2．物理消毒法 （1）阳光、紫外线和干燥；（2）高温：如火烧、煮沸、蒸汽等消毒。

3．化学消毒法 即用化学药品的溶液来进行消毒，通常采用对该病原体消毒力强、对人畜的毒性小、不损害被消毒的物体、易溶于水、在消毒的环境中比较稳定、不易失去消毒作用、价廉易得和使用方便的消毒剂。常用的有氢氧化钠(烧碱)、生石灰、漂白粉、来苏儿、新洁尔灭、福尔马林等。

4．生物热消毒 主要用于污染的粪便的无害化处理。在粪便堆沤过程中，利用粪便中的微生物发酵产热，温度可达 70℃以上，可杀死病毒、病菌、寄生虫卵等而达到消毒的目的。

二、杀虫 虻、蝇、蚊、蜱等节肢动物都是家畜疫病的重要传播媒介，因此，杀灭这些媒介昆虫和防止它们的出现，对于预防和扑灭家畜疫病有重要的意义。

1．物理杀虫法：通常用火烧、加热、沸水及蒸汽、机械的拍打等。

2．生物杀虫法：以昆虫的天敌或病菌及雄虫绝育技术等方法以杀灭昆虫。

3．药物杀虫法：应用化学杀虫剂来杀虫，常用的杀虫剂有有机磷杀虫剂、敌百虫、倍硫磷等。

三、灭鼠 鼠类是很多人畜传染病的传播媒介和传染源，灭鼠对保护人畜健康和保护国民经济建设有重大意义。灭鼠的方法大体上有以下两种：

1．器械灭鼠法：利用各种工具以不同方式扑杀鼠类，如夹、扣、挖等。

2．药物灭鼠法：依毒物进入鼠体途径可分为消化道药物和熏蒸药物两类。消化道药物主要有磷化锌、杀鼠灵、安妥等，熏蒸药物包括氯化苦、灭鼠烟剂等。

第五节　免疫接种和药物预防

　　免疫接种是激发动物机体产生特异性抵抗力，使易感动物转化为不易感动物的一种手段。药物预防是为了预防某些疫病，在畜群的饲料饮水中加入某种安全的药物进行集体的化学预防，在一定时间内可以使受威胁的易感动物不受疫病的危害。

　　一、预防接种　在经常发生某些传染病的地区，或有某些传染病潜在的地区，或受到邻近地区某些传染病经常威胁的地区，为了防患于未然，在平时有计划地给健康畜群进行的免疫接种，称为预防接种。根据所用生物制剂的品种不同，采用皮下、皮内、肌肉注射或皮肤刺种、点眼、滴鼻、口服等不同的接种方法，接种后经一定时间可获得数月至一年以上的免疫力。

　　在进行预防接种过程中应注意以下问题：1. 根据对当地各种传染病的发生和流行情况的调查了解，要拟定每年的预防接种计划；2. 注意预防接种后家畜禽产生的不应有的不良反应或剧烈反应；3. 注意几种疫苗联合使用后可能产生的影响，从而改进防疫方法；4. 因传染病的不同，需要根据各种疫菌苗的免疫特性来合理制订预防接种的次数和间隔时间，即合理的免疫程序。

　　二、紧急接种　是在发生传染病时，为了迅速控制和扑灭疫病的流行，而对疫区和受威胁区尚未发病的畜禽进行的应急性免疫接种（在疫区应用疫苗作紧急接种时，必须对所有受到传染威胁的畜禽逐头进行详细观察和检查，仅能对正常无病的畜禽以疫苗进行紧急接种）。疫区和受威胁区的大小视疫病的性质而定，而这一措施必须与疫区的封锁、隔离、消毒等综合措施相配合才能取得较好的效果。

　　三、药物预防　畜牧场可能发生的疫病种类很多，防制这些疫病，除了加强饲养管理、搞好检疫诊断、环境卫生和消毒工作外，应用药物防治也是一项重要措施。群体化学预防和治疗是防疫的一个较新途径，某些疫病在具有一定条件时采用此种方法可以收到显著的效果(群体是指包括没有症状的动物在内的畜群单位)。群体防治应使用安全而价廉的化学药物，最早大规模使用的是用于牛群灭蜱和羊群灭疥的药浴，以后发展了以安全药物加入饲料和饮水中进行的群体化学预防，即保健添加剂。但由于长期使用化学药物预防容易产生耐药性菌株，影响防治效果，因此目前在某些国家倾向于以疫(菌)苗来防制这些疾病，而不主张采用药物预防的方法。

第三章 人畜共患病

第一节 布鲁氏菌病

本病是由布鲁氏菌引起的人、畜共患传染病。在家畜中，牛、羊、猪最常发生，且可由牛、羊、猪传染于人和其他家畜。其特征是生殖器官和胎膜发炎，引起流产、不育和各种组织的局部病灶。本病广泛分布于世界各地，我国目前在人、畜间仍有发生，给畜牧业和人类健康带来严重危害。

病原 布鲁氏菌为细小、两端钝圆的球杆菌或短杆菌。本菌有6个种，即马耳他布鲁氏菌、流产布鲁氏菌、猪布鲁氏菌、林鼠布鲁氏菌、绵羊布鲁氏菌、和狗布鲁氏菌。各型布鲁氏菌在形态和染色上无明显区别。习惯上称马耳他布鲁氏菌为羊布鲁氏菌，流产布鲁氏菌为牛。布鲁氏菌对环境抵抗力强，土中存活 20~120 天，水中存活 75~150 天，对干燥和寒冷抵抗力强，但对热、湿敏感，煮沸立即死亡。常用消毒药如 3% 石碳酸、来苏儿、石灰乳均能在数分钟内杀死病菌。

流行病学　本病的易感动物范围很广,主要见于羊、牛、猪,各型布鲁氏菌可交叉感染。三型(羊型、牛型、猪型)布鲁氏菌都对人有易感性,以羊型布鲁氏菌感染后发病较重,猪型次之,牛型最轻。母畜较公畜易感,成畜比幼畜易感。本病的传染源是病畜及带菌者(包括野生动物)。最危险的是受感染的妊娠母畜,它们在流产分娩时将大量布鲁氏菌随着胎儿、胎水和胎衣排出。流产后的阴道分泌物以及乳汁中都含有布鲁氏菌。布鲁氏菌感染的睾丸炎精囊中也有布鲁氏菌存在。本病的主要传播途径是消化道,即通过污染的饲料与饮水而感染。次为皮肤、黏膜及生殖道。本菌不仅可通过损伤的皮肤感染,且还可通过正常无损伤皮肤引起感染。人的传染源主要是患病动物,一般不由人传染于人。在我国,人布鲁氏菌病最多的地区是羊布鲁氏菌病严重流行的地区, 从人体分离的布鲁氏菌大多数是羊布鲁氏菌。一般牧区人的感染率要高于农区。患者有明显的职业特征,凡与病畜、污染的畜产品接触频繁的人员,如毛皮加工人员、乳肉加工人员、饲养员、兽医、实验室工作人员等,其感染发病率明显高于从事其他职业的人。

临床症状　牛:潜伏期2~6个月。母牛最显著的症状是流产。流产可以发生在妊娠的任何时期,最常发生在第6~第8个月,已经流产过的母牛如果再流产,一般比第一次流产时间要迟。流产时除在数日前表现分娩预兆象征,还有生殖道的发炎症状。流产时,胎水多清朗,但有时混浊含有脓样絮片。常见胎衣滞留,特别是妊娠晚期流产者。早期流产的胎儿,通常在产前已经死亡。发育比较完全的胎儿,产出时可能存活但衰弱,不久死亡。公牛有时可见阴茎潮红肿胀,更常见的是睾丸炎及附睾炎。临床上常见的症状还有关节炎,甚至可以见于未曾流产的牛只,关节肿胀疼痛,有时持续躺卧。最常见于膝关节和腕关节。在新感染的牛群中,大多数母牛都将流产一次。绵羊及山羊:常不表现症状,而首先被注意到的症状也是流产。流产前,食欲减退,口渴,萎顿,阴道流出黄色黏液等。流产发生在妊娠后 3 或 4 个月。公羊睾丸炎、乳山羊的乳房炎常较早出现,乳汁有结块,乳量可能减少,乳腺组织有结节性变硬。绵羊布鲁氏菌病可引起绵羊附睾炎。猪:最明显的症状也是流产,多发生在妊娠 4~12 周。有的在妊娠第 2~3 周即流产,有的接近妊娠期满即早产。流产的前兆症状常见沉郁,阴唇和乳房肿胀,有时阴道流出黏性或黏脓性分泌液。流产后胎衣滞留情况少见,少数情况因胎衣滞留,引起子宫炎和不育。公猪常见睾丸炎和附睾炎,较少见的症状还有皮下脓肿、关节炎、腱鞘炎等。

防制 应当着重体现"预防为主"的原则。在未感染畜群中,控制本病传入的最好办法是自繁自养,必须引进种畜或补充畜群时,要严格执行检疫。即将牲畜隔离饲养两个月,同时进行布鲁氏菌病的检查,全群两次免疫生物学检查阴性者,才可以与原有牲畜接触。清净的畜群,还应定期检疫(至少一年一次),一经发现,即应淘汰。畜群中如果发现流产,除隔离流产畜和消毒环境及流产胎儿、胎衣外,应尽快做出诊断、确诊为布鲁氏菌病或在畜群检疫中发现本病,均应采取措施,将其消灭。消灭布鲁氏菌病的措施是检疫、隔离、控制传染源、切断传播途径、培养健康畜群及主动免疫接种。疫苗接种是控制本病的有效措施,目前,我国多选用猪布鲁氏菌 2 号弱毒活苗(简称 S2 苗)进行免疫接种,此疫苗对山羊、绵羊、猪和牛都有较好的免疫力,但其属弱毒活苗,仍有一定的剩余毒力,在使用中应做好工作人员的自身保护。布鲁氏菌是兼性细胞内寄生菌,致使化疗药剂不易生效,因此对病畜一般不做治疗,应淘汰屠宰。

人类布鲁氏菌病的预防,首先要注意职业性感染,凡在动物养殖场、屠宰场、畜产品加工厂的工作者以及兽医实验室工作人员等,必须严守防护制度,尤其在仔畜大批生产季节,更要特别注意。

第二节 口蹄疫

口蹄疫是由口蹄疫病毒引起的急性、热性、高度接触性传染病,主要侵害偶蹄兽,偶见于人和其他动物。临诊上以口腔黏膜、蹄部及乳房皮肤发生水疱和溃烂为特征。本病在世界各地均有发生,目前虽有不少国家已消灭了本病,但在非洲、亚洲和南美洲很多国家仍有本病流行。本病有强烈的传染性,一旦发病,传播速度很快,往往造成大流行,不易控制和消灭,带来严重的经济损失。因此,国际兽医局一直将本病列为必须报告的 A 类动物传染病。

病原 口蹄疫病毒属于微核糖核酸病毒科中的口蹄疫病毒属。口蹄疫病毒具有多型性、易变性的特点。根据其血清学特性,现已知有 7 个血型。其病毒在病畜的水疱皮内及淋巴液中含毒量最高,在水疱发展过程中,病毒进入血流,分布到全身各种组织和体液。在发热期血液内的病毒含量最高,退热后,在奶、尿、口涎、泪、粪便等都含有一定的病毒。口蹄疫病毒能在许多种类的细胞培养内增值,并产生致细胞病变。其对外界环境的抵抗力较强,不怕干燥。在自然情况下,含毒组织和污染的饲料、饲草、皮毛及土壤等可保持传染性达数周甚至数月之久。

流行病学 口蹄疫病毒侵害多种动物,但主要是偶蹄兽。家畜以牛易感,其次是猪,再次为绵羊、山羊和骆驼。仔猪和犊牛不但易感而且死亡率也高。野生动物中黄羊、鹿、麝和野猪也可感染发病,长颈鹿、扁角鹿、野牛等都易感。性别与易感性无影响,但幼龄动物较老龄者易感性高。病畜是最危险的传染源,在症状出现前,从病畜体内开始排出大量病毒,发病期排毒量最多。在病的恢复期排毒量逐步减少,病毒随分泌物和排泄物同时排出。水疱液、水疱皮、奶、尿、唾液及粪便含毒量最多,毒力也最强,富于传染性。病愈动物的带毒期长短不一,一般不超过 2~3 个月。带毒的牛与猪同居常呈不显性症状,但有些猪的血液中产生抗体。以病愈带毒牛的咽喉、食道处刮取物接种健康牛和猪可发生明显的症状。牧区的病羊在流行病学上的作用值得重视,由于患病期症状轻微,易被忽略,因此在羊群中成为长期的传染源。病猪的排毒量远远超过牛、羊,因此认为猪对本病的传播起着相当重要的作用。从流行病学的观点来看,绵羊是本病的"贮存器",猪是"扩大器",牛是"指示器"。隐性带毒者主要为牛、羊及野生偶蹄动物,猪不能长期带毒。口蹄疫是一种传染性极强的传染病,其传播方式可呈跳跃式传播流行,病毒可通过直接或间接的传播方式传播,空气也是本病的重要传播媒介。本病的发生没有严格的季节性,但其流行却有明显的季节规律,往往在不同地区流行于不同季节。一般冬、春季节较易发生大流行,夏季减缓或平息。口蹄疫的爆发流行有周期性的特点,每隔一二年或三五年就流行一次。

临床症状 由于多种动物的易感性不同,也由于病毒的毒力以及感染门户不同,潜伏期的长短和症状也不完全一致。牛:潜伏期平均 2~4 天,最长可达一周左右。病牛体温升高达 40~41℃,精神萎顿,食欲减退,闭口、开口时有吸吮声,1~2 天后,在唇内面、齿龈、舌面和颊部黏膜发生蚕豆至核桃大的水疱,口温高,此时口角流涎增多,呈白色泡沫状,常常挂满嘴边,采食反刍完全停止。水疱约经一昼夜破裂形成浅表的红色糜烂,水疱破裂后,体温降至正常,糜烂逐渐愈合,全身症状逐渐好转。如有细菌感染,糜烂加深,发生溃疡,愈合后形成瘢痕。本病一般取良性经过,约经一周即可痊愈。如果蹄部出现病变时,则病期可延至 2~3 周或更久。病死率低,一般不超过 1%~3%,但在某些情况下,当水疱病变逐渐痊愈,病牛趋向恢复时,有时可突然恶化,导致死亡,这种病型称为恶性口蹄疫,病死率高达 20%~50%,主要是由于病毒侵害心肌所致。哺乳犊牛患病时,水疱症状不明显,主要表现为血性肠炎和心肌麻痹,死亡率很高。病愈牛可获得一年左右的免疫力。羊:潜伏期一周左右,病状与牛大致相同,但感染率较牛低。山羊多见于口腔,呈弥漫性口膜炎,水疱发生于硬腭和舌面,羔羊有时有出血性胃肠炎,常因心肌炎而死亡。猪:潜伏期 1~2 周,病猪以蹄部水疱为主要特征,病初体温升高至 40~41℃,精神不振,食欲减少或废绝,口黏膜形成小水疱或糜烂,蹄冠、蹄叉、蹄踵等部出现局部发红、微热、敏感等症状,不久逐渐形成米粒大、蚕豆大的水疱,水泡破裂后,表面出血,形成糜烂,如无细菌感染,一周左右痊愈。如有继发感染,严重者影响蹄叶、蹄壳脱落,患肢不能着地,常卧地不起。吃奶仔猪的口蹄疫,通常呈急性胃肠炎和心肌炎而突然死亡,病死率可达60%~80%,病程稍长者,也可见口腔及鼻面上有水疱和糜烂。骆驼和鹿与牛的症状大致相同。

防制 防治本病应根据本国实际情况采取相应对策。我国防治口蹄疫的办法是发现口蹄疫后,应迅速报告疫情,划定疫点、疫区,按"早、快、严、小"的原则,及时严格封锁,病畜及同群畜应隔离急宰,同时对病畜舍及污染的场所和用具等彻底的消毒,对受威胁区的易感畜进行紧急预防接种, 在最后一头病畜痊愈或屠宰后14天内,未再出现新的病例,经大消毒后可解除封锁。提高易感家畜对口蹄疫的特异性抵抗力,是综合性措施中的一个重要环节。发生口蹄疫时,应立即用与当地流行的病毒型相同的口蹄疫疫苗,对发病畜群中的健畜,疫区和受威胁区内的健畜进行紧急预防注射。在受威胁区周围的地区建立免疫带以防疫情扩散。康复血清或免疫血清用于疫区和受威胁区的家畜,可以控制疫情和保护幼畜。发生口蹄疫后,一般经10~14天自愈,为了促进病畜早日痊愈,缩短病程,特别是为了防止继发感染和死亡,应在严格隔离的条件下,及时对病畜进行治疗。对病牛要精心饲养,加强护理,给予柔软的饲料,对病状较重,几天不能吃的病牛,应喂以麸糠稀粥、米汤或其他稀糊状食物, 防止因过度饥饿病情恶化而引起死亡。畜舍保持清洁、通风、干燥、暖和,多垫软草,多给饮水。口腔可用清水、食醋或0.1%高锰酸钾洗漱, 糜烂面上可涂以1%~2%明矾或碘酊甘油,也可用冰硼散。蹄部可用3%臭药水或来苏儿洗涤,擦干后涂松馏油或鱼石脂软膏等,再用绷带包扎。乳房可用肥皂水或2%~3%硼酸水洗涤,然后涂以青霉素软膏或其他防腐软膏,定期将奶挤出以防发生乳房炎。恶性口蹄疫病畜除局部治疗外,可用强心剂和补剂,如安那如、葡萄糖盐水等,用结晶樟脑口服,每天2次,每次5~8g,可收良效。

第三节　狂犬病

本病俗称疯狗病，是由狂犬病病毒引起的一种急性接触性传染病，所有温血动物均可感染，人主要通过咬伤受感染，临床表现为脑脊髓炎等症状，也称恐水症。

病原　狂犬病病毒属弹状病毒科的狂犬病病毒属。病毒可被各种理化因素灭活，不耐湿热，56℃时 15~30 分钟或 100℃时 2 分钟均可使之灭活，但在冷冻或冻干状态下可长期保存病毒，病毒能抵抗自溶及腐败，在自溶的脑组织中可保持活力达 7~10 天。

流行病学　人和各种畜禽对本病都有易感性。在自然界中，肉食目的犬科和猫科中的很多动物都可感染，尤以犬科动物（犬、狐、狼等）在世界分布甚广，常成为人畜狂犬病的传染源和病毒的贮存宿主。蝙蝠是本病病毒的重要储主之一，患狂犬病的犬是使人感染的主要传染源，其次是猫，也有外貌健康而携带病毒的动物可起传染源的作用。本病的传播方式系由患病动物咬伤后而感染。当健康动物皮肤黏膜有损伤时，接触病畜的唾液而感染也有可能。

临床症状　潜伏期的变动很大，这与动物的易感性、伤口距中枢的距离、侵入病毒的毒力和数量有关。一般为 2~8 周，最短 8 天，长者可达数月或一年以上。犬、猫、狼、羊及猪平均为 20~60 天，牛、马 30~90 天，人为 30~60 天。各种动物的临床表现皆相似，一般可分为两种类型，即狂暴型和麻痹型。现将各种家畜的症状分述如下。

犬：其狂暴型可分为前驱期、兴奋期和麻痹期。

（1）前驱期或沉郁期：此期约为半天到两天。病犬精神沉郁，常躲在暗处，不愿意和人接近或不听呼唤，强迫牵引则咬畜主，性情与平时不大相同，病犬食欲反常，喜吃异物，喉头轻度麻痹，咽物时颈部伸展。瞳孔散大，反射机能亢进，轻度刺激即易兴奋，有时望空捕咬，性欲亢进，嗅舔自己或其他犬的性器官，唾液分泌逐渐增多，后躯软弱。

(2)兴奋期或狂暴期:此期约 2~4 天。病犬高度兴奋。表现狂暴并常攻击人畜。此时狂暴的发作往往和沉郁交替出现。病犬疲劳卧地不动,但不久又立起,表现一种特殊的斜视和惶恐表情,当再次受到外界刺激时,又出现一次新的发作。狂乱攻击,自咬四肢、尾及阴部等。病犬常在野外游荡,一天可游荡数十公里以外的地方且多半不归,咬伤人畜,随着病程发展,陷于意识障碍,反射紊乱,狂咬,动物显著消瘦,吠声嘶哑,眼球凹陷,散瞳或缩瞳,下颌麻痹,流涎和夹尾等。

(3)麻痹期:约 1~2 天。麻痹急剧发展,下颌下垂,舌脱出口外,流涎显著,不久后躯及四肢麻痹,卧地不起,最后因呼吸中枢麻痹或衰竭而死。

整个病程为 6~8 天,少数病例可延长到 10 天。

犬的麻痹型或沉郁型为兴奋期很短或轻微表现即转入麻痹期。表现喉头、下颌、后躯麻痹、流涎、张口、吞咽困难和恐水等。经 2~4 天死亡。

牛:病初见精神沉郁,反刍、食欲降低,不久后表现起卧不安,前肢搔地,有阵发性兴奋和冲击动作,如试图挣脱绳索,冲撞墙壁,跃踏饲槽,磨牙,性欲亢进,流涎等,一般少有攻击人畜现象。当兴奋发作后,往往有短暂停歇,以后再次发作,并逐渐出现麻痹症状,如吞咽麻痹、伸颈、流涎、臌气、里急后重等,最后倒地不起,衰竭而死。

马:病初往往见咬伤局部奇痒,以致摩擦出血,性欲亢进。兴奋时亦冲击其他动物或人,有时将自体咬伤,异食木片和粪便等,最后发生麻痹,口角流出唾液,不能饮食,衰竭而死。

羊:羊的狂犬病例少见。症状与牛相似,多无兴奋症状或兴奋期较短。表现起卧不安,性欲亢进,并有攻击动物的现象。常舔咬伤口,使之经久不愈,末期发生麻痹。

猪:兴奋不安,横冲直撞,叫声嘶哑,流涎,反复用鼻掘地,攻击人畜。在发作间歇期间,常钻入垫草中,稍有音响即一跃而起,无目的地乱跑,最后发生麻痹症状,约经 2~4 天死亡。

猫:一般呈狂暴型,症状与犬相似,但病程较短,出现症状后 2~4 天死亡。在疾病发作时攻击其他猫、动物和人,因其行动迅速,常接近人,故对人危险性较大。

防制

1. 控制和消灭传染源 犬是人类狂犬病的主要传染源,因此对犬狂犬病的控制,包括对家犬进行大规模的免疫接种和消灭野犬是预防人狂犬病最有效的措施。在流行区给家犬和家猫进行强制性疫苗普种并登记挂牌是最基本的措施。此外,还应肃清无主野犬,捕杀野生动物特别是狼和狐。应普及防治狂犬病的知识,提高对狂犬病的识别能力。如家犬外出数日,归时神态失常或蜷伏暗处,必须引起注意。邻近地区若已发现疯犬或狂犬病人,则本地区的犬、猫必须严加管制或扑杀。对患狂犬病死亡的动物应将病尸焚化或深埋。

2. 咬伤后防止发病的措施 人被可疑动物咬伤后,应立即采取积极措施防止发病,其中包括及时妥善地处理伤口:伤口应用大量肥皂水或 0.1%新洁尔灭和清水冲洗,再局部应用 75%的酒精或 2%~3%碘酒消毒;个人的免疫接种:在咬人的动物未能排除狂犬病之前,被咬伤者应注射狂犬病疫苗。除被咬伤外,凡被可疑狂犬病动物吮舐或抓伤、擦伤者也应接种疫苗。若咬伤严重者,在接种疫苗的同时还应注射免疫血清。对咬人动物的处理:凡已出现典型症状的动物应立即捕杀,并将尸体焚化或深埋,不能肯定为狂犬病的可疑动物在咬人后捕获隔离观察 10 天。

3. 免疫接种 对家犬的预防免疫是控制和消灭本病的根本措施。

第四节 结核病

结核病是由分枝杆菌引起的人畜共患的传染病，其病理特征是在多种组织器官形成结核性肉芽肿(结核结)，继而结节中心干酪样坏死或钙化。本病在世界各地分布很广，曾经是引起人畜死亡最多的疾病之一，目前已有不少国家控制了结核病，但在防制措施不健全的地区和国家往往形成地方性流行。我国的人畜结核病虽得到了控制，但近年来发病率又有增长的趋势，是一个应予大力防治的重要疾病。

病原 本病的病原是分枝杆菌属的三个种，即结核分支杆菌、牛分支杆菌、禽分支杆菌。分支杆菌为专性需氧菌，生长最适温度为37.5℃。分支杆菌含有丰富的脂类，在自然环境中生存力强，对干燥和湿冷的抵抗力很强，在干痰中存活10个月，在病变组织和尘埃中生存2~7个月或更久，在水中可存活5个月，在粪便和土壤中可存活6~7个月，但对热的抵抗力差，60℃时30分钟即可死亡。

流行病学 本病可侵害人和多种动物，家畜中牛最易感，特别是奶牛，其次为黄牛、牦牛、水牛、猪和家禽易感性也较强，羊极少患病。病人和患病畜禽，尤其是开放型患者是主要传染源，其痰液、粪尿、乳汁和生殖道分泌物中都可带菌，污染饲料、食物、饮水、空气和环境而散播传染。本病主要经呼吸道、消化道感染，病菌随咳嗽、喷嚏排出体外，飘浮在空气飞沫中，健康人畜吸入后即可感染。饲养管理不当与本病的传播有密切关系，畜舍通风不良、拥挤、潮湿、阳光不足、缺乏运动最易患病。

临床症状 潜伏期长短不一，短者十几天，长者数月或数年。牛结核病：主要由牛分枝杆菌引起。结核分支杆菌和禽分支杆菌对牛毒力较弱，多引起局限性病灶且缺乏肉眼变化，即所谓的"无病灶反应牛"，通常这种牛很少能成为传染源。牛常发生肺结核，病初食欲、反刍无变化,但易疲劳,长发短而干的咳嗽,后咳嗽加重,频繁且表现痛苦。呼吸次数增多或发气喘。病畜日渐消瘦、贫血,有的牛体表淋巴结肿大,病势恶化可发生全身性结核,即粟粒性结核。多数病牛乳房被感染侵害,泌乳量减少。肠道结核多见于犊牛,表现消化不良,食欲不振,顽固性下痢,迅速消瘦。生殖器官结核,可见性机能紊乱。孕畜流产,公畜副睾丸肿大,阴茎前部可发生结节、糜烂等。猪结核病:猪对禽分枝杆菌、牛分枝杆菌、结核分枝杆菌都有感受性,猪对禽分枝杆菌的易感性比其他哺乳动物高,养猪场里养鸡或养鸡场里养猪都可能增加猪感染禽结核的机会。猪感染结核主要经消化道感染,很少出现临床症状。猪感染牛分枝杆菌则呈进行性病程,常导致死亡。绵羊及山羊的结核病:极少见,据国外资料报道,绵羊有感染牛和禽分枝杆菌者,山羊有感染结核分枝杆菌的病例。一般为慢性经过,无明显临诊症状。

防制　主要采取综合性防疫措施,防治疾病传入,净化污染群,培育健康畜群如以奶牛场为例。健康牛群:平时加强防疫、检疫和消毒措施,防止疾病传入。每年春秋季定期进行结核病检疫。发现阳性病畜及时处理,畜群则按污染群对待。污染牛群:反复进行多次检疫,不断出现阳性畜,则应淘汰污染群的开放性病畜及生产性能不好、利用价值不大的结核菌素反应阳性畜。结核菌素反应阳性牛群应定期与经常的进行临诊检查,必要时进行细菌学检查,发现开放性病牛立即淘汰。假定健康牛群:为向健康牛群过渡的畜群,应在第一年每隔三个月进行一次检疫,直到没有一头阳性牛出现为止,然后再经一至一年半的时间内连续进行三次检疫,如果三次均为阴性反应即可改称为健康牛群。加强消毒工作,每年进行2~4次预防性消毒,每当畜群出现了阳性病牛,都要进行一次大消毒,常用5%来苏儿或克辽林、10%漂白粉、20%石灰乳。

第五节　炭疽

　　炭疽是由炭疽杆菌引起的一种人畜共患的急性、热性、败血性传染病。其病变的特点是脾脏显著肿大,皮下及浆膜下结缔组织出血性浸润,血液凝固不良,呈煤焦油样。

　　病原　炭疽杆菌对外界理化因素的抵抗力不强,但芽孢则有坚强的抵抗力,在干燥的状态下可存活 32~50 年,150℃干热 60 分钟方可杀死。消毒常用 20%的漂白粉、0.1%升汞、0.5%过氧乙酸。

　　流行病学　本病的主要传染源是患畜,当患畜处于菌血症时,可通过粪、尿、唾液及天然孔出血等方式排菌,如尸体处理不当,更加使大量病菌散播于周围环境,若不及时处理,则污染土壤、水源或牧场,尤其是形成芽孢,可能成为长久疫源地。本病主要通过污染的饲料、饲草和饮水经消化道感染,但经呼吸道和吸血昆虫叮咬而感染的可能性也存在。在自然条件下,草食兽最易感,以绵羊、山羊、马、牛易感性最强,骆驼和水牛及野生草食兽次之。猪的感受性较低,家禽几乎不感染。人对炭疽普遍易感,但主要发生于那些与动物及畜产品接触机会较多的人员。本病常呈地方性流行,干旱或多雨、洪水涝积、吸血昆虫多都是促进炭疽爆发的因素,例如干旱季节,地面草短,放牧时牲畜易于接近受污染的土壤;河水干枯,牲畜饮用污染的河底浊水或大雨后洪水泛滥,易使沉积在土壤中的炭疽芽孢泛起,并随水流扩大污染范围。此外,从疫区输入病畜产品,如骨粉、皮革、羊毛等也常引起本病暴发。

　　临床症状　本病潜伏期一般为 1~5 天,最长可达 14 天。按其表现不一,可分为四种类型。最急性型:常见于绵羊和山羊,偶见于牛、马,表现为脑卒中的经过。外表完全健康的动物突然倒地,全身战栗、摇摆、昏迷、磨牙,呼吸极度困难,可视黏膜发绀,天然孔流出带泡沫的暗色血液,常于数分钟内死亡。急性型:多见于牛、马,病牛体温升高至 42℃,表现兴奋不安,吼叫或顶撞人畜、物体,以后变为虚弱,食欲、反刍、泌乳减少或停止,呼吸困难,初便秘后腹泻带血,尿暗红,有时混有血液,乳汁量减少或带血,孕牛多迅速流产,一般 1~2 天死亡。马的急性型与牛相似,还常伴剧烈的腹痛。亚急性型:也多见于牛、马,症状与急性型相似,常在身体的一些部位发生炭疽痈,初期硬固有热痛,以后热痛消失,可发生坏死或溃疡,病程可长达 1 周。慢性型:主要发生于猪,多不表现临床症状,或仅表现食欲减退和长时间伏卧,在屠宰时才发现颌下淋巴结、肠系膜及肺有病变。人感染炭疽潜伏期 12 小时至 12 天,一般为 2~3 天。临床上有三种病型:皮肤炭疽:较多见,主要在面颊、颈、肩、手、足等裸露部位出现小斑丘疹,以后出现有痒性水疱或出血性水泡。渐变为溃疡,中心坏死,形成炭疽痈,周围组织红肿,全身症状明显。严重时可继发败血症。肺炭疽:患者表现高热、恶寒、咳嗽、喀血、呼吸困难、可视黏膜发绀等急剧症状,常伴有胸膜炎、胸腔积液,约经 2~3 天死亡。肠炭疽:发病急,有高热、持续性呕吐、腹痛、便秘或腹泻,呈血样便,有腹胀、腹膜炎等症状。以上三型均可继发败血症及胸膜炎。本病病性严重,尤其肺型和肠型,一旦发生应及早送医院治疗。

防制　预防措施:在疫区或常发地区,每年对易感动物进行预防接种,常用的疫苗是无毒炭疽芽孢苗,接种 14 天后产生免疫力,免疫期为 1 年。

扑灭措施:发生本病应尽快上报疫情,划定疫点、疫区,采取隔离封锁等措施,对病畜要隔离治疗,禁止病畜的流动,对发病畜群要逐一测温, 凡体温升高的可疑患畜可用青霉素等抗生素或抗炭疽血清注射,或两者同时注射效果更佳,对发病羊群可全群预防性给药。受威胁区假定健康动物作紧急预防接种,逐日观察至 2 周。消毒:尸体可就地深埋,病死畜躺过的地面应除去表土 15~20cm 并与 20%漂白粉混合深埋。畜舍及用具场地应彻底消毒。封锁:禁止疫区内牲畜交易和输出畜产品及草料,禁止食用病畜乳、肉。

第四章 羊的传染病

第一节 羊痘

羊痘是由痘病毒引起的羊的一种急性传染病。其特征是在皮肤与某些部位的黏膜发生丘疹和水疱。

病原 本病毒耐干燥,干燥的痘痂在低温(0℃以下)条件下,内含的病毒可经久存活。在自然条件下,污染在羊毛上或羊舍内的痘病毒,可存活半年之久。在牧场上可达 2 个月。腐败能迅速将痘病毒分解。高温、直射阳光、碱及常用消毒药都能迅速将其杀死。

流行病学 患病动物是主要的传染源,特别是处于痘疹成熟期,结痂期和脱痂期时传染力更大,易感动物主要通过呼吸道及损伤的皮肤和黏膜感染。本病主要流行于冬末春初,气候严寒、喂枯草和饲养管理不良等因素都可促进发病和加重病情。

临床症状 绵羊痘:潜伏期 6~8 天。病初体温升高到 40℃~42℃,眼鼻有浆液性、黏液性或脓性分泌物。一到两天后眼、唇、乳房、尾下和腿内侧等处出现圆形红斑。经 2~3 日,发展为突出皮肤的丘疹,再经 2~3 天丘疹出现淡黄色透明液体,中央凹陷,变成水疱,2~3 天变为脓疱。全身症状加剧,约经 3 天脓疱内容物逐渐干涸,形成痂皮,7 天左右痂皮脱落,遗留瘢痕而痊愈,病程约 3~4 周。山羊痘与绵羊痘相似一般为良性经过。

防制措施

1. 羊痘流行地区或受威胁的羊群,用羊痘冻干弱毒苗进行预防注射。

2. 平时应注意饲养管理,避免羊群互相接触。新引进的羊只需

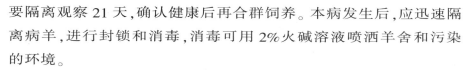

要隔离观察 21 天,确认健康后再合群饲养。本病发生后,应迅速隔离病羊,进行封锁和消毒,消毒可用 2%火碱溶液喷洒羊舍和污染的环境。

3. 对尚未发病的羊只及邻近受威胁的羊群可紧急免疫接种,当病羊有继发感染时,可对症治疗。局部病变可用 0.1%高锰酸钾液洗涤,擦干后涂抹龙胆紫药水或碘甘油等。

4. 发现病畜要及时向当地动物疫病防控部门报告,不得随意处置患病动物和病死动物尸体。

第二节　羊三病

羊三病是羊快疫、羊肠毒血症、羊猝狙三种病的总称,是由梭状芽孢杆菌属中的微生物引起羊发生的传染病。

病原　羊快疫的病原为腐败梭菌,羊肠毒血症和羊猝狙分别由 D 型和 C 型魏氏梭菌引起。

流行病学　常发生于绵羊。以青壮年、营养好的羊多发,病原为土壤常在菌,羊只通过采食污染的饲草和饮水经消化道而感染,病菌在适宜条件下,大量繁殖,产生毒素,羊只吸收毒素后引起发病。羊三病的发生有一定的季节性,多发于秋冬或冬春季。其发生呈地方性流行,多发于低洼潮湿地区。并且在有外界不良诱因,如阴雨连绵、气候突变、突然更换饲料、倒场放牧等因素存在时,容易诱发本病。

临床症状

1. 羊快疫:突然发病并死亡,病程长的可见病羊离群独处,卧地,不愿走动,腹部膨胀,最后衰竭昏迷并死亡。

2. 羊肠毒血症:突然发病死亡,有时可见神经症状,表现卧地四肢划动,肌肉震颤,磨牙,有时可见病羊卧地昏迷并静静死去。

3. 羊猝狙:病程短,突然发病死亡,有时可见病羊掉群,卧地,表现不安,最后衰弱痉挛并死亡。

防制措施

1. 加强饲养管理。在此病流行季节,羊群出牧不宜过早,并避免在低洼、潮湿和碱滩草场放牧。

2. 常发地区进行疫苗预防注射,定期用羊三联苗进行免疫。

3. 发现或可疑此病时, 应立即向当地动物疫病防控部门报告并采取相应防治措施。被污染的场地、棚圈、用具等用2%漂白粉或3%火碱溶液进行彻底消毒,严禁屠宰、剥皮和食用病羊。同群羊只及疫点周围羊群做好紧急预防注射。发病时,隔离病畜,并及时进行治疗,未发病羊转移牧场,一般转移至高燥地区放牧后,可很快减少并停止出现病畜。

第三节　羔羊痢疾

羔羊痢疾是初生羔羊的一种急性毒血症, 以剧烈腹泻和小肠发生溃疡为特征。本病常可使羔羊发生大批死亡,给养羊业带来重大损失。

病原　本病病原为 B 型魏氏梭菌, 在羔羊出生后数日内进入羔羊消化道,在外界不良诱因的影响下,羔羊抵抗力减弱,引起发病。

流行病学　促进羔羊痢疾发生的不良诱因, 主要是羔羊体质瘦弱、羔羊受冻、饥饱不匀等。本病主要危害 7 日龄以内的羔羊,其中又以 2~3 日龄的发病最多,7 日龄以上的很少患病, 传染途径主要是通过消化道,也可能通过脐带或创伤。

临床症状　自然感染的潜伏期为 1~2 天,病初精神不振,不久就发生腹泻,后期有的成为血便,常在 1~2 天内死亡。有的病羔表现神经症状,卧地不起,口流白沫,头向后仰,常在数小时至十几小时内死亡。

防制措施　本病应采取抓膘保暖、合理哺乳、预防接种和药物防治等综合防治措施才有效。每年秋季注射羔羊痢疾苗,产前 2~3 周再接种一次。羔羊出生后 12 小时内,灌服土霉素,每日一次,连续 3 天,有一定的预防效果。治疗用磺胺脒 0.5g、鞣酸蛋白 0.2g、次硝酸铋 0.2g、重碳酸钠 0.2g,加水灌服,每日 3 次。在选用上述药物的同时,还应针对其他症状进行对症治疗。

第五章　猪的传染病

第一节　猪瘟

猪瘟是由猪瘟病毒引起的一种急性高度接触性传染病。特征为持续高热,化脓性结膜炎,及全身各组织器官的出血、梗死和坏死变化。死亡率均很高,猪瘟是严重威胁养猪业的重要传染病。

病原　本病的病原为猪瘟病毒,该病毒只有一个血清型,但有变异的低毒力株存在。标准毒可引起典型的猪瘟病变,变异毒只引起轻微的症状和病变。猪瘟病毒对外界病毒抵抗力较强,含猪瘟病毒的猪肉和肉制品几个月后仍有传染性,能抵抗盐渍和烟熏,但对干燥、腐败的抵抗力不强,常用的消毒药可迅速使其失活。

流行病学　本病一年四季均可发生,无明显的季节性,然而受气候条件等因素的影响,以春、秋两季较为严重。不同品种、年龄的猪均能感染,病猪是最主要的传染源,病毒主要存在于病猪各器官组织、粪尿和其他分泌物中,易感猪采食了污染的饲料、饮水或吸入含有病毒的飞沫或尘埃均可引起感染。

临床症状　潜伏期 5~7 天,慢性型及温和型猪瘟则更长。从临床上可分为:

1. **急性型**　病猪体温升高,减食或停食,精神高度沉郁,常挤卧在一起,怕冷,结膜潮红,眼角有多量黏性或脓性分泌物,有时可使眼睑粘封。耳、四肢、腹下等部位皮肤有充血、瘀血或出血斑点。粪便干硬呈球状,带有黏液或血液,后期腹泻。有时可出现神经症状。

2. 慢性型 主要表现为消瘦、贫血、全身衰弱,轻度发热,便秘与腹泻交替出现,皮肤有紫绀或坏死,病程较长,可达一个月以上,怀孕母猪可能会出现流产。

防制措施

1. 平时的预防措施:加强饲养管理,搞好环境卫生,尽量自繁自养,避免引入。若必须引入时,应尽可能从无病地区引入,并要做好检疫工作。

2. 免疫接种是关键性的措施:用猪瘟兔化弱毒苗在春秋两季进行免疫接种。

3. 发病时的紧急措施:(1)封锁疫区,禁止疫区内生猪及其产品的调动;(2)疫区内病猪应急宰,污染的环境、废弃物应严格消毒,病死猪应做无害化处理;(3)紧急免疫,对疫区内的健康猪和受威胁区的猪进行紧急疫苗接种,注射 2 头份猪瘟兔化弱毒苗。

第二节 高致病性猪蓝耳病(猪繁殖与呼吸综合征)

病原 高致病性猪蓝耳病是由猪繁殖与呼吸综合征病毒变异株引起的一种急性高致死性传染病。该病的临床症状以母猪的繁殖障碍和不同年龄病猪的呼吸困难为主要特征,所以称为"猪的繁殖与呼吸综合征",有时病猪耳朵会发绀变蓝,故又称"蓝耳病"。

流行病学 在自然流行中,本病仅见于猪,其他动物未见发病。不同年龄、性别和品种的猪均能感染。但不同年龄的猪易感性有一定差异,母猪和仔猪较易感,发病时症状较为严重。病猪和带毒猪是主要传染源。病猪的鼻液、粪便、尿液均含有病毒,耐过猪可

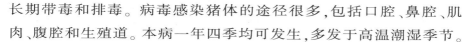

长期带毒和排毒。病毒感染猪体的途径很多,包括口腔、鼻腔、肌肉、腹腔和生殖道。本病一年四季均可发生,多发于高温潮湿季节。

临床症状　体温明显升高,可达41℃以上,眼结膜炎,眼睑水肿,咳嗽,气喘,部分猪后躯无力,共济失调,病猪多皮肤发红、耳发绀。仔猪发病率可达100%,死亡率可达50%以上,母猪流产率可达30%以上,成年猪也可发病死亡。

防制措施

1. 仔猪断奶后用高致病性猪蓝耳病灭活疫苗初免,在初免后一个月加强免疫一次。以后每隔4~6个月加强免疫一次。

2. 发生疑似疫情时要对病猪进行隔离,并立即报告当地动物疫病防控部门。严格执行有关法律法规,做到对病死猪不流通、不宰杀、不食用。对所有病死猪、被扑杀猪及其产品、排泄物等进行深埋、焚烧等无害化处理。

第三节　猪丹毒

猪丹毒是由猪丹毒杆菌引起的一种急性败血症或慢性皮肤疹块性传染病。其特征为急性型呈败血症症状,发高热;亚急性型在皮肤上出现紫红色疹块;慢性型表现为化脓性关节炎和心内膜炎。本病广泛流行于世界各地的养猪地区,是严重威胁养猪业的重要传染病。

病原　本病的病原为猪丹毒杆菌,本菌对外界环境因素抵抗力很强。对盐腌、烟熏、干燥、腐败和阳光等因素均有较强的抵抗力。在含菌组织和土壤中可存活时间较长。但其对消毒药较为敏感,对温热也较为敏感,常用消毒药即可很快将其杀灭。

流行病学　本病主要发生于猪,病畜及带菌动物是主要传染源,病原体随粪、尿、唾液等排出体外,污染土壤、饲料和饮水等,经消化道和损伤的皮肤而感染易感动物。本病的发生具有一定的地方性,常见于夏季,其他季节也有发生。

临床症状　潜伏期一般为 3~5 天。

急性型:表现为突然发病,体温升高可达 42℃以上,打寒战,减食,行走时步态僵硬,站立时背腰拱起。初便秘后下痢。皮肤出现大小和形状不一的红斑,以耳、颈、背和腿外侧较多见,病程一般为2~4 日,病死率较高。

亚急性型:症状稍缓和,体温升高,精神沉郁,食欲减退,在胸、腹、背、肩及四肢外侧出现大小不等的疹块。初呈淡红色,后转为紫红色,最后变为紫褐色,多为良性经过。

慢性型:常见有纤维素型关节炎、心内膜炎和皮肤坏死三种表现。

防制措施

1. 免疫接种:在猪丹毒常发地区,每年春秋两季定期用猪丹毒活疫苗进行预防注射。使猪群获得免疫力,是防治本病的最有效的办法。

2. 发病时,立即对全猪群进行检查,病猪要隔离治疗,病死猪要深埋,污染的环境要彻底消毒,未发病猪用青霉素进行紧急药物预防,待疫情扑灭和停药后要对全猪群进行紧急免疫。

治疗本病的首选药物是青霉素。对败血型病猪,注意抢时间,首先用水剂青霉素按每 kg 体重 10000 单位静脉注射,同时肌注常规剂量水剂或油剂青霉素。直到病猪体温下降至正常,不能停药过早,否则容易复发或转为慢性。

第六章 普通病

第一节 前胃弛缓

前胃弛缓是由于各种病因导致前胃神经兴奋性降低，肌肉收缩力减弱，瘤胃内容物运转缓慢，微生物区系失调，产生大量发酵和腐败的物质，引起消化障碍，食欲、反刍减退，乃至全身机能紊乱的一种疾病。

病因 原发性前胃弛缓又称单纯性消化不良，其病因主要是饲养和管理不当。1. 饲养不当：(1)精饲料喂量过多或突然食入过量的适口性好的饲料，如青贮玉米；(2)食入过量不易消化的粗饲料；(3)饲喂变质的饲料；(4)饲料突然发生改变，日粮中突然加入不适量的尿素或使牛群转向茂盛的禾谷类草地；(5) 误食塑料袋、化纤布或分娩后的母牛食入胎衣；(6)在严冬早春，水冷草枯，牛、羊被迫食入大量的秸秆、垫草或灌木或日粮配合不当。2. 管理不当：(1)由放牧迅速转变为舍饲或由舍饲突然转变为放牧；(2)劳役与休闲不均，受寒，圈舍阴暗、潮湿；(3)经常更换饲养员和调换圈舍；(4)由于严寒、酷热、饥饿、恐惧、中毒等因素或手术、创伤等影响引起。

临床症状 前胃弛缓按其病程发展过程，可分为急性和慢性两种。急性型：病畜食欲减退或废绝，反刍减少、短促、无力、时而嗳气带酸臭味；奶牛和奶山羊泌乳量下降；体温、呼吸、脉搏无明显异常。触诊瘤胃，其内容物黏硬或呈粥状。病初粪便变化不大，随后粪便变为干硬、色暗，被覆黏液。慢性型：通常由急性型前胃弛缓转变而来。病畜食欲不定，有时减退或废绝；常常虚嚼、磨牙，发生异嗜；

反刍不规则，短促、无力或停止；嗳气减少，嗳出的气体带有臭味。病情弛张，时好时坏，日渐消瘦。被毛干枯，无光泽，皮肤干燥，精神不振，体质衰弱。瘤胃蠕动音减弱或消失。腹部听诊，肠蠕动音微弱。病畜便秘，粪便干硬、呈暗褐色，附有黏液；有时腹泻，老牛病重时，呈现贫血与衰竭，常有死亡。

防制　注意饲料的选择、保管，防止霉败变质，牛、羊都应依据日粮标准饲喂，不可任意添加饲料用量或突然变更饲料；耕牛不易劳役过度，圈舍须保持安静，注意卫生和通风、保暖，做好预防接种。治疗原则是除去病因：立即停止饲喂发霉变质等饲料；加强护理：病初绝食 1~2 天，但给予充足的饮水，再饲喂适量的易消化的青草或优质的干草。轻症病例可在 1~2 天内自愈。清理肠胃：对于采食多量精饲料症状又比较重的病牛，可采用洗胃的方法，排除瘤胃内容物，洗胃后应向瘤胃内接种纤毛虫，重症病例应先强心、补液，再洗胃。增强前胃机能，改善瘤胃内环境，恢复正常微生物区系：应用"促反刍液"，一次静脉注射，并肌肉注射维生素 B1。因过敏性因素或应激反应所致的前胃弛缓，在应用"促反刍液"的同时，肌肉注射 10%氯化钠注射液 150~300ml、20%苯甲酸钠咖啡因注射液 10ml，每日 1~2 次。防止脱水和自体中毒：当病畜呈现轻度脱水和自体中毒时，应用 25%葡萄糖注射液 500~1000ml，40%乌洛托品注射液 20~50ml，20%安钠咖注射液 10~20ml，静脉注射；并用胰岛素 100~200IU，皮下注射。继发性前胃弛缓，着重治疗原发病，并配合前胃弛缓的相关治疗，促进病情的好转。

第二节　瘤胃积食

瘤胃积食又称急性瘤胃扩张，是反刍动物贪食大量粗纤维饲料或容易鼓胀的饲料引起瘤胃扩张，瘤胃容积增大，内容物停滞和阻塞以及整个前胃机能障碍，形成脱水和毒血症的一种严重疾病。

病因　瘤胃积食主要是由于贪食大量粗纤维饲料，如豆秸、山芋藤、老苜蓿、花生蔓、紫云英等，缺乏饮水，难于消化所致。过食麸皮、棉籽饼、酒糟、豆渣等，也能引起瘤胃积食。长期舍饲的牛、羊，运动不足，当突然变换可口的饲料，常造成采食过多，或由放牧转舍饲，采食难于消化的干枯饲料而发病。耕牛常因采食后立即犁田、耙地或使役后立即饲喂，影响消化功能，引起本病的发生。当饲养管理和环境卫生条件不良时，牛羊易受到各种不利因素的影响，产生应激反应，也能引起瘤胃积食。此外在前胃弛缓、创伤性网胃腹膜炎、瓣胃秘结以及皱胃阻塞等病程中，也常继发瘤胃积食。

临床症状　常在饱食后数小时内发病，病畜不安，目光凝视，拱背站立，回顾腹部或后肢踢腹，间或不断起卧；食欲废绝、反刍停止、虚嚼、磨牙，时而努责，常有呻吟、流涎、嗳气，有时作呕或呕吐。瘤胃蠕动音减弱或消失；触诊瘤胃，病畜不安，内容物坚实或黏硬，有的病例呈粥状；腹部膨胀，瘤胃背囊有一层气体，穿刺时可排出少量气体和带有臭味的泡沫状液体。病畜便秘，粪便干硬，色暗；间或发生腹泻。晚期病例，病情恶化，奶牛、奶山羊泌乳量明显减少或停止。腹部胀满，瘤胃积液，呼吸急促，心悸动增强，脉率增快；皮温不整，四肢下部、角根和耳冰凉；全身战栗，眼窝凹陷。黏膜发绀；病畜衰弱，卧地不起，陷于昏迷状态。

防制　加强饲养管理，防止突然变换饲料或过食；牛、羊按日粮标准饲喂；耕牛不要劳役过度；避免外界各种不良因素的影响和刺激。治疗原则是增强瘤胃蠕动机能，促进瘤胃内容物排出，调整与改善瘤胃内生物学环境，防止脱水与自体中毒。一般病例，首先绝食，并进行瘤胃按摩。也可先灌服酵母粉 250~500g，再按摩瘤胃。清肠消导，牛可用硫酸镁 300~500g，石蜡 500~1000ml，鱼石脂 15~20g，酒精 50~100ml，常水 6~10l，一次内服。应用泻剂后可皮下注射毛果芸香碱或新斯的明。改善中枢神经系统调节功能，促进反刍，防止自体中毒，可静脉注射 10%氯化钠注射液 100~200ml。对病程长的病例，除反复洗胃外，要用 5%葡萄糖生理盐水注射液 2000~3000ml，20%安钠咖注射液 10~20ml，5%V_C注射液 10~20ml，静脉注射,每日 2 次。在病程中,为了抑制乳酸的产生,应及时内服青霉素或土霉素,间隔 12 小时,投药一次。继发瘤胃鼓气时,应及时穿刺放气,并内服鱼石脂等制酵剂,以缓解病情。对危重病例,当认为使用药物治疗效果不佳, 且病畜体况尚好时, 应及早施行瘤胃切开术,取出内容物,并用 1%温食盐水冲洗。必要时,接种健畜瘤胃液。

第三节　创伤性网胃腹膜炎

创伤性网胃腹膜炎又称金属器具病或创伤性消化不良。是由于金属异物混杂在饲料内,被误食后进入网胃,导致网胃和腹膜损伤及炎症的一种疾病。本病主要发生于舍饲的奶牛和肉牛以及半舍饲半放牧的耕牛,间或发生于羊。

病因　耕牛多因缺少饲养管理制度,随意舍饲和放牧所致。由于不具备饲养管理常识的人员, 常将金属器物混杂在饲草、饲料中,被耕牛采食后吞咽,造成本病的发生。奶牛主要因饲料加工粗放, 饲养粗心大意对饲料中的金属异物的检查和处理不细致而引起。

临床症状　根据金属异物刺穿胃壁的部位、造成创伤深度、波及其他内脏器官等因素,临床症状也有差异。急性局限性网胃腹膜炎的病例:病畜食欲急剧减退或废绝,泌乳量急剧下降;体温升高,但部分病例几天后降至常温, 呼吸和心率正常或轻度加快;肘外展,不安,拱背站立,不愿移动,卧地、起立时极为谨慎;瘤胃蠕动减弱,轻度臌气,排粪减少;网胃区进行触诊,病牛疼痛不安。弥漫性网胃腹膜炎的病例:全身症状明显,体温升高,脉率增快,食欲废绝,泌乳停止,粪便稀软而少,胃肠蠕动音消失,皮肤厥冷。病畜时常发出呻吟声,在起卧和强迫运动时更加明显。病畜不愿起立或走动,并且由于腹部出现广泛的疼痛,难以用触诊的方法检查到局部的腹痛。多数病畜在 24~48 小时内进入休克。慢性局限性网胃腹膜炎的病例：被毛粗乱无光泽，消瘦，泌乳量减少，间歇性厌食，瘤胃蠕动减弱，间歇性轻度臌气，便秘或腹泻，久治不愈。有时还有拱背站立等疼痛表现。

防制 在创伤性网胃腹膜炎多发地区或牛群，应预防性的给所有已达1岁的牛投服磁铁笼是目前预防本病的主要手段；在大型养殖场的饲料自动输送线或青贮塔卸料机上安装大块电磁板，以除去饲料中的金属异物；不在铁工厂、垃圾堆附近放牧和收割饲草；定期应用金属探测器检测牛群，并应用金属异物摘除器从瘤胃和网胃中摘除异物。

治疗原则是及时摘除异物，抗菌消炎，加速创伤愈合，恢复胃肠功能。急性病例一般采取保守疗法，经治疗后48~72小时内若病畜开始采食、反刍，则预后良好。保守疗法包括用金属异物摘除器从瘤胃和网胃中摘除异物或投服磁铁笼；补充钙剂，控制腹膜炎和加速创伤愈合。

第四节 乳房炎

乳房炎是奶牛乳腺受到物理、化学、微生物刺激所发生的一种炎性变化。

病因 本病一般是附着在乳头皮肤上的病原体经乳头管口和乳头管进入乳房而感染，主要是在两次挤奶间隙较长时间内侵入，所以挤奶不卫生和饲养环境不卫生是诱发乳房炎的重要原因。此外，病原体也可通过消化道、生殖道及损伤的乳房皮肤，经体液转移至乳房而引起感染。另外，饲料中毒以及分娩后饲料中蛋白质含量过高或大量精料也容易诱发乳房炎。

临床症状 (1)隐性乳房炎：乳房和乳汁都无肉眼可见变化，要用细胞计数、乳汁化验等特殊方法才能检出乳汁的变化。(2)慢性乳房炎：由乳房持续感染而致，或急性乳房炎治疗不彻底造成，乳腺变硬、萎缩，产少量水样奶或完全停止产奶。(3)急性乳房炎：乳房和乳汁均有肉眼可见的异常，患病乳区肿胀、热、硬、疼痛，乳汁成水样，有凝乳块或絮片。如果病畜出现体温升高，精神沉郁，食欲下降或废绝等全身症状，就称为急性全身性乳房炎。(4)传染性皮肤乳房炎：多由病毒引起，如乳头炎疱疹病毒、牛痘病毒，引起乳房皮肤水疱、破溃及赘性增生物，并可在人、牛间互相传染，严重影响挤奶。

防制 (1)乳头药浴：在挤奶后立即用药液浸泡乳头，以杀灭附着在乳头末端及周围和乳头管内的病原体。在冬季由于寒冷、干燥，药浴后要注意乳头的皮肤皲裂。乳头药浴需长期使用才能见效。(2)乳头保护膜：挤奶后将乳头管封闭，防止病原体侵入是预防乳房炎的主要途径。乳头保护膜是一种丙烯溶液，浸渍乳头后，溶液干燥，在乳头皮肤形成一层薄膜，徒手不易撕掉，用温水擦洗后才能除去，保护膜通气性好，对皮肤没有刺激，它不仅能防止病原体侵入乳头管，同时对乳头表面附着的病原体还有固定和杀灭作用。(3)泌乳期预防：盐酸左旋咪唑是一种免疫机能调节剂，能修复细胞的免疫功能，增强抗病力。在泌乳期按 7.5mg/kg 拌入精饲料内服用，1 次/天，连用两天，有效率可达 60%。(4)干奶期预防：干奶期是病原体侵入乳房的重要时期，所以干奶期是预防产后发生急性乳房炎的重要时期，主要是向乳房内注入长效抗菌药，如北京奶牛研究所研制的牙膏型一次性 6A-1 缓释药物，内含青霉素和新霉素，于停奶前 3 天和停奶当天注入乳房即可。

第五节　奶牛酮病

奶牛酮病是由于奶牛体内碳水化合物及挥发性脂肪酸代谢紊乱所引起的一种全身性功能失调的代谢性疾病。

病因 此病可分为原发性酮病和继发性酮病。前者是因为能量代谢紊乱,体内酮体生成增多;后者是因为其他疾病,如真胃变位、创伤性网胃炎、子宫炎、乳房炎等引起食欲下降、血糖浓度降低,导致脂肪代谢紊乱,酮体产生增多。其病因涉及的因素很广,且较为复杂,主要与乳牛高产、日粮中营养不平衡和供给不足、产前过度肥胖等有关。另外,酮病的发生与肝脏疾病及矿物质如钴、碘、磷缺乏等有关。

临床症状　临床型酮病的症状常在产犊后几天至几星期出现,包括食欲减退,便秘,粪便上覆有黏液,精神沉郁、凝视,迅速消瘦,产奶量也降低。乳汁易行成泡沫,严重者在排出的乳、呼出气体和尿液中有酮体气味,加热更明显。病牛呈拱背姿势,表示轻度腹痛。大多数病牛嗜睡,少数病牛可发生狂躁,表现为转圈、摇摆,无目的地吼叫,向前冲撞。这些症状间断地多次发生,每次持续1小时,然后间隔8~12小时重又出现。尿呈浅黄色,水样,易行成泡沫。酮病牛不仅产乳量急剧减少,造成明显的经济损失,而且常常伴发子宫内膜炎,引起繁殖功能减弱,休情期延长,人工授精率下降。

防制　大多数病例通过合理的治疗可以痊愈。不过有些病例治愈后可复发。还有些病例属于继发性酮病,则应着重治疗原发病。治疗方法有:(1)替代疗法:重复饲喂丙二醇或甘油(每天2次,每次500g,用2天;随后每天250g,用2~10天),后静脉注射50%葡萄糖溶液500ml,或腹腔内注射20%葡萄糖溶液,对大多数奶牛有明显效果,但须重复注射,否则可能复发。(因皮下注射引起病牛不适之感,应慎用)。(2)激素疗法:对于体质较好的病牛,用肾上腺素皮质激素200~600IU肌肉注射,效果是确实的,而且方便易行。应用糖皮质激素来治疗此病也可,但往往伴同发生一定的泌乳量抑制。(3)其他疗法:水合氯醛:首次剂量牛为30g,加水口服,继之再给予7g,2次/天,连续几天;氯酸钾:30g于250ml水中,2次/天口服。但常引起腹泻;补充钴有时用于辅助治疗酮病。另外,根据酮病的病因可采取相应措施防止疾病的发生:严防产前肥胖、日粮中要营养平衡且给足等。此外,在酮病的高发期喂服丙酸钠(每次120g,

每天 2 次, 连用 10 天), 也有较好的预防效果。

第六节　产后胎衣不下

奶牛分娩后, 经过 12 小时胎衣仍未排出, 即为胎衣不下或胎衣滞留。

病因　此病是奶牛常见病, 以饲养管理不当或有生殖道疾病的舍饲奶牛多见, 放牧的黄牛很少发生。胎衣不下极容易继发产后其他疾病, 特别是产后子宫内膜炎, 给奶牛繁殖带来极大影响, 并造成很大的经济损失。

临床症状　(1)胎衣部分不下: 大部分胎衣已排出, 只有一部分残留在子宫里(往往是未孕侧角那部分胎衣), 外部不易发现。母牛有努责、举尾, 甚至体温升高等症状。以后可见恶露排出时间延长, 有臭味等症状。(2)胎衣全部不下: 整个胎衣未排出, 胎儿胎盘的大部分仍与母体胎盘连接, 仅见一小部分胎衣掉在阴门外, 呈土红色, 表面有大小不等的胎儿子叶, 呈一朵一朵状, 经过 1~2 天, 滞留的胎衣开始腐败。从阴道排出暗红色恶臭液体, 往往继发急性子宫内膜炎。

防制　改善母牛饲养管理, 产前增加孕牛运动, 尽量多饮水, 饲喂富含维生素及微量元素的饲料。除此之外, 在常发地区, 可采取如下预防措施: (1)母牛分娩时接一盆羊水, 分娩后即给母牛饮用。(2)分娩后 2 小时内, 给分娩母牛注射催产素 50 单位。(3)分娩前肌注硒化钠 50mg。(4)分娩前 1 个月左右给孕牛补饲胡萝卜, 每天 2kg 左右。

第六篇

动物产品质量安全篇

第六篇　动物产品质量安全篇

第一章　动物福利和健康养殖

第一节　动物食品安全的概念

一、动物源性食品：是指全部可食用的动物组织以及蛋和奶，包括肉类及其制品（含动物脏器）、水生动物产品等。

二、动物食品安全：所谓动物食品安全，是指动物性食品中不应含有可能损害或威胁人体健康的因素，不应导致消费者急性或慢性毒害或感染疾病，或产生危及消费者及其后代健康的隐患。

三、动物福利：动物福利一般指动物（尤其是受人类控制的）不应受到不必要的痛苦，即使是供人用作食物、工作工具、友伴或研究需要。

四、动物福利概念：由五个基本要素组成：生理福利，即无饥渴之忧虑；环境福利，也就是要让动物有适当的居所；卫生福利，主要是减少动物的伤病；行为福利，应保证动物表达天性的自由；心理福利，即减少动物恐惧和焦虑的心情。

第二节　养殖环节控制

一、动物性食品中有害物残留的主要来源：

主要来源于三方面：

一是来源于饲养过程。养殖者及养殖场为了达到防病治病减少动物死亡的目的，实行药物与口粮同步；在动物发生病后不按规定用药或不实行休药制度。

二是来源于饲料。饲料中添加药物主要有防腐剂、抗菌剂、生长剂、镇静剂，其中任何一种添加剂残留于动物体内，通过食物链，均会对人体产生危害。

三是加工过程的残留。部分动物性产品加工在加工贮藏过程中，为使动物性食品鲜亮好看，非法过量使用添加剂；有的加工产品为延长产品货架期，添加抗生素以达到灭菌的目的。

二、标准化养殖

（一）引种

引进的动物经兽医检疫部门检查确定为健康合格后，方可用于繁殖生产或屠宰加工；不得从疫区引进动物。

（二）饲养环境

养殖场应选地势平坦干燥、背风向阳、排水良好、水源充足、未被污染和没有发生过任何传染病的地方。

圈舍的建造应符合冬天保温取暖，夏天防晒降温的要求，以减少羊群的应激。

养殖场内应分设管理区、生产区、粪污处理区，管理区和生产区应处在上风向，粪污处理区应处在下风向。

养殖场应有围墙并建立绿化防疫带。养殖场内不得饲养其他畜禽和经济动物。

（三）饲养管理

1. 饲料和饲料添加剂

不应在饲料中添加镇静剂、激素类等违禁药物和未经国家有关部门批准使用的各种化学、生物制剂及保护剂等添加剂。商品畜在使用含有抗生素的添加剂时，应按照规定执行休药期。

2. 饮水

饮用水清洁干净、饮水设备应定期清洗消毒。

第三节　动物饲养场、养殖小区具备的条件

一、动物饲养场、养殖小区选址应当符合的条件：

（一）距离生活饮用水源地、动物屠宰加工场所、动物和动物产品集贸市场 500m 以上；距离种畜禽场 1000m 以上；距离动物诊疗场所 200m 以上；动物饲养场（养殖小区）之间距离不少于 500m；

（二）距离动物隔离场所、无害化处理场所 3000m 以上；

（三）距离城镇居民区、文化教育科研等人口集中区域及公路、铁路等主要交通干线 500m 以上。

二、动物饲养场、养殖小区布局应当符合的条件：

（一）场区周围建有围墙；

（二）场区出入口处设置与门同宽，长 4m、深 0.3m 以上的消毒池；

（三）生产区与生活办公区分开，并有隔离设施；

（四）生产区入口处设置更衣消毒室，各养殖栋舍出入口设置消毒池或者消毒垫；

（五）生产区内清洁道、污染道分设；

（六）生产区内各养殖栋舍之间距离在 5m 以上或者有隔离设施。

禽类饲养场、养殖小区内的孵化间与养殖区之间应当设置隔

离设施,并配备种蛋熏蒸消毒设施,孵化间的流程应当单向,不得交叉或者回流。

三、动物饲养场、养殖小区应当具备的设施设备:

(一)场区入口处配置消毒设备;

(二)生产区有良好的采光、通风设施设备;

(三)圈舍地面和墙壁选用适宜材料,以便清洗消毒;

(四)配备疫苗冷冻(冷藏)设备、消毒和诊疗等防疫设备的兽医室,或者有兽医机构为其提供相应服务;

(五)有与生产规模相适应的无害化处理、污水污物处理设施设备;

(六)有相对独立的引入动物隔离舍和患病动物隔离舍。

四、动物饲养场、养殖小区应当具备的其他条件

(一)有与其养殖规模相适应的执业兽医或者乡村兽医。

(二)患有相关人畜共患传染病的人员不得从事动物饲养工作。

(三)应当按规定建立免疫、用药、检疫申报、疫情报告、消毒、无害化处理、畜禽标识等制度及养殖档案。

(四)有与其饲养规模相适应的生产场所和配套的生产设施;具备法律、行政法规规定的其他条件。

五、下列区域内禁止建设畜禽养殖场、养殖小区:

(一)生活饮用水的水源保护区,风景名胜区,以及自然保护区的核心区和缓冲区;

(二)城镇居民区、文化教育科学研究区等人口集中区域;

(三)法律、法规规定的其他禁养区域。

第四节　养殖场防疫与消毒

一、消毒

对各种用具、场地及羊群定期进行清洗、清扫和消毒。

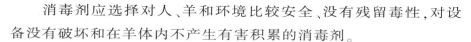

消毒剂应选择对人、羊和环境比较安全、没有残留毒性,对设备没有破坏和在羊体内不产生有害积累的消毒剂。

(一)消毒方法:

用规定浓度的次氯酸盐、有机碘混合物、过氧乙酸、新洁尔灭等,进行羊舍消毒、带羊环境消毒、羊场道路以及进入场区的车辆喷雾消毒。用规定浓度的新洁尔灭、有机碘混合物,洗手、洗工作服或胶靴进行消毒。在羊舍周围、入口、产房和羊床下面撒生石灰或火碱液进行消毒。

(二)环境消毒

羊舍周围环境定期用2%火碱或撒生石灰消毒。羊场周围及场内污染池每月用漂白粉消毒1次。在羊场、羊舍入口设消毒池并定期更换消毒液。

(三)羊舍消毒

每批羊只出栏后,要彻底清扫羊舍,采用喷雾、火焰、熏蒸消毒。

(四)用具消毒

定期对分娩栏、补料槽、饲料车、料桶等饲养用具进行消毒。

二、疫病防治

(一)制定疫病防控计划:根据当地疫病的发生情况,制定合理的疫病防控计划,按照操作规程进行疫苗注射,驱虫灌药。

(二)主要预防病种:五号病,羊痘,羊快疫,羊肠毒血症,羊黑疫,羊传染性胸膜肺炎,布病。

第五节 兽医使用

一、食品动物禁用药品:

食品动物,是指各种供人食用或其产品供人食用的动物。

(一)《农业部第 193 号公告》规定了 21 种食用动物禁用的兽药及其化合物清单:

1. β-兴奋剂类:克仑特罗、沙丁胺醇、西马特罗及其盐、酯及制剂,禁做所有用途,所有食品动物禁用。

2. 性激素类:己烯雌酚及其盐、酯及制剂,禁做所有用途,所有食品动物禁用。

3. 具有雌激素样作用的物质:玉米赤霉醇、去甲雄三烯醇酮、醋酸甲孕酮及制剂,禁做所有用途,所有食品动物禁用。

4. 氯霉素及其盐、酯(包括琥珀氯霉素)及制剂,禁做所有用途,所有食品动物禁用。

5. 氨苯砜及制剂:禁做所有用途,所有食品动物禁用。

6. 硝基呋喃类:呋喃唑酮、呋喃它酮、呋喃苯烯酸钠及制剂,禁做所有用途,所有食品动物禁用。

7. 硝基化合物:硝基酚钠、硝呋烯腙及制剂,禁做所有用途,所有食品动物禁用。

8. 催眠、镇静类:安眠酮及制剂,禁做所有用途,所有食品动物禁用。

9. 林丹(丙体六六六):禁用作杀虫剂,所有食品动物禁用。

10. 毒杀芬(氯化烯):禁用作杀虫剂、清塘剂,所有食品动物禁用。

11. 呋喃丹(克百威):禁做杀虫剂,所有食品动物禁用。

12. 杀虫脒(克死螨):禁用作杀虫剂,所有食品动物禁用。

13. 双甲脒:禁做杀虫剂,水生食品动物禁用。

14. 酒石酸锑钾:禁做杀虫剂,所有食品动物禁用。

15. 锥虫胂胺:禁做杀虫剂,所有食品动物禁用。

16. 孔雀石绿:禁做抗菌、杀虫剂,所有食品动物禁用。

17. 五氯酚酸钠:禁做杀螺剂,所有食品动物禁用。

18. 各种汞制剂:包括氯化亚汞(甘汞)、硝酸亚汞、醋酸汞、吡啶基醋酸汞,禁做杀虫剂,所有食品动物禁用。

19. 性激素类:甲基睾丸酮、丙酸睾酮、苯丙酸诺龙、苯甲酸雌二醇及其盐、酯及制剂,禁做促生长用,所有食品动物禁用。

20. 催眠、镇静类:氯丙嗪、地西泮(安定)及其盐、酯及制剂,禁做促生长用,所有食品动物禁用。

21. 硝基咪唑类:甲硝唑、地美硝唑及其盐、酯及制剂,禁做促生长用,所有食品动物禁用。

(二)禁用性激素类药品

1. 己烯雌酚

2. 雌二醇

3. 戊酸雌二醇

4. 苯甲酸雌二醇

5. 氯烯雌醚

6. 炔诺醇

7. 炔诺醚

8. 醋酸氯地孕酮

9. 左炔诺孕酮

10. 炔诺酮

(三)禁用精神类药品

1. (盐酸)氯丙嗪

2. 盐酸异丙嗪

3. 安定(地西泮)

4. 苯巴比妥

5. 苯巴比妥钠

6. 巴比妥

7. 异戊巴比妥

8. 异戊巴比妥钠

9. 艾司唑仑

10. 甲丙氨脂

11. 三唑仑

12. 唑吡旦

13. 其他国家管制的精神药品

(四)各种抗生素滤渣

抗生素滤渣：该类物质是抗生素类产品生产过程中产生的工业三废,因含有微量抗生素成分,在饲料和饲养过程中使用后对动物有一定的促生长作用。但对养殖业的危害很大,一是容易引起耐药性,二是由于未做安全性试验,存在各种安全隐患。

二、休药期：

休药期是指畜禽最后一次用药到该畜禽许可屠宰或其产品(乳、蛋)许可上市的间隔时间。

日常生活中常见的有：

1. 抗生素类药品:牛、羊、猪 7~14 日;禽 5~7 日;弃蛋期 2 日;弃奶期 3~7 日。

2. 解热镇痛类药品:牛、羊、猪 28 日,弃奶期 7 日。

3. 阿维菌素、伊维菌素、环丙沙星、诺氟沙星等药品泌浮期、产蛋期禁用。

三、科学用药：

兽药是用于预防、治疗、缓解和诊断畜禽等动物疾病,有目的地调节其生理机能并规定作用、用途、用法、用量的物质(含饲料药物添加剂),包括兽用生物制品、兽用药品。它的广泛使用已成为高产、优质、高效、生态、安全的养殖关键技术之一;动物饲养者、兽医诊疗人员必须按要求使用,不得超标准、超范围使用。

第二章　动物收购及运输

第一节　产地检疫

一、动物产地检疫：

是指动物及其产品在离开饲养、生产地之前由动物卫生监督机构派官方兽医所进行的到现场或指定地点实施的检疫。

二、动物产地检疫的法律依据

动物产地检疫是一项维护养殖业和环境公共卫生安全的重要工作。

三、动物产地检疫的法定主体

动物卫生监督机构对动物和动物产品实施检疫，除动物卫生监督机构之外,任何公民、法人和其他社会组织都没有资格对动物和动物产品实施检疫。

四、动物产地检疫的法定范围

动物产地检疫的受检者即动物和动物产品。动物包括猪、牛、羊、马、驴、骡、骆驼、鹿、兔、犬、鸡、鸭、鹅、鸽等,以及人工饲养合法捕获的其他动物,包括各种实验、特种经济、观赏、演艺、伴侣、水生动物和人工驯养繁殖的野生动物。动物产品包括动物的肉、生皮、原毛、绒、脏器、脂、血液、精液、卵、胚胎、骨、蹄、头、角、筋以及可能传播动物疫病的奶、蛋等动物源性产品。

五、动物产地检疫的法定对象

动物和动物产品的检疫对象是法定的需要检疫的动物传染病和寄生虫病。

六、动物产地检疫的法定执行者

动物产地检疫的执行者是官方兽医。官方兽医是指具备规定的资格条件，取得国务院兽医主管部门颁发的资格证书并经兽医主管部门任命的，负责出具检疫证明的国家兽医工作人员。

七、动物产地检疫的法定程序

动物产地检疫工作实行申报检疫制度，即货主在屠宰、出售或运输动物及产品之前，应当按照相关规定向当地动物卫生监督机构申报检疫，该机构接到检疫申请后，应按规定时间派官方兽医对所申报的动物及其产品到现场或指定地点实施检疫，合格由官方兽医出具《动物检疫合格证明》。

八、动物产地检疫的社会作用

一是可以防止染疫的动物及其产品进入流通环节；二是通过执法手段，切断运输、屠宰、加工、储藏和交易等环节，防止动物疫病蔓延；三是防止人畜共患疫病在人间的流行；四是将动物疫病的发生最大程度地局限化；五是及时发现危害公共卫生安全的迹象并采取强有力的措施将其消除；六是通过动物产地检疫在为消费者提供安全生活必需品时还可给予身心的愉悦；七是可以借助检疫工作加快动物养殖周边环境的环保工作推进，净化空气，促进绿色低碳经济的发展等，确保动物源性产品的质量安全。

第二节　动物收购、运输

一、收购：

1. 不在病区、疫点收购动物。

2. 不收购有病的、不健康的动物。

3. 收购的动物在离开饲养地时要实施检疫。

4. 用于饲养繁殖生产的动物要有养殖档案。

二、运输：

1. 根据拉运动物的数量、个体大小、运输距离等选择运输工具。

2. 装车前对运输车辆进行消毒。

3. 承运人要持有《动物检疫合格证明》，并在有效期内到达指定目的地。

4. 用于饲养的动物，在到达目的地后要及时向当地动物卫生监督部门申请检疫，并隔离观察，待无异常后方可混群饲养。

第三章　屠宰加工

第一节　肉羊屠宰检疫

一、屠宰过程中常见传染病、寄生虫病的检疫：

肉羊屠宰过程中主要进行口蹄疫、痒病、小反刍兽疫、绵羊痘和山羊痘、炭疽、布鲁氏菌病、肝片吸虫病、棘球蚴病的检疫。

二、检疫内容：

（一）入场检查：查验入场羊的《动物检疫合格证明》和佩戴的畜禽标识。询问了解羊只运输途中有关情况。临床检查羊群的精神状况、外貌、呼吸状态及排泄物状态等情况。

《动物检疫合格证明》有效、证物相符、畜禽标识符合要求、临床检查健康，方可入场，并回收《动物检疫合格证明》。场方须按产地分类将羊只送入待宰圈，不同货主、不同批次的羊只不得混群。不合格不符合条件的，按国家有关规定处理。

（二）宰前检查：屠宰前2小时内，官方兽医应按照《反刍动物产地检疫规程》中"临床检查"部分实施检查。合格的，准予屠宰。不合格的，按以下规定处理。

1. 发现有口蹄疫、痒病、小反刍兽疫、绵羊痘和山羊痘、炭疽等疫病症状的，限制移动，并按照《动物防疫法》、《重大动物疫情应急条例》、《动物疫情报告管理办法》和《病害动物和病害动物产品生物安全处理规程》等有关规定处理。

2. 发现有布鲁氏菌病症状的，病羊按布鲁氏菌病防治技术规范处理，同群羊隔离观察，确认无异常的，准予屠宰。

3. 怀疑患有本规程规定疫病及临床检查发现其他异常情况的，按相应疫病防治技术规范进行实验室检测，并出具检测报告。

4. 发现患有本规程规定以外疫病的，隔离观察，确认无异常的，准予屠宰；隔离期间出现异常的，按《病害动物和病害动物产品生物安全处理规程》等有关规定处理。

5. 确认为无碍于肉食安全且濒临死亡的羊只，视情况进行急宰。

6. 监督场方对处理病羊的待宰圈、急宰间以及隔离圈等进行消毒。

（三）同步检疫：与屠宰操作相对应，对同一头羊的头、蹄、内脏、胴体等统一编号进行检疫。

1. 头蹄部检查

（1）头部检查：检查鼻镜、齿龈、口腔黏膜、舌及舌面有无水疱、溃疡、烂斑等。

（2）蹄部检查：检查蹄冠、蹄叉皮肤有无水疱、溃疡、烂斑、结痂等。

2. 内脏检查：取出内脏前，观察胸腔、腹腔有无积液、粘连、纤维素性渗出物。检查心脏、肺脏、肝脏、胃肠、脾脏、肾脏，剖检支气管淋巴结、肝门淋巴结、肠系膜淋巴结等，检查有无病变和其他异常。

3. 胴体检查：检查皮下组织、脂肪、肌肉、淋巴结以及胸腔、腹腔浆膜有无瘀血、出血以及疹块、脓肿和其他异常等。

4. 淋巴结检查：颈浅淋巴结、髂下淋巴结，检查切面形状、色泽、大小及有无肿胀、瘀血、出血、坏死灶等。

5. 复检：官方兽医对上述检疫情况进行复查，综合判定检疫结果。

（四）结果处理：合格的由官方兽医出具《动物检疫合格证明》，加盖检疫验讫印章，对分割包装肉品加施检疫标志。不合格的，由官方兽医出具《动物检疫处理通知单》。

（五）检疫记录：官方兽医应监督指导屠宰场（厂、点）方做好待宰、急宰、生物安全处理等环节各项记录。

官方兽医应做好入场监督查验、检疫申报、宰前检查、同步检疫等环节记录。检疫记录应保存 12 个月以上。

第二节 动物屠宰加工场所选址应具备的条件

一、动物屠宰加工场所选址应当符合的条件：

（一）距离生活饮用水源地、动物饲养场、养殖小区、动物集贸市场 500m 以上；距离种畜禽场 3000m 以上；距离动物诊疗场所 200m 以上；

（二）距离动物隔离场所、无害化处理场所 3000m 以上。

二、动物屠宰加工场所布局应当符合的条件：

（一）场区周围建有围墙；

（二）运输动物车辆出入口设置与门同宽，长 4m、深 0.3m 以上的消毒池；

（三）生产区与生活办公区分开，并有隔离设施；

（四）入场动物卸载区域有固定的车辆消毒场地，并配有车辆清洗、消毒设备。

（五）动物入场口和动物产品出场口应当分别设置；

（六）屠宰加工间入口设置人员更衣消毒室；

（七）有与屠宰规模相适应的独立检疫室、办公室和休息室；

（八）有待宰圈、患病动物隔离观察圈、急宰间；加工原毛、生皮、绒、骨、角的，还应当设置封闭式熏蒸消毒间。

三、动物屠宰加工场所应当具备下列设施设备：

（一）动物装卸台配备照度不小于 300Lx 的照明设备；

（二）生产区有良好的采光设备，地面、操作台、墙壁、天棚应当耐腐蚀、不吸潮、易清洗；

（三）屠宰间配备检疫操作台和照度不小于 500Lx 的照明设备；

（四）有与生产规模相适应的无害化处理、污水污物处理设施设备。

四、动物屠宰加工场所应当建立动物入场和动物产品出场登记、检疫申报、疫情报告、消毒、无害化处理等制度。

第四章 加强养殖环节监管、保障动物产品质量安全

第一节 安全的动物性食品，来源健康的动物

一、加强饲养管理

给动物创造良好的生活环境，保证动物健康、正常生长发育，保证饲草料质量，不饲喂霉败变质及被污染的饲料，减少疾病的发生和兽药使用。

二、加强投入品管理

（一）饲草：保证饲草质量，饲草不被有害物质污染和有农药残留。

（二）饲料：养殖场（户）特别是规模养殖场在饲料使用时，选择正规饲料加工企业的产品，这些产品质量稳定，没有国家明令禁止添加的药物或添加剂。

（三）添加剂使用：添加剂即不是药品，也不是饲料。它是一种

由多种矿物质微量元素、维生素及其附着物组成的一种混合物,具有调节动物生理机能、促进其生长发育的作用,目前市场上销售的这类产品品种繁杂,质量参差不齐,养殖户(特别是自配料养殖户)在使用添加剂时要特别注意,防止添加国家禁止使用的违禁药品。不要随便购买添加或使用来路不明的药品饲喂家畜。

三、建立健全监管制度

(一)加强对兽药经营企业监管,严格企业购销记录,明确药品来源和去向,建立生产经营诚信档案。

(二)建立健全规模养殖场档案记录,对养殖场(户)在整个饲养过程中的兽药使用、疫苗注射、饲草料投入、环境消毒等进行详细记录,明确动物饲养者是动物产品质量安全第一责任人。

四、科学合理使用兽药、实行严格的休药期制度。

五、做好科学免疫搞好动物防疫是降低动物发病率、确保动物产品安全生产最有效的措施之一。

在加强饲养管理的同时,做好科学免疫,就可以有效地控制重大动物疫病的发生。

六、认真履行检疫程序

(一)产地检疫。产地检疫是发现、控制动物疫病的第一道关口,是从源头上为动物食品质量安全把关。健全和完善基层动物卫生监督体制,加大产地检疫监管力度,建立巡查制度和可追溯体系。经动物检疫员检疫合格的动物可凭检疫员出具的《动物检疫合格证明》出售、运输或屠宰加工。对产地检疫不合格的动物要依法进行无害化处理。

(二)运输监管。经陆路、铁路、水路和空运等途径运输的动物、动物产品要有《动物检疫合格证明》。

(三)屠宰检疫。对凭《动物检疫合格证明》进屠宰场的动物,首先经过驻场检疫员进行宰前检疫验证、查物后,经过三态观察,无异常表现的允许屠宰,经同步检疫合格的在胴体上加盖动物验证印章,并出具《动物产品检疫合格证明》允许出厂销售、加工。对经屠宰检疫不合格的要依法进行无害化处理，这是保证动物食品质量安全的最后一道关口。

第二节　动物食品安全存在的问题

　　我国食品安全问题的存在有着深刻的经济和社会原因：如在我国的食品产供销系统中，存在着大量小规模生产、大量食品经过多个操作环节和中间人、基础设施和设备不足、食品暴露和污染及掺假风险增加、农业现代化操作和食品生产等缺乏专门技术和知识、控制食品安全的基本设施和资源不足等问题。食品行业生产力水平总体不高、诚信意识不强，食品消费水平偏低、消费安全意识较差。

　　主要表现在以下几个方面：

　　1. 食源性病原体(微生物)污染问题。

　　2. 食品企业违法生产、加工食品现象不容忽视。

　　3. 食品流通环节经营秩序不规范。

　　4. 食品安全标准体系滞后。

　　5. 检测水平低，不能满足当前的需要。

　　6. 食品安全保障队伍素质有待提高

第三节　国外动物食品安全监管的启示

　　西方发达国家对于动物食品安全性非常重视！

　　20 世纪 80 年代起即开始讨论食品中的兽药残留并且开始对生产食品的动物限制使用兽药的品种。欧盟 1997 年开始讨论动物长期使用抗菌药会导致细菌耐药性滋生的问题，2000 年建议对转基因食品进行安全性评价等。

我国在养殖业中大量超标使用不利于人体健康的抗生素、激素、农药,并由于工业发展所带来的饲养环境污染的加剧,如何保证动物性食品的安全性已成为一个亟待解决的问题。

我国从 20 世纪 90 年代初开始制定药物在动物性食品中的最高残留限量标准和检测方法。现今制定了一些符合国际标准的药物残留指标,但由于我国的禽畜养殖和屠宰是以个体分散为主,检疫和监管难以落实到位,实际技术标准和安全指标较低,与国际标准还有较大的差距。